AMPÉLOGRAPHIE

OU

TRAITÉ DES CÉPAGES

LES PLUS ESTIMÉS

DANS TOUS LES VIGNOBLES DE QUELQUE RENOM.

AMPÉLOGRAPHIE

OU

TRAITÉ DES CÉPAGES

LES PLUS ESTIMÉS

DANS TOUS LES VIGNOBLES DE QUELQUE RENOM

PAR LE COMTE ODART,

MEMBRE CORRESPONDANT DES SOCIÉTÉS ROYALES D'AGRICULTURE DE PARIS ET DE TURIN, DE CELLES DE BORDEAUX, DE DIJON, DE METZ, ETC. ;

PRÉSIDENT HONORAIRE DES CONGRÈS VITICOLES TENUS A ANGERS EN 1842 ET A BORDEAUX EN 1843.

> Si la plus importante amélioration à porter dans la culture de la vigne est la réforme des mauvais cépages, une synonymie raisonnée serait un immense bienfait : l'amélioration de nos vins serait un résultat infaillible de la connaissance des cépages et de leurs propriétés.
>
> LENOIR.

PARIS,

CHEZ ████, ÉDITEUR DE LA MAISON RUSTIQUE,

QUAI MALAQUAIS, 19.

ET CHEZ L'AUTEUR,

A LA DORÉE, PRÈS CORMERY (Indre et Loire).

1845.

A LA MÉMOIRE DE SON FRÈRE.

J'ai eu un frère, homme si remarquable par sa haute intelligence, par la force et la souplesse de son organisation, par ses connaissances variées, par une facilité et une loyauté de caractère qui faisaient de lui le plus aimable des camarades comme le plus sûr des amis, qu'on m'excusera de placer cet ouvrage sous l'invocation de sa mémoire, et de donner une courte notice sur son passage en ce monde.

N'est-ce pas déjà une preuve de supériorité, que cet ascendant d'une si longue durée sur son frère, ascendant qui s'est toujours manifesté par une considération affectueuse, et si puissant encore après treize

*

ans de séparation, qu'il fait un besoin au survivant de donner à son aîné ce témoignage d'un tendre et honorable souvenir ?

Henri-Louis, marquis Odart de Rilly, était né en 1771 dans le canton de l'Ile-Bouchard, d'une famille ancienne, qui avait eu des alliances avec les plus considérables de la province, les Voyer d'Argenson, les de Thiennes, les Menou, les Bonin de Beaumont, etc... Son père avait dû, pour l'admission de son fils aux pages de M. le comte d'Artois en 1788, fournir les preuves que cette origine remontait avant 1490, c'est-à-dire avant l'époque de la vénalité des charges qui anoblissaient. On appelait alors cela noblesse d'extraction[1].

La révolution ne tarda pas à placer Henri Odart[2] dans une position pénible; car elle lui faisait un devoir de quitter sa patrie pour suivre son prince, devoir sacré pour lui, comme il l'était pour ses an-

---

[1] Il lui avait suffi de prouver sa descendance directe de Jacques Odart, seigneur des belles terres de Cursay et de Verrières en Loudunois, chambellan et conseiller du roi Charles VIII, et pourvu d'autres grands offices, notamment de celui de grand-pannetier, office qu'avait rempli Bouchard de Montmorency, sous Philippe-le-Bel (voir la notice sur J. Odart dans l'Histoire des grands officiers de la couronne, par le P. Anselme). On y trouve aussi l'écusson de la famille : il porte d'or à la croix de gueule chargée de cinq coquilles d'argent, qui est une confirmation de son ancienneté, et pour devise le cri de guerre ou bardit des croisés : *Diex le volt* (Dieu le veut.)

[2] C'est le nom sous lequel il était connu de M. le comte d'Artois devenu depuis Charles X.

cêtres, clair et positif envers la personne du prince[1], tandis que la patrie, divisée en France nouvelle et France ancienne, laissait indécises les obligations que chacun avait envers elle. Quelques années plus tard, il purgea son émigration par quatre mois de prison au Temple, ce qui n'avait pas empêché que son père l'eût expiée par un long séjour au château de Loches d'abord, puis ailleurs, ainsi que par le long séquestre de ses biens.

Sous le nom de marquis de Rilly, il reprit du service à la restauration et il fit la campagne d'Espagne de 1823, dans le corps d'armée du général Guilleminot dont il fut le chef d'état-major. Il en fut si bien apprécié que ce général demanda et obtint pour son chef d'état-major la seule croix de Saint-Louis qui fut donnée le jour de la fête du même nom dans ce corps d'armée. Après cette campagne, et après avoir passé quelque temps à Bordeaux dans son grade, le marquis de Rilly fut nommé commandant de Valenciennes, poste où l'occasion seule lui a manqué de montrer combien il en était digne. Mais je me trompe; cette occasion ne lui a pas failli complètement, et ce dernier trait sera une preuve de son caractère aimable et conciliant : aussitôt après les événements de 1830,

[1] Les chefs combattent pour la victoire, les compagnons pour leur chef; leur devoir le plus sacré est de le défendre (*Mœurs des Germains*, paragraphe xiv); ces jeunes compagnons sont devenus des pages plus tard. (Voyez Boulainvilliers, Dureau de la Malle, etc.)

toutes les autorités civiles et militaires de la ville, auxquelles se réunirent un grand nombre d'habitants, de-
mandèrent au ministre que le commandant de la place
fût maintenu dans ses fonctions, témoignage de bienveillance publique dont il fut profondément touché ,
mais dont un sentiment d'honneur lui interdit de
profiter.

Dans un temps où les aînés ont non-seulement
perdu les droits dont ils jouissaient autrefois, mais
encore la déférence et l'affection qui leur étaient dues
comme tuteurs naturels de leurs puînés, quoique leurs
devoirs envers ceux-ci soient restés les mêmes, je
crains qu'on ne regarde comme une singularité et un
hors-d'œuvre cet hommage à une mémoire chère et
révérée : je crois donc avoir besoin en ce moment de
quelqu'indulgence. J'y compte un peu : j'ai travaillé
avec une assez longue persévérance pour le public ,
pour qu'il me pardonne d'avoir voulu associer au sort
de cet ouvrage la mémoire d'un homme si recommandable.

AVANT-PROPOS.

J'avais eu l'idée de placer en tête de ce volume des extraits des rapports faits à plusieurs sociétés d'agriculture et au congrès des viticulteurs tenu à Bordeaux en 1843 sur cet ouvrage en manuscrit; parce que j'avais pensé que ces pièces pourraient servir à en établir la valeur dans l'esprit des lecteurs encore novices sur le sujet que j'ai traité; mais tous ces rapports étaient rédigés en termes si honorables pour l'ouvrage et son auteur, ils étaient empreints d'une telle bienveillance, que j'ai craint qu'en les reproduisant ici, même seulement par extrait, on ne m'accusât de vanité, avec quelque raison peut-être. Cependant mon intention n'eut été que de pavoiser en quelque

sorte mon bâtiment pour lui faciliter de plus nombreux accès et une bien-venue plus assurée. J'ai donc
renoncé à cette insertion, quand je me suis senti vivement encouragé par l'appréciation si flatteuse de mon
ouvrage et par suite en recevant la faveur de M. le mi-
tre de l'agriculture, d'une souscription de cent exemplaires avant l'impression. Je me suis même décidé à
en être le propre éditeur, n'ayant trouvé à Paris personne qui voulut s'en charger, quoique la seconde
édition de mon *Exposé des divers modes de culture de la
vigne et de vinification* m'ait été enlevée au dernier mot
des conditions que j'ai proposées. Je ne m'attendais
guère à cette froideur; car cet ouvrage-ci est l'appendice du premier, sinon indispensable, au moins du
plus grand intérêt sous le rapport de la nouveauté des
connaissances qu'on peut y acquérir; mais le commerce a des mystères que je n'ai pas eu l'habileté de
pénétrer. Je m'en consolerai si je suis soutenu par le
patronage des sociétés d'agriculture, dont quelques-
unes ont déjà fait un accueil si honorable à mes travaux. On s'apercevra facilement que j'aurais eu encore besoin de quelques années pour rendre cet ouvrage
plus complet. Un petit nombre de cépages précieux
ne sont dans ma collection que depuis un ou deux
ans, et n'ont pu, par conséquent, être soumis à une
étude suffisante; mais plusieurs ampélophiles me pres-
saient depuis si longtemps de faire cette publication
que je m'y suis décidé. J'ai eu soin cependant de ne
faire tirer cette édition qu'à 300 exemplaires, ayant

le projet d'en donner une seconde dans trois ou quatre ans, si celle-ci est écoulée; car rien n'est plus triste pour un auteur que de voir sur ses tablettes un grand nombre d'exemplaires d'un ouvrage auquel il a consacré tant de temps et tant de soins.

Je continuerai donc de me livrer à cette étude, quelque doute que j'aie du succès que j'en obtienne; car, outre l'idée du court avenir qui me reste, je dois craindre aussi le changement de circonstances : je sais maintenant que l'appui de la première société d'agriculture du royaume, de celle qui compte le plus grand nombre d'hommes éclairés, que l'approbation et les vœux d'un corps tout spécial, du congrès des vignerons tenu à Bordeaux, forment sans doute des éléments de succès; mais que le plus sûr de tous, est la recommandation d'un député. Je dois en convenir, et je profite même de cette occasion d'en témoigner ma reconnaissance à celui qui ne veut pas être nommé : cet appui d'un député de mon département ne m'a jamais manqué, soit pour ma mission en Hongrie, soit pour l'allègement des charges d'un auteur-éditeur d'ouvrages de la nature des miens. [1] Lors de cette seconde édition, aurais-je encore la chance de m'adresser à un ministre aussi éclairé et aussi bienveillant pour moi ?

---

[1] Pour ne pas laisser l'attention des hommes, curieux de savoir ce qu'un auteur ne veut pas dire, se diriger sur un autre que celui qui a de si justes droits à ce souvenir, je dois prévenir que ce député n'est pas celui de mon arrondissement électoral.

INTRODUCTION.

Ne serait-il pas plus utile de savoir quelles sont les espèces de raisins qui donnent les vins exquis du Cap et de Tokai, que de connaître tous les lichens d'Epping-Forest et toutes les mousses de l'île de Whight ?

D. SIMON ROXAS CLEMENTE, *bot. esp.*

BUT DE CET OUVRAGE.

J'ai annoncé, à la fin de mon premier ouvrage sur la vigne et la vinification, et dans le compte-rendu de ma mission en Hongrie, un Essai d'Ampélographie, mot que je n'ai point inventé, puisqu'il formait déjà, vers la moitié du XVIIᵉ siècle, le titre d'un ouvrage du docteur Sachs de Breslau, avec la seule différence d'une terminaison latine; je viens acquitter cette promesse. J'ai suffisamment expliqué ce titre, peut-être un peu trop scientifique, dans le titre même.

Je comprendrai dans le nombre des espèces de vigne dont je parlerai, non-seulement les plus estimées pour faire du vin, mais aussi quelques-unes dont les raisins mériteraient de paraître sur nos tables, tels que le Caillaba des Pyrénées,

1

le Milhau et le Chasselas de Tarn-et-Garonne, les Szier-
fahnls des Allemands et leur Portugieser, le Ketskesetsu
des Hongrois, plusieurs sortes de Malvoisie, etc. C'est une
distinction que nous avons trop restreinte, et je les choisirai parmi celles dont il n'a été fait mention dans aucun
livre de jardinage. Je substituerai habituellement le mot
cépage à ceux-ci, espèce ou variété de vigne, quoique ce
mot ne soit pas dans le dictionnaire; mais il est d'usage
dans plusieurs traités modernes sur la vigne, et dans beaucoup de vignobles. Du reste, les motifs qui m'ont fait entre-
prendre cet ouvrage vont se déduire de la revue de nos connaissances ampélographiques.

L'Espagne possède un bon ouvrage d'ampélographie, et
j'aurai souvent l'occasion de citer son judicieux et savant
auteur D. Simon Roxas Clemente, que je nommerai simplement D. Simon, selon l'usage espagnol. Malheureusement, il s'est restreint aux cépages de l'Andalousie.

L'Italie avait bien quelque prétention d'avoir le sien dès
le xiiie siècle, celui du sénateur de Bologne Petrus de
Crescensiis, et un siècle après celui du Sicilien Cupani,
quoique la description de quelques espèces de vignes n'occupe qu'une bien étroite place dans l'un et dans l'autre
ouvrage; mais elle en possède maintenant un nouveau tout
spécial, dont elle peut se glorifier, celui du comte Gallesio,
publié avec un grand luxe de figures coloriées qui en a
élevé le prix au point d'en interdire la connaissance aux fortunes médiocres. J'ai eu connaissance d'un traité encore
plus nouveau et fort instructif sur cette matière, dont l'auteur est le professeur D. Milano; malheureusement il ne

parle que des cépages cultivés dans la très petite province de Biella.

C'est surtout l'Allemagne qui peut nous écraser de ses nombreux et volumineux ouvrages ampélographiques, sans compter même celui de Sachs, publié en 1661, et qui est plutôt une description de toutes les parties de la vigne ou plutôt une longue et savante dissertation qu'une description d'un nombre quelconque de cépages. Les plus modernes, tels que ceux de Metzger et Babo, du pasteur Frege, de Von-Vest, de Vongok, sont plus estimés dans leurs pays, mais ils ne sont pas traduits, et comme ils sont avec figures coloriées, ils sont tous d'un prix exorbitant.

En France, celui qui, depuis Olivier de Serres, nous avait laissé le plus d'éléments de ce travail, était Garidel, auteur d'une histoire des plantes de la Provence, publiée en 1715. Il n'en avait cependant parlé qu'en passant et botaniquement; et ses courtes descriptions sont en latin. Vers 1780, l'abbé Rozier s'en occupa quelque temps avec ardeur : son goût ou plutôt sa passion pour les choses utiles lui avait inspiré le projet d'un bel établissement, au moyen duquel il espérait se mettre en position de dresser une synonymie de tous nos cépages français, de donner des caractères distinctifs qui feraient reconnaître chaque espèce de raisin, de déterminer la culture et la taille propres à chaque espèce et ses qualités ; dans quelle proportion il faudrait mélanger les espèces pour obtenir un vin d'une qualité supérieure. Je ne représente pas ici le tableau des moyens qu'il comptait employer, parce qu'on peut le trouver facilement dans plusieurs dictionnaires ou cours complets d'agriculture, et puis, parce que si quelques-unes de ses idées annoncent toujours un zèle bien ardent, on doit ajouter aussi un peu aveugle, et un plan d'opérations dont l'exécution était évidemment au-dessus de ses forces ; et, en effet, cette ardeur fut promptement ralentie par une foule d'obstacles qu'il n'avait pas prévus, et d'après ce que nous a appris Chaptal, par des dégoûts, des contradictions sans nombre ; aussi, à peine avait-il fondé les bases de son établissement qu'il y renonça. Au commencement de ce siècle, Chaptal aussi, qui appréciait bien l'importance d'un travail de cette nature, nous avait remis sur la voie par la description qu'il nous avait donnée d'une trentaine de cépages. A la vérité, la plupart s'en seraient bien passé, les uns étant des raisins de table connus de tout le monde, les autres ayant été l'objet d'une synonymie très-vicieuse. Comme ces opinions, en ampélographie comme en œnologie, ont servi et servent encore de règle à ceux qui sont venus après lui, je serai forcé quelquefois de signaler ses erreurs. A son exemple et par les encouragements que ses hautes fonctions lui avaient permis de donner à Bosc, celui-ci fut l'homme de son temps qui s'occupa le plus de débrouiller la nomenclature des cépages et d'en établir la synonymie ; il l'avait entrepris avec cette ardeur qu'il mettait à toutes ses investigations agronomiques ; il s'en était même occupé assez longtemps pour traiter ce sujet *ex professo* ; mais il a été surpris par la mort avant d'avoir réuni en corps d'ouvrage les nombreuses notes qu'il devait avoir amassées, toutefois si brèves, m'a-t-on dit, que lui seul aurait pu en tirer parti.

J'ai eu connaissance d'un magnifique ouvrage de l'Allemand Kerner, le plus riche en figures de raisins coloriées et les plus exactes que j'aie vues ; mais il est sans texte ; ce sont de curieuses images, et les noms des raisins y sont cruellement estropiés. Cet ouvrage n'est pas à la bibliothèque Royale, mais seulement dans celle de **M. B. Delessert**, qui a la générosité de l'ouvrir au public.

Il serait cependant injuste de passer sous silence un ouvrage recommandable dont un chapitre contient la description d'un grand nombre de cépages ou plutôt le dénombrement annoté de 92 espèces ou variétés. Quoique l'auteur de ce chapitre soit Provençal, quoiqu'il se soit aidé des renseignements des frères Audibert, possesseurs d'une très-belle collection, et des phrases latines de Garidel et de celles d'un botaniste du temps présent, Gouffé, il m'est impossible d'admettre que ces descriptions soient d'une grande utilité pour un propriétaire de vignes qui chercherait à reconnaître des espèces inconnues.

Cet ouvrage, qui n'en est pas moins fort important pour l'horticulture, est le *nouveau Duhamel*. L'auteur a fait entrer dans sa première division les trentes-six espèces ou variétés décrites autrefois par Dussieux et Chaptal, en reproduisant leurs erreurs et en en commettant quelques autres dans les nouvelles descriptions qu'il nous donne dans sa seconde division, celle qui contient les espèces propres au pressoir.

De plus, j'ai remarqué que l'auteur ne s'était point attaché aux traits vraiment distinctifs ; je n'en prendrai qu'un exemple parmi les raisins de table qui étaient le plus de sa compétence : nul cépage n'est plus remarquable que le

Muscat hâtif de Frontignan, improprement appelé Chasselas-musqué, par ses grosses et longues vrilles, par ses feuilles inégales et tourmentées et par la couleur rousse des jeunes pousses ; aucun de ces traits n'est indiqué. Qu'on y cherche aussi le trait le plus caractéristique du *Tibouren* en l'absence de son fruit : c'est bien certainement la profonde découpure de ces feuilles qu'on peut dire laciniées ; on ne l'y trouvera pas non plus. J'ajouterai que ce chapitre des diverses sortes de vignes n'est qu'une minime partie d'un très-grand ouvrage du prix énorme d'au-delà deux mille francs.

Ainsi donc, ce sujet est neuf pour nous, sous le rapport du moins de sa spécialité ; mais je me suis livré trop tard à cette étude, et les secours dont j'ai pu profiter ont été trop rares pour que la perte d'un grand nombre d'années ait pu être compensée par mon zèle et mon activité, et pour avoir d'autre espoir que d'avoir jeté les bases d'un travail important, désormais facile à terminer.

IMPORTANCE DU CHOIX DES CÉPAGES.

Si, dans l'exposé que j'ai déjà présenté des divers modes de culture de la vigne et des différents procédés de vinification, j'ai traité mon sujet aussi bien que j'en ai compris l'importance, j'ai démontré que nous pouvions obtenir différentes natures de vin, même de haute qualité, et dans la plupart des sols viticoles, avec des espèces de vigne qui nous étaient inconnues, et qu'il nous était facile maintenant de nous procurer. Ceci n'est donc pas seulement une étude curieuse et agréable, elle est de plus d'une utilité incontestable et d'un intérêt qui acquiert de la vivacité à chaque année nouvelle.

L'importance du choix des cépages pour la plantation d'une vigne a été bien établie par la plupart des auteurs ampélonomes ; je me contenterai donc de rapporter ce qu'en a dit M. Puvis, l'un des agronomes modernes les plus haut placés dans l'opinion des agriculteurs : « Une circonstance semble influer puissamment sur la qualité du vin ; c'est la nature du plant que l'on cultive ; car c'est bien à lui qu'on doit attribuer l'abondance des produits et l'époque de leur rentrée ; c'est bien encore à lui qu'on doit la couleur, la spirituosité et en grande partie la saveur des vins ; on ne peut pas douter que cette saveur ne dépende de celle du raisin, et n'ait une relation intime avec elle. »

J'ajouterai à ces considérations qu'il est bien avéré que plusieurs vignobles ont perdu leur réputation pour avoir substitué aux anciens cépages d'autres plus féconds ; ainsi s'est éclipsé l'ancienne réputation des vins de Saint-Pourçain (Allier), pour avoir substitué les Lyonnaises au Petit-Néran ; celle des vins de Coucy (Aine), qui étaient réservés jadis pour la table du roi, etc. ; mais aussi, dans quelques autres vignobles, des observations judicieuses ont amené les propriétaires au choix de l'espèce la plus propre à remplir le but qu'ils se proposaient, ou du petit nombre d'espèces dont l'alliance leur a paru la plus avantageuse : ainsi, dans deux ou trois départements du midi, quelques propriétaires éclairés cultivent avec le plus grand succés le Furmint de l'Hegy-Allia ; au célèbre vignoble de l'Hermitage, c'est la petite Sirrah ; dans le Lot, ils s'en tiennent à deux ou trois cépages, la Côte rouge et le Mauzac rouge ; en Tarn-et-Garonne, au Fer et au Bouyssoulès ; dans la partie du département que j'habite entre le Cher et l'Indre, nous donnons exclusivement la préférence au Côt. Sans doute, on fera toujours bien de conserver les espèces les plus estimées dans le canton qu'on habite, et même de les préférer pour une plantation de quelque étendue ; mais en même temps l'essai, sur un petit coin de terre, de quelques plants d'un vignoble lointain de quelque renom, laissera toujours l'empreinte du passage d'un homme de progrès.

QUESTION DE LA VARIATION DES ESPÈCES.

Je sais que quelques écrivains d'un grand poids dans l'estime publique, Pline le naturaliste chez les Romains, et de nos jours Dussieux, Parmentier, Chaptal, Lenoir, Bosc, plusieurs autres moins connus ont affaibli cette importance du choix du cépage, en attribuant une influence excessive au climat. Tous les auteurs que je viens de citer ont affirmé, d'après Dussieux, que le changement de climat et même seulement un long espace de temps, suffisaient pour créer des variétés nouvelles ou pour opérer sur ces cépages une modification bien singulière, qui serait une véritable transformation, puisqu'elle consisterait à annuler les caractères distinctifs de chacun pour revêtir ceux des cépages du pays, en sorte qu'ils se confondraient ensemble après plus ou moins de temps (aucun de ces auteurs n'en a fixé la durée).

Ces opinions sont si différentes de celles qui ont cours parmi nous, studieux observateurs, et ici je me mets à la suite de l'Espagnol don Simon et de l'auteur Italien Dominico Milano, que je prendrais plus de peine de les discuter, si elles n'étaient pas contradictoires, et si le premier de ces deux vrais savants n'en avait démontré la fausseté. Je ne choisirai, parmi les nombreux arguments qu'il emploie, que les suivants. Il nous dit qu'on voit encore à Rias, province de Grenade, quelques treilles Ataubies qui furent plantées du temps des Maures, et qui ne diffèrent en rien de celles qui sont plantées depuis peu d'années. Il demande s'il n'est pas évident que les *Apianæ* des Romains, que nous appelons Muscats, se sont conservés identiques partout où on les a cultivés, si l'espèce la plus facile peut-être à reconnaître, le Raisin-Cornichon de Paris, n'a pas conservé partout et en tout temps sa forme distinctive ; en Italie, où elle est connue sous le nom de Testa di vacca ; en Espagne, sous celui de Santa-Paula ; il aurait pu ajouter au royaume de Maroc et dans l'Asie-Mineure, où j'ai appris qu'elle portait le nom de Cadin-Barmak (doigt de donzelle), dénomination sous laquelle elle a été décrite, il y a six siècles, par le savant arabe Ebn-el-Beithar ; et, chose fort singulière, à peu près sous le même nom, Chadym-Barmak, aux environs d'Astracan.

La source de ces erreurs se trouve dans le grand ouvrage de Pline, que la plupart de nos auteurs modernes connaissent bien mieux que ce qui se passe dans nos vignes. Il était persuadé que chaque espèce laissait ses qualités dans le pays d'où on la tirait, et il cite à l'appui de cette opinion la vigne *Eugénienne* qui avait été apportée de la Sicile, et qui s'était abâtardie partout, excepté au vignoble d'Albe.

Son autorité me semble avoir eu un si grand poids dans leur esprit, que j'aurais tort de la contester sans fournir des motifs suffisants. Je conviens que plusieurs cépages éprouvent par le changement de climat et peut-être aussi par le nouveau mode de culture auquel on les soumet, des variations dans leurs habitudes de végétation qui ont pour résultat d'en dégoûter celui qui en essaie la culture; variations telles dans leur effet, que cette considération a pu servir de fondement à son opinion : le Grenache, le Camarès, par leur difficulté à amener leurs raisins à maturité, la Balzamina, par son retard à être en rapport, qui n'a lieu qu'au bout de huit ans, ne se sont pas comportés en Touraine comme ils le font dans les pays d'où ils ont été tirés. Mais la Malvasia Rossa de l'Italie, le Mataro et la Claverie des Pyrénées, le Quillard blanc qui en vient aussi, le Liverdun de la Moselle, le Sâr-Fejér de la Hongrie ont complétement répondu à l'espoir que j'avais fondé sur eux.

Toutefois, ces variations ont des limites très-étroites ; par exemple, quand elles portent sur la couleur, c'est seulement sur la nuance ; il ne faut pas croire, comme on me l'a fait dire dans le procès-verbal des séances du congrès viticole d'Angers, qu'un cépage à raisins noirs , transporté de la Hongrie dans mon vignoble, ait donné des raisins blancs.

C'est une erreur monstrueuse : j'avais dit qu'un plant, *issu* d'un cépage à raisins noirs par semis de pépins, avait donné des raisins blancs.

Je ne soutiendrai pas que le Carbenet produirait ailleurs du vin d'une aussi haute qualité que dans le Médoc, quoique, sous le nom de Breton, il en donne de très-délicat en Touraine dans la plaine de Saint-Nicolas de Bourgueil ; et certainement ses caractères principaux, tels que la forme de la grappe, celle des grains et de leur saveur se sont immuablement conservés en Touraine. Je crois bien aussi que la Sirrah ne donnerait nulle part d'aussi bon vin que sur le coteau de l'Hermitage. Les vignerons de ma commune disent bien aussi que le Côt aime notre pays ; mais tous ces cépages ne sont certainement pas indigènes de ces localités, ils y ont été transportés. D'ailleurs, Pline se contredit évidemment quand il nous dit dans le même chapitre que les cépages de la Gaule réussissaient en Italie, et qu'il en était de même dans la Gaule de ceux de la partie de l'Italie connue actuellement sous le nom de Marche-d'Ancône. Il cite même, et si ce n'est pas lui, c'est Columelle, la vigne nommée alors Biturica, qui était fort recherchée de son temps ; elle n'avait donc pas laissé toutes ses bonnes qualités dans le Berry. Que quelques cépages s'abâtardissent, c'est-à-dire, ne conservent pas leurs qualités, je ne le conteste pas ; mais il aurait dû ajouter que d'autres se maintenaient et même gagnaient au changement de pays, telles que les Aminées auxquelles il reconnaissait ce mérite, partout où elles avaient été introduites, de produire de meilleur vin que n'en donnaient les cépages du pays. Parmi les exemples nombreux dont j'ai le

choix , je n'en citerai qu'un , celui du Liverdun déjà nommé,
peu estimé vers la Moselle, d'où il nous est venu, qui se conduit dans mon vignoble de la manière la plus satisfaisante.
Combien de cépages tirés de l'Espagne et de l'Italie ont fondé
de réputations dans nos vignobles du midi, et ont récompensé
ces hommes à esprit ardent d'amélioration qui les ont introduits les premiers l le Trebbiano si estimé en Italie du temps
de Petrus de Crescentiis (XIVe siècle) , et depuis longtemps aussi le Granaxa en Aragon , d'où il s'est répandu
dans le Roussillon d'abord, puis dans nos départements
formés du Languedoc et de la Provence; le Mourvédé du
littoral de la Méditerranée, la Picapulla, le Macca-
béo , etc.

Il en a été de même sur les rives du Necker en Allemagne,
où les cépages dont sont peuplés les vignobles de quelque
renom rappellent encore les pays d'où ils sont originaires :
le Valteliner, le Traminer, l'Ungarischer, le Portugieser, etc.
Quelques-uns même tirés de l'île de Chypre et de la Perse
y ont réussi , selon M. Julien , témoignage dont on ne peut
nier la pertinence , et confirmé depuis par celui de l'auteur
allemand Leuchs. Je citerai encore à l'appui d'une opinion
qui est loin de m'être particulière, comme on voit, un témoignage imposant, celui de M. Reynier habile directeur de la
pépinière de Vaucluse, et de plus, triple lauréat de la Société
royale et centrale d'agriculture. Il a parfaitement établi dans
un article du rapport volumineux et plein de faits curieux et
intéressants sur ces cultures , publié en 1839, que plusieurs
propriétaires, entr'autres le marquis Billiotti avec la Roussanne , M. Berton avec la Sirrah , avaient obtenu, de ces

plants étrangers au département de Vaucluse, des produits supérieurs à ceux des plants de ce département, et que l'avantage, prétendu éphémère de la culture de plants étrangers, non-seulement s'était soutenu, mais même, d'après l'affirmation des propriétaires, s'était accru avec l'âge de ces plants. Mais, d'ailleurs, qui pourrait contester que M. de Villeraze, et deux ou trois ans plus tard le général Maureilhan, n'aient rendu un véritable service à leur pays, le premier en y apportant, le second en y envoyant le plant le plus estimé de l'Hegy-Allia, le Furmint? J'aurais l'argument le plus convaincant à lui offrir, du vin produit par ce plant dans les environs de Nismes. J'avais pris note de quelques autres exemples de l'avantage qu'il peut y avoir dans l'introduction de plants étrangers, mais il m'a semblé que, pour les esprits sans prévention, j'en avais assez dit, et que pour les autres, aucun n'aurait d'efficacité. Je devrais peut-être terminer cette discussion par l'observation de plusieurs propriétaires viticoles de l'arrondissement d'Arles, au sujet de l'introduction de quelques plants étrangers : « Les uns, disent-ils, se sont moins bien comportés que les plants indigènes ; les autres ont donné des productions plus abondantes, et de meilleure qualité. » C'est exactement ainsi que cela s'est passé sur mon terrain.

Mais je suis forcé, par la juste considération dont jouit un illustre auteur, et par le poids que toutes ses opinions ont eu dans l'esprit de ses contemporains et de ceux qui sont venus après lui, de combattre une erreur capitale, fondée sur des renseignements inexacts, incomplets et mal expliqués. Voici le sens précis du fait que Chaptal rapporte : Une vigne plantée en Lorraine par le comte de Fontenoy, avec des plants tirés de la montagne de Reims, ne conserva des on origine, au bout de vingt ans, que le privilége de porter le nom de vigne de Champagne ; tous les plants étaient devenus semblables à ceux du pays. Cela ne m'a pas paru aussi surprenant qu'à lui ; car les vignes de tous les propriétaires de l'ancienne Lorraine, qui tiennent à la qualité de leur vin, sont composées des mêmes espèces de plants que les vignobles les plus renommés de la Marne : le *Petit-Noir* de la Meurthe est le même que le Plant-Doré des vignobles de Reims ; ; le *Petit-Gris* ou *Auxerras*, le même que le Fromenteau ; le *Blanc de Champagne*, que l'Épinette-d'Épernay. C'est une explication bien simple, et qui me semble très satisfaisante ; car les choses ne doivent pas s'être passées différemment en Lorraine qu'elles se passent en Touraine. J'ai aussi tiré des plants de Champagne, et le Plant-Doré des Champenois s'est trouvé le même que notre Orléans ou Auvernat des Orléanais ; leur Épinette, que notre Arnoison-Blanc ; leur Fromenteau, que notre Malvoisie ; tandis que depuis plus de 30 ans que j'ai des cépages de Granache et de Spiran, le premier n'a rapproché aucun de ses caractères de ceux de ses voisins ; ses raisins n'ont pas mûri mieux la trente-cinquième année que la quatrième, en conséquence j'ai été obligé de m'en servir comme sujet pour recevoir des greffes. Si j'ai obtenu la maturité des fruits du Spiran, c'est seulement parce que je l'ai placé dans une terre chaude, car ceux qui sont restés dans une terre froide, ne mûrissent pas mieux la trentième année que la première. De même une vingtaine d'espèces hâtives des pays méridionaux, ou de pays plus au nord que le mien, ont maintenu leur précocité de maturité, ainsi que tous leurs autres caractères.

Je dois aussi faire la remarque, que les plants fins de Champagne n'entrant en rapport appréciable que de six à huit ans, leur prétendue transformation n'a pas dû apparaître promptement, et puis, qu'aussitôt leur fructification cette transformation aurait été bien rapide; à la vérité ce sont de ces observations que les plus savants sont rarement à portée de faire, et pour lesquelles la possession d'une collection donne de grandes facilités. Je ne m'avance donc pas trop en affirmant que les prévisions doctorales de Chaptal sont plus que hasardées, qu'elles sont complètement en défaut. Voici comment il les exprime : « Supposons qu'un habitant de la Touraine se procure des marcottes de Bordeaux et de la Champagne, qu'il les plante séparément, et qu'il donne à chacune de ces nouvelles colonies, les soins de culture qu'elles auraient reçus dans leur pays ; voyons quels seront les résultats : les vignes bordelaises mûriront douze à quinze jours plus tard la première année de leur rapport que les vignes de la contrée, parce qu'elles se seront trouvées à une température moins chaude, et , par la raison inverse, les vignes de Champagne amèneront leurs fruits à maturité douze à quinze jours plus tôt. L'année d'après, les temps de maturité des unes et des autres se rapprocheront davantage; la différence sera encore moins sensible les années suivantes; enfin, après huit ou dix ans, cette époque de maturité, la saveur (et sans doute aussi la forme) des raisins, tout sera tellement rapproché que les caractères apparents et la qualité des produits se confondront au point de ne pouvoir plus reconnaître ces vignes étrangères de celles du pays. »

J'ai été ce propriétaire de Touraine, qui ai réuni des plants des vignobles les plus renommés de l'Espagne, de l'Italie, de l'Asie-Mineure, de la Moselle, du Rhin, etc. ; et j'atteste que rien de ce qu'il a dit ne s'est passé ainsi sur mon sol. J'ai donné ailleurs des exemples d'autres erreurs graves de cet homme célèbre, auxquelles il a été entraîné par son défaut de pratique et d'une juste sévérité sur l'admission des faits destinés à être présentés comme base de ces raisonnements.

Voyons un peu sur quelle autre base Bosc a fondé son entraînement à l'opinion de Dussieux, au sujet de l'influence de la transplantation à grande distance ; car ici il ne peut être question de la différence du climat de Beaune à celui de Châtellerault. « Je dirai que Creuzé-Latouche avais fait planter une vigne entièrement de Pinots, que je lui avait fait venir de Beaune, et que son gendre, M. Martinet, a été obligé de la faire arracher, *quoique le vin en fût supérieur*, parce qu'elle n'en produisait jamais suffisamment pour payer les frais de culture. » Il me paraît certain que M. Martinet ne savait pas entretenir sa vigne et encore moins vendre son vin le prix qu'il valait, puisqu'il était supérieur. M. Royer a dit à peu près la même chose, au congrès viticole d'Angers, de l'essai qu'il a fait des Pinots de Bourgogne : sa vigne lui donnait de très bon vin, mais elle avait si promptement dégénéré, ce fut son expression, qu'il avait été obligé de la faire arracher. On voit qu'ici *dégénération* était synonime, dans l'esprit de M. Royer, de dépérissement. Voici l'explication que je donne de ces deux faits : les Pinots de Bourgogne sont des plants délicats et peu fertiles, même dans les vignobles dont ils font la gloire ; ils ont besoin d'être entretenus avec soin et intelligence ; or ils ont sûrement été traités de la même manière dans la vigne de M. Martinet que le Côt et le Breton, cépages vigoureux, et que le Pinot de la Loire dans la vigne de M. Royer. Avaient-ils été placés dans une terre qui leur convenait ? Depuis quatre-vingts ans qu'il y en a, de ces Pinots de Bourgogne, à la Dorée, plus d'un hectare, mon prédécesseur et moi surtout, nous nous sommes bien aperçus que leur entretien était plus onéreux que celui des autres vignes par la nécessité d'échalas à chaque cep, de nombreux provins chaque année et de terrassage à courts intervalles ; mais aussi je vends ce vin que nous appelons vin noble, 3 à 4 fr. par hectolitre de plus, que le vin de Côt qui est le plant le plus cultivé dans le pays, et j'ai le plaisir d'entendre mes convives déclarer, sans y être provoqués, qu'ils ne boivent nulle part d'aussi bon vin d'ordinaire qu'à ma table.

Examinons sur quel fondement l'unique savant, à ma connaissance du moins, qui tienne encore à la variation des espèces par le changement du sol et du climat, édifie sa persistance : c'est un homme très versé en géologie, en chimie, en physique, et de plus professeur d'agriculture, qui va nous citer un fait sur lequel il appelle notre attention, le regardant sans doute comme un argument irrésistible.

« Nous tenons de M. V..., dit-il, qu'ayant rapporté cinq » ceps de Chasselas de Fontainebleau même, il avait espéré

» en obtenir des raisins dont les grains seraient moins serrés,
» défaut qu'on reproche à ceux du pays. Eh bien ! dès la
» première fructification le même défaut s'est reproduit. Quel
» argument, s'écrie notre savant professeur, en faveur de
» l'opinion qui considère les différentes variétés de vignes
» comme le résultat de l'influence du sol et du climat sur
» cette plante ? »

Ah ! vous trouvez surprenant qu'une bonne terre de potager, bien fumée, donne de gros raisins bien serrés ! D'un
événement si commun vous faites un phénomène incroyable
pour tous les viticoles ! J'ai dit commun, j'aurais pu dire
normal, puisqu'il fait partie des éléments de la science que
vous professez avec succès. Je vais le compléter en vous
affirmant, à mon tour, que des ceps de Chasselas, tirés aussi
de Fontainebleau, donnent dans ma terre aride, mais bien
cultivée, des raisins tout aussi beaux et je pourrais dire
d'une saveur plus relevée qu'à Fontainebleau même. Et
quel homme, exempt d'esprit de système, peut considérer
cette influence du sol comme une transmutation fondamen-
tale de l'individu ? puisque, transporté dans un sol plus
approprié à sa nature, il reprendra ses qualités.

C'est sans doute en prenant ces savans pour guides, qu'un
professeur d'agriculture à Foix a annoncé, dans sa première leçon, qu'il s'abstiendrait de décrire les principaux
caractères des cépages dont il parlerait, parce que ces caractères disparaissaient quand ces plants de vigne passaient
d'une terre dans une autre. C'est une grande erreur qui ne
peut plus être commise que par ceux qui ne connaissent l'agriculture que dans les gros volumes que les spéculateurs de

Paris lancent quelquefois aux innocents provinciaux, et qui sont presque toujours rédigés par des hommes qui savent écrire, mais qui n'ont jamais rien cultivé. J'assure donc que plusieurs caractères sont persistants dans tous les sols, la présence ou l'absence du coton sous les feuilles, la couleur et la forme des grains de raisin, presque toujours la disposition sur la grappe, la distance plus ou moins rapprochée des yeux ou boutons sur le bourgeon ou sarment, etc.

Le sentiment de ces auteurs est nécessairement en opposition avec celui des auteurs italiens, le comte Gallesio, le docteur Gatta et l'abbé Milano, ainsi qu'avec celui d'un homme qui a vécu au milieu des vignes et des vignerons, pendant le temps du moins où il s'est occupé de cette étude, don Simon Roxas Clemente.

Du reste cette influence du climat n'a pas de règle fixe, et il sera toujours difficile à un observateur, exempt de tout esprit de système, d'admettre qu'elle soit aussi absolue que l'ont prétendu plusieurs savants, Buffon, Condorcet, Dussieux, Chaptal, etc. ; et leurs antagonistes MM. de Fage et Dubois, alors préfet du département du Gard et depuis membre de la société royale et centrale d'agriculture, qui, en opposition aux principes des premiers, ont soutenu l'avantage, même la nécessité du transport des plants du midi au nord. Celui de leurs arguments qui m'a paru le plus plausible, est que les plants de Bourgogne et de Champagne n'ont jamais réussi dans les pays méridionaux, tandis que ceux de l'Espagne, de l'Italie et de la Grèce, faisaient la gloire et la richesse de cette même zône de départements méridionaux. Du reste, Cels a prouvé par des faits nombreux que ni l'un ni l'autre système n'était soutenable.

DE LA DÉGÉNÉRATION DES ARBRES FRUITIERS ET DE LA VIGNE EN PARTICULIER.

Il ne s'ensuit pas que je nie l'influence du climat sur la production des fruits et sur leurs qualités : je n'ignore pas que presque tous les arbres fruitiers de nos pays tempérés , tant ceux à pepins que ceux à noyau, à l'exception de l'abricotier et de la vigne, ne produisent, sous les climats chauds, notamment en Egypte, que des fruits petits et presqu'insipides, [1] que la greffe même ne réussit pas à les perpétuer dans leur état normal, c'est-à-dire avec toutes les qualités qu'ils ont dans nos contrées, et qu'ils ne tardent pas à dégénérer, dans l'acception ordinaire, mais réelle en cette circonstance, que nous donnons à ce mot-là ; je maintiens seulement que notre climat est assez favorable à la vigne, pour que cette influence soit plus souvent bénigne que maligne, et surtout qu'elle est loin d'avoir toute l'action que lui ont attribué les savants que je viens de citer. Après avoir sapé les fondements de cette singulière opinion qui ne pouvait être conçue et soutenue que par des savants complètement étrangers à la pratique de l'art viticole, celle de la transformation d'un cépage en un autre, il nous reste encore à démontrer la fausseté d'une opinion tout aussi dé-

[1] Voyez le Tableau de l'Égypte par Clot-Bey.

courageante pour ceux qui penseraient à introduire chez
eux la culture de cépages étrangers ; je veux parler de la
prétendue dégénération des espèces fruitières cultivées depuis longtemps, y compris la vigne, et même de leur extinction totale, système exposé et soutenu d'abord par un
homme d'un vrai mérite et même à juste titre autorité agronomique, et depuis adopté par un ampélonome du midi, propriétaire d'un vignoble considérable. On voit que je suis
loin de méconnaître la puissance de position de ceux dont
je me déclare l'antagoniste. J'ai déjà publié une réfutation de ces fausses idées ou du moins qui me paraissent
telles, j'en reproduirai ici quelques arguments, parce que la
question débattue par des hommes recommandables me
semble tirer quelqu'importance de l'estime dont ils jouissent,
et qu'elle est surtout applicable à la vigne, l'un des deux
soutiens de ce système n'ayant envisagé cette question que
sous ce point de vue spécial. Et puis, n'est-ce pas un devoir
pour un homme simple et droit, fort de ses nombreuses
observations et de sa longue expérience, de défendre ce qu'il
croit la vérité, surtout quand son adversaire s'est acquis de
l'autorité par sa science, son talent d'enchaîner ses idées
et de les présenter sous les apparences d'une démonstration
rigoureuse ? Ainsi donc, j'intitulerai cet article :

DE LA PRÉTENDUE DÉGÉNÉRATION DES ESPÈCES FRUITIÈRES CULTIVÉES DEPUIS LONGTEMPS.

Je vais rapporter la proposition textuelle de M. Puvis, et

je la ferai suivre de ses arguments que j'entremêlerai de mes
réponses.

« *La plupart des auteurs agronomiques* admettent
» l'opinion que la propagation par boutures, marcottes,
» tubercules, tend à la dégénération, et pour la combattre,
» ils recommandent le semis de pepins ou noyaux qui
» donnent naissance à de nouvelles variétés jeunes et pleines
» de vigueur. Si l'on consulte les auteurs de tous les
» temps, on y trouve des observations et des faits qui
» prouvent d'abord la *dégénération* et ensuite la *fin* des
» variétés anciennement cultivées. »

Il eut été plus exact de dire *quelques auteurs modernes*,
au lieu de *la plupart des auteurs agronomiques ;* car un
homme qui ne recherche que la vérité, doit se tenir dans les
limites de l'exactitude en exposant des faits et en citant les
auteurs qui en ont parlé. Voyons maintenant si, en consul-
tant les auteurs de tous les temps, on y trouve vraiment des
observations et des faits qui prouvent d'abord la dégénération et ensuite la fin des variétés cultivées.

Le premier exemple de Pline qui n'a pas reconnu dans la
culture de son temps toutes les variétés de fruits et de raisins dont avait parlé Caton, est-il admissible? C'est sans
doute comme celui dont on peut tirer la plus faible conséquence qu'il passe le premier, car aucun auteur, avant Columelle, contemporain de Pline, et même ce dernier n'avait
donné de description suffisante des fruits et raisins pour les
reconnaître, je ne dirai pas un siècle après lui, mais je pourrais même dire dans l'année où il a écrit et sous le même
climat. Ainsi donc ce n'est que sur des noms que Pline a

exercé sa sagacité. Si Columelle, qui donna quelques caractères de cinquante-huit espèces ou variétés de vigne, s'est
plaint de ce que les vignobles qui, du temps de Caton donnaient de grands produits, ou plutôt d'énormes profits, en
rendaient de beaucoup moindres, ce qu'il attribue à la dégénération des vignes qui les peuplaient, c'est qu'au temps où
Caton écrivait, les vignobles étaient jeunes et rares, et les
vignes plantées dans des terres neuves pour elles. Depuis,
elles n'avaient pas dégénéré, mais elles avaient vieilli, et en
vieillissant, les vignes paraissaient être devenues stériles.
Cela se passait alors comme au temps actuel. M. Cazalis se
plaint aussi de ce que ses vignes, qu'il a amplement fumées
et qui lui ont donné alors d'énormes récoltes, dégénèrent,
parce que ces récoltes vont toujours en diminuant. Le *Gamay* donne-t-il moins que dans le siècle où le duc de Bourgogne, Philippe-le-Hardi, le proscrivit par une ordonnance
où ce plant est traité d'infâme ? Cette fécondité ne s'est-elle
pas soutenue plus tard, puisque plusieurs arrêts du parlement de Metz et de Besançon ont renouvellé la même pro-
cription ! Mais poursuivons : « Olivier de Serres rechercha
les variétés de vigne de Pline et de Palladius sans les retrouver. » D'abord Palladius est de trop, car il n'a point fait
entrer dans son ouvrage d'article particulier à la vigne ; il a
seulement caractérisé par un trait les Aminées et recommandé les Apianées qui sont nos Muscats ; et Pline, que
vous citez, avait bien reconnu les huit espèces de Caton,
neuf à dix de Virgile, et quarante-une de Columelle. Si
donc, Olivier de Serres n'a pas été sûr d'avoir retrouvé celles

de Pline, cela prouverait seulement que les traits légers et
peu précis sous lesquels il les a caractérisées, n'étaient pas
suffisants ; mais la conclusion que vous en tirez, qu'elles
sont perdues, qu'elles se sont éteintes, me semble tout-à-fait
forcée et ne peut être regardée comme une preuve. A peine,
ajoutez-vous, si nous retrouvons un cinquième de celles
mentionnées par Olivier de Serres et la moitié de celles désignées par la Quintinie. Il vous est libre de parler de vous ,
mais il n'est pas juste de vous mettre en commun avec tous
les studieux observateurs. Par exemple, à l'égard des cépages
dénommés par Olivier de Serres, votre allégation est loin
d'être une preuve pour moi, et il me serait bien facile de
vous prouver au contraire que plus des $^{19}/_{20}$ sont encore
connus sous les mêmes noms dans les départements du Tarn
et de Tarn et Garonne ; j'en pourrais à plus forte raison
dire autant de ceux de la Quintinie. Et quand il s'en serait
perdu quelques-unes de peu de mérite, quelles conséquences en pourrait-on tirer ? Jusqu'à présent, nous n'avons
encore aperçu aucune preuve que « en renouvellant la jeunesse d'un végétal par bouture, marcotte ou greffe, cette
jeunesse devenait plus courte, que la vie diminuait d'extension, que la vigueur s'amoindrissait, comme dit M. Puvis,
dans ces existences dues à l'industrie humaine. » Et ici, je
mettrai en contradiction, l'un à l'égard de l'autre, les deux
champions de la dégénération, car M. Cazalis prétend que
cette dégénération se manifeste par l'accroissement de vigueur des espèces renouvelées de bouture et la diminution
graduelle de la récolte, et il cite en exemple les Corinthes,
le Sultanieh.

Passons à des expériences d'un plus grand poids, puisque
c'est l'auteur lui-même qui les a faites.

« Dans la Bresse, dit M. Puvis, on voit de grands poiriers qui périssent peu à peu de vieillesse, et les jeunes que
l'on plante pour les remplacer, vieillissent, c'est-à-dire,
sans doute prennent l'air vieux avant d'avoir atteint le
quart de l'âge et des dimensions de leurs dévanciers. »

D'abord, je crois pouvoir affirmer que c'est particulier
à la Bresse, si cela se passe ainsi sur toute sa surface; car il
n'en est certainement pas de même en Touraine et en Nor-
mandie surtout. Lui-même a planté des arbres qu'il avait
greffés de ces anciens arbres dont il vient de parler, et ils
ont langui sans donner de fruits et bien peu de bois. La
même chose m'est arrivée aussi un petit nombre de fois,
mais j'en ai attribué la cause à la mauvaise nature du sol.
Il nous sera facile d'expliquer encore d'une autre manière
la faiblesse des arbres de M. Puvis : je suppose que les sujets
dont il s'est servi étaient des coignassiers, ou du moins des
poiriers provenus de semis de ses plus belles poires ; or la
plupart de ces sujets sont d'une faiblesse presque proportion-
nelle à la beauté du fruit; aussi tendent-ils plutôt à l'exiguité qu'au développement des formes primitives, ainsi
qu'il arrive à la plupart des provenances d'arbres greffés.
J'en ai vu une foule d'exemples, notamment chez le respec-
table horticulteur Sageret, qui m'en a montré même de
nains dans ses nombreux semis. Nos ancêtres, au contraire,
moins pressés que nous de planter, ou profitaient, pour en
faire un sujet, d'un aigrasseau venu sur place par la grâce
de Dieu, comme disent nos paysans, ou bien, si on les pre-

naît dans les bois, on ne choisissait que les bien venants, les sujets de la plus grande vigueur. Cette explication ne paraît-elle pas satisfaisante ? J'ajouterai que pour que l'exemple de ce qui s'est passé chez M. Puvis eut l'apparence d'une preuve, il eut fallu qu'il eut planté des arbres greffés des espèces nouvelles, pourvues de toute la vitalité qu'il attribue à la nouveauté de leur création et que ces arbres eussent poussé avec cette vigueur des anciens arbres, qu'il nous cite en témoignage. Mais est-il bien vrai qu'il suffise qu'une espèce ou variété soit la plus voisine possible de sa création, pour avoir cette vitalité séculaire dont l'orateur fait un attribut attaché à cette condition ? Je ne prendrai pour exemple que les deux plus belles et meilleures variétés de poires parmi les nouveautés du siècle: La *Duchesse* et le *beuré d'Aremberg*. Comparez leur vigueur avec celle des vieilles espèces, la Royale, la Virgouleuse ou le Vieux-bon-chrétien dont nous envoyons les superbes fruits à Saint-Pétersbourg, ou bien encore le Messire-Jean dont la fécondité le dispute à la beauté et au volume du fruit; et vous conviendrez que ces vieilles, ces antiques espèces ont conservé la vigueur primitive, inhérente à leur nature, dans toute sa plénitude, et que les nouvelles au contraire en sont faiblement pourvues, quelque rapprochées qu'elles soient de leur création, qui ne remonte guères qu'à 25 ou 30 ans. Et M. Vibert, qui est sans contredit le plus grand partisan des semis de pepins, puisque, conformément à son ancienne conviction de la nécessité, selon lui, de ce mode de reproduction, il en a quinze à dix-huit cents souches provenues de cette manière, n'a-t-il pas déclaré que des pepins de raisins de la même espèce, du même cep, avaient produit des sujets faibles, quelques-uns d'une force médiocre, d'autres enfin d'une assez grande vigueur. On pense bien qu'un homme aussi judicieux, qui tient admirablement cette collection, donne des soins égaux à tous les sujets qui la composent; mais il serait curieux de savoir à laquelle de ces trois classes M. le président de la société d'agriculture de l'Ain accorderait la préférence ; sans doute aux sujets d'une grande vigueur, qualité bien secondaire, cependant dans l'objet des recherches de M. Vibert, puisque la variété de muscat dont il est le plus satisfait est d'une nature aussi délicate que l'ancien *caïlhaba*, autre variété de muscat. Je passe sous silence une foule d'autres arguments que je pourrais tirer de mes observations ou de ma propre expérience, que je pourrais surtout fortifier de ceux que me fournirait la solide discussion sur cette même question soutenue par un des plus habiles horticulteurs du royaume, M. Reynier, et même regarder comme un témoignage en faveur de notre opinion le silence de M. Vibert dans l'exposition de ses motifs d'en appeler aux semis de la vigne; car c'est un homme trop instruit, d'une pratique trop éclairée, pour avoir admis ce moyen parmi ceux qu'il a fait valoir pour prouver la nécessité d'en appeler aux semis de la vigne.

Je sais que M. Puvis s'est appuyé de l'autorité du chimiste anglais Humphry Davy; car il y a-t-il une question agronomique ou toute autre qui ne soit du ressort de la chimie ? De mon côté je me ferai fort d'un homme spécial sur la matière, du botaniste D. Simon, auteur d'une Ampélographie espagnole. Il démontre péremptoirement que ce que nous appelons dégénération ne doit en aucune manière être confondu avec le changement des caractères distinctifs : « Car, dit-il, pour qu'une plante soit dite dégénérée, il suffit au cultivateur qu'elle soit détériorée dans quelqu'une de ses parties, comme dans la beauté et la quantité de ses fleurs ou de ses fruits ; or quel botaniste affirmera que cette altération suffise pour constituer une variété nouvelle? » Le cepage n'est donc dans ce cas que déchu de son état normal, vers lequel il est toujours facile de le faire remonter, comme l'a si bien prouvé M. Reynier, directeur de la pépinière départementale de Vaucluse.

Nous venons de voir que la conséquence naturelle et même rigoureuse de la prétendue dégénération des plantes cultivées depuis longtemps et multipliées au moyen des boutures, des cayeux et de la greffe, était le semis de leurs graines, pépins ou noyaux. Depuis, un horticulteur connu de toute la France, a soutenu cette nécessité spécialement pour la vigne, par un tout autre motif plus plausible, j'en conviens. Examinons donc les résultats qu'on peut espérer de ce mode de reproduction, seulement à l'égard de la vigne.

SEMIS DE PEPINS COMME MODE DE REPRODUCTIONS DE LA VIGNE.

Il ne viendrait dans l'esprit de personne, si l'on était consulté sur les cépages à planter pour l'établissement d'une vigne, de répondre par le conseil de semer des pepins de raisin. C'est cependant, si non la seule voie qui nous ait été offerte pour l'amélioration de nos vignobles, au congrès viticole d'Angers, du moins celle qui a été accueillie, avec l'approbation d'un plus grand nombre d'auditeurs ; [1] elle a même été adoptée depuis par le propriétaire d'un riche vignoble dans l'Hérault, M. Cazalis-Allut. Il me paraît donc à propos de la discuter et, pour le faire plus loyalement, je vais poser la question comme elle a été présentée par l'auteur de l'article qui a pour titre : *De la nécessité d'en appeler aux semis de la vigne.*

« A-t-on interrogé la nature par la voie des semis, et ne
» serait-il pas possible d'obtenir par ce moyen des variétés
» de raisin plus précoces, plus capables aussi de résister
» aux gelées tardives du printemps ? » Je réponds à la première partie et contre l'avis du questionneur : oui, on a souvent interrogé la nature de cette manière. Je ne citerai à l'appui que les essais qui ont eu lieu depuis une soixantaine d'années, ceux de Duhamel, de l'abbé Rozier, de Van-

---

[1] Il faut expliquer cet accueil favorable par l'intérêt général qu'inspirait l'auteur de la proposition, l'un des horticulteurs les plus distingués du royaume ; intérêt encore accru par le spectacle dont la plupart avaient joui de la culture d'une multitude de plants de semis, traitée avec une intelligence admirable. Dieu me garde de l'idée d'altérer le moins du monde la considération que mérite cette réunion d'hommes éclairés, et d'autant plus que la mienne propre en fait partie, puisque le congrès m'avait fait l'honneur insigne de me nommer son président honoraire; mais cet accueil favorable, d'ailleurs si bien justifié, m'a semblé dangereux en ce qu'il contribuerait à donner cours à une proposition que je regarde comme fausse dans son énoncé, et dangereuse dans ses conséquences.

Mons, du docteur Morelot, de M. L. Leclerc de Laval, de
M. Hardy, jardinier en chef du Luxembourg, de M. Lelieur,
ancien administrateur des jardins impériaux, mais surtout
ceux de feu Schams, à sa belle collection de vignes près de
Bude, où j'ai vu, en 1839, plus d'un millier de plants de
semis, très bien ordonnés par espèces, et très bien soignés.

Je dirai sur la seconde partie de la question, et cette fois
en me rapprochant autant que je le puis de la solution que
l'auteur désire : oui encore ; je crois en effet possible d'obtenir par les semis quelque variété de vigne supérieure à celles
qu'il connaît déjà ; mais j'ai aussi la conviction qu'on se
donnera beaucoup de peine, pour un résultat incertain et
bien éloigné ; car jusqu'à présent la nature n'a répondu
qu'avec peu de bienveillance à ce que M. V... appelle les
interrogations de l'homme.

Examinons un peu ce que nous avons obtenu depuis un
demi-siècle des semis de pepins de raisin :

La vigne *aspirante*, dont il a été parlé dans plusieurs
cours d'agriculture, provenue, disait-on, d'un pépin de raisin
Bourdelas, dans le jardin du chevalier de Jansens, à Chail-
lot, et dont la vigueur de végétation égalait l'excellence du
fruit, comment s'est-elle si peu répandue, qu'il soit impossible de la retrouver, même au lieu de sa naissance ?

Parlerai-je du *Raisin-Fraise* envoyé par M. Legrandais à
la société d'horticulture d'Angers ? Cette société a seulement mentionné la réception de boutures de cette vigne. Il
y a bien un raisin *Fresia* en Italie, mais ce mot ne veut pas
dire fraise, qui se dit en italien *Fragola*.

Passons au triomphe des semeurs de pepins, au merveilleux raisin *Van-Mons*, dont les grains étaient gros comme des prunes de Reine-Claude, selon Bosc, dans le cours complet d'agriculture, et qui joignait à la saveur la plus agréable cette précocité extraordinaire, surtout à Louvain, de mûrir dans la première quinzaine d'août. Malheureusement, M. Van-Mons lui-même, auquel on a demandé cette espèce précieuse, a repondu qu'il ne connaissait rien de pareil.

Il y a bien cependant le raisin *monstrueux de Decandolle* que je n'ai jamais eu le désir de me procurer, car j'avais lu dans un mémoire de M. l'abbé Milano, sur les vignes du canton de Biella, ce passage au sujet de ce raisin : « *Visitai in alcuni Luoghi di Francia il raisin* raisin monstrueux de Decandolle , *e posse assicurare che queste nostre sarebbero in paragone di quella, monstruosissime.* » Voilà pour sa prétendue monstruosité, et le goût de ce raisin n'est pas plus agréable, ajoute-t-il, que celui de la *Croassera* dont Miller a dit dans la description qu'il en a donnée : *Succo aquoso leviter fœtido.* J'ai vu, depuis, ce raisin au jardin de la société d'horticulture d'Angers ; il était vert et acerbe au 14 octobre, et il a été abandonné avec beaucoup d'autres d'une maturité tardive, au jardinier, pour en faire de la boisson ou vinasse.

Je ne dirai rien des nouveautés annoncées par l'auteur du mémoire et obtenues par lui ; car quoique j'aie été deux années de suite à Angers, la première fois au commencement de septembre et la seconde à la mi-octobre, il m'a été impossible d'en voir aucune.

Passons maintenant à l'examen de ce qu'ont pensé nos prédécesseurs sur les semis de la vigne.

L'abbé Rozier nous apprend qu'il n'avait obtenu d'un semis de raisins excellents que des raisins détestables. Sinety, auteur d'un ouvrage fort estimé, *l'Agriculteur du midi*, expose ainsi son opinion, résultat de l'expérience qu'il en avait faite. « La vigne qui provient de semis est sauvage, son fruit est âpre et ne parvient pas à maturité ; elle est très longtemps avant de produire et on ne peut en tirer parti qu'en la greffant. » Le docteur Morelot, auteur d'une statistique œnologique de la Côte-d'Or, et le sieur Fion, jardinier près de Paris, ont dit la même chose en d'autres termes. Duhamel désespérait d'obtenir des raisins de ses semis ; car à la douzième année il n'avait pas encore eu ce dédommagement de ses soins. Enfin, D. Simon Clémente, l'auteur du meilleur ouvrage d'ampélographie que je connaisse, exprimait son opinion, sinon textuelle (il a écrit en espagnol), du moins dont voici le sens exact : « Faudra-t-il suivre le travail insensé d'épuiser la recherche de variétés nouvelles, dont une sur mille peut avoir quelque supériorité sur les anciennes, supériorité jusqu'à présent si douteuse, si contestable, que l'expérimentateur a été souvent le seul à la reconnaître, tandis que nous négligerions l'étude plus facile et plus rationelle des productions de la même famille dont le mérite a été constaté par l'expérience des siècles ? » L'auteur lui-même du mémoire sur la *Nécessité d'en appeler aux semis de la vigne* en est à sa quatorzième année, et s'il peut juger quelques-unes de ses productions, comme raisins de table, combien lui faudra-t-il encore de temps pour tirer des variétés vinifères du vin d'une qualité appréciable? car la saveur ne peut fournir aucun indice de cette qualité ; et à ce sujet il ne me paraît pas inutile de rappeler que Pline le naturaliste, pour lequel je professe une grande vénération, à cause de son immense savoir, nous a légué cette observation : que le vin *gauranum*, qui provenait de vignes plantées sur la cime des coteaux, que le *Faustianum*, de celles à mi-côte, et même le *Falerne*, dont les vignes étaient situées en plaine, étaient tous produits par des raisins d'une saveur peu agréable. Eh ! ne savons-nous pas nous-même que deux des sortes de vigne qui donnent le meilleur vin du monde, le *Carbenet* du Médoc et le *Granaxa* de l'Aragon, produisent des raisins d'un goût très médiocre. Or donc, dans combien de temps et à quels caractères connaîtrez-vous les raisins propres à faire de bon vin? Ce n'est pas trop de dire vingt-cinq ans : car de combien de cépages cultivés depuis plus d'un millier d'années ignore-t-on encore l'influence sur la qualité du vin? Quelle habileté ne faudra-t-il pas pour reconnaître dans un raisin provenu de semis les qualités qui placent au premier rang le *Carbenet* et le *Petit-Verdot* du Médoc, les *Pinots* de la Bourgogne, le *Côt* des coteaux du Cher ou *Auxerrois* du Lot, le *Nebbiolo* et le *Trebbiano* de l'Italie, le *Pedro Ximenes* et le *Granaxa* de l'Espagne, le *Furmint* et le *Kadarkás* de la Hongrie, etc? Car c'est s'abuser étrangement que de croire, ainsi que l'a fait mon correspondant de la Bourgogne, M. Demermely, grand expérimentateur, qu'on puisse parvenir à une juste appréciation du vin produit par une espèce de raisin quelconque, au moyen d'un appareil distillatoire en miniature, l'alcohomètre de Dunal, sans doute le plus parfait de tous. Cet œnologue zélé, auquel les viticulteurs doivent néanmoins savoir gré de ses travaux, ne sait-il pas que les meilleures eaux-de-vie du monde, celles d'Armagnac et de Cognac, sont le produit de la Picpouille blanche et de la Folle blanche, qui dans aucun pays ne donnent du vin remarquable? Ainsi donc ses expériences, avec les moyens qu'il emploie, ne peuvent avoir d'intérêt que pour les vins de chaudière. Et pour l'abondance de la production, espérez-vous rien obtenir qui surpasse celle du Liverdun, des Gamais, des Picpouilles, de l'Aramon, du Tarret-Bourret, des Gouais, etc.? Nous prescrire de recourir aux semis de pepins pour l'amélioration de nos vignobles ! mais c'est faire remonter l'homme civilisé à l'état de nature, à l'état des premiers enfants d'Adam, qui avaient à faire un choix confirmé chaque année depuis près de huit mille ans.

Le seul argument en faveur des semis, toutefois plus spécieux que fondé en raison, a été avancé par un grand propriétaire de vignes du département de l'Hérault, M. Cazalis-Allut; c'est celui de la nécessité du renouvellement de la vigne, qui, depuis sa longue culture par boutures, s'est abâtardie selon lui, a dégénéré. Nous avons discuté cette prétendue dégénération, et nous renvoyons aux motifs que nous avons exposés.

En résumé de tout ce que nous avons dit, si l'on considère qu'il faut au moins une douzaine d'années pour qu'un cep de semis donne du fruit dans son état normal, qu'il en faut plus du double pour constater sa propriété de donner de bon vin, que tous les hommes les plus compétents dans cette matière sont unanimes dans leur opinion, confirmée d'ailleurs par l'expérience, on en conclura que c'est une fausse voie d'amélioration que celle adoptée par les semeurs de pepins, que c'est une recherche agréable sans doute, même attrayante, mais peu utile et encore moins nécessaire, de poursuivre la découverte de nouvelles variétés, surtout vinifères, et qu'il est plus rationnel de chercher à bien connaître les diverses sortes qui existent en si grand nombre, et dont la plupart peuvent satisfaire aux divers emplois auxquels on les destine ; enfin, que le meilleur moyen d'y parvenir, c'est de réunir les espèces ou variétés les plus estimées pour les étudier et en essayer les produits qu'ils donneront à la vinification. C'est ce que j'ai voulu démontrer.

Du reste, le peu de cas que je fais de ce mode de propagation de la vigne n'est pas absolu, il n'est que relatif au but qu'on se propose, à l'âge où l'on commence cette entreprise de longue haleine, et à l'incertitude d'en profiter. Ainsi donc, si le semis de pepins n'est pas à conseiller, parce qu'il est sans importance sous le rapport économique, on n'en doit pas moins savoir gré à ces hommes dévoués à l'amélioration des produits de la viticulture, notamment à Schams, qui avait établi un grand carré de plants de semis de pepins, dès la création de sa belle collection de vignes à une demi-lieue de Bude. J'ai remarqué, entre autres, une rangée entière de plants issus du Kadarkás, et le choix de cette espèce comme originelle porte le plus haut témoignage du discernement de cet ampélonome. Nous possédons un homme d'un aussi grand mérite sous le double

rapport du dévouement et de la sagacité ; c'est M. Vibert ,
horticulteur à Angers, qui a commencé ses expériences depuis une quinzaine d'années , particulièrement dans le but
d'obtenir des raisins de table, supérieurs à ceux que nous
connaissons. — Un moyen bien simple d'encourager un zèle
si méritoire serait, pour les horticulteurs de profession , auxquels ce dédommagement de leurs frais et de leurs soins ne
serait pas indifférent , un engagement pris d'avance, par
toutes les sociétés d'agriculture et d'horticulture , de payer
la modique somme de cinq francs deux crossettes de toute
variété dont les fruits seraient jugés supérieurs aux variétés
déjà connues par un comité hors lieu, je veux dire hors
du département, et, pour les autres expérimentateurs dans
une position indépendante , une dénomination du nouveau
cépage , qui rappelât et perpétuât le nom de celui auquel
on le devrait.

Y A-T-IL VRAIMENT UN NOMBRE INFINI DE CÉPAGES DIVERS?

La conséquence naturelle de l'opinion de Bosc, qui a
résumé les idées des savants soutiens du système de la variation incessante des cépages, est qu'il y en a un nombre
infini d'espèces et de variétés , et qu'il s'en crée chaque
année de nouvelles; car il énonce positivement cette proposition : « Plus anciennement les plants sont cultivés, plus
ils ont voyagé, plus on a donné de soins à leur culture, et
plus aussi le nombre des espèces et des variétés a augmenté. »

Ce principe aurait quelque fondement, s'il avait parlé de la propagation par semis de pepins ; mais il laisse entendre suffisamment qu'il n'est question que du mode habituel par crossettes ou boutures, quand il attribue cette prétendue création à la différence du climat, du sol, même de l'exposition et du mode de culture. D'un autre côté, Cels, homme de connaissances très étendues et d'un jugement très sûr, ne croyait pas que le nombre des cépages dépassât deux cents ; mais il est évident pour moi qu'il était dans l'erreur. En outre, M. de Jumilhac, auteur d'un mémoire fort bien accueilli de la société centrale d'agriculture, a soutenu avec quelque apparence de raison, que la synonymie de la vigne n'était pas aussi difficile à faire qu'on le croyait communément. Il fondait son opinion sur ce que, dans chacun des départements viticoles, on ne cultivait guère qu'une trentaine de cépages, et aussi sur la facilité avec laquelle il en avait reconnu vingt-un sur vingt-trois, dont se composait une vigne à cent lieues de Paris, d'où la terre qu'il habitait était fort peu éloignée. J'ajouterai à ces deux autorités celle de M. de Ramatuelle du Var, qui s'est livré à cette étude et a publié plusieurs mémoires ; et aussi le sentiment de M. de Villèle, père de l'ancien ministre (Haute-Garonne). Du reste, elle n'est pas nouvelle, cette opinion que le nombre des espèces et variétés de la vigne était beaucoup moins élevé que l'ont pensé quelques savants ; elle avait été soutenue avant Pline, qui l'a contredite, par Démocrite, qui connaissait toutes les vignes de la Grèce, ainsi que nous l'apprend Pline lui-même, qui, s'étant tracé un cadre immense dans son Histoire naturelle, n'avait pu faire, comme Démocrite, une étude spéciale de la vigne, et ne peut inspirer autant de confiance que l'observateur grec [1]. Si je me suis senti du penchant à partager cette opinion des hommes les mieux en position de bien observer, c'est qu'elle était encourageante au début d'une carrière dont je pouvais apercevoir le terme ; et puis, si cette opinion n'a pas été exactement confirmée par mes propres observations, car je ne nie pas qu'il n'y en ait 7 à 800, peut-être un millier de variétés cultivées sur la surface du globe, du moins je peux affirmer qu'il n'y en a pas la moitié, peut-être pas le tiers, d'un véritable intérêt pour nous.

INDICATION DES DIVERS NOMBRES DE CÉPAGES DÉSIGNÉS DANS PLUSIEURS OUVRAGES.

Comme il peut y avoir quelque intérêt à trouver ici réunis et rapprochés les nombres des cépages connus ou du moins indiqués en divers temps et en divers lieux, voici ce que j'ai pu recueillir de mes recherches à ce sujet :

[1] Cet avantage des plants perfectionnés, ou plus exactement d'une qualité supérieure, me paraît ressortir encore d'une expérience à laquelle j'attachais peu d'importance en la commençant : des plants de vigne, que j'avais fait venir de l'Andalousie, en 1833, étaient réunis par des liens d'osier ; cet osier était d'un jaune si franc, que je dis à mon jardinier d'en planter un brin, tout tordu qu'il était, dans un coin de mon potager, et depuis, je n'y avais plus pensé. Durant l'hiver de 1840, en me promenant dans ce même potager, j'aperçus dans le fossé une botte d'osier vraiment

Caton ne parle que de huit sortes de raisins dans son ouvrage *de Re rusticâ;* Virgile, de quinze. Columelle en énumère cinquante-huit, en ajoutant à chaque dénomination une courte description, et en ajoutant, à la fin du chapitre, qu'il y en a beaucoup d'autres dont il ne peut fixer le nombre, ni dire les noms avec quelque certitude. Pline, qui a pu s'aider des travaux de son contemporain, puisqu'il le cite plusieurs fois, en admet quatre-vingt-trois. Au moyen âge (treizième siècle), Petrus de Crescentiis, sénateur de Bologne, auteur latin d'un curieux ouvrage sur la vigne, dénomme quarante espèces italiennes, et y joint quelques détails sur chacune d'elles. Vers la fin du dix-septième siècle, Cupani donna, dans la même langue, la description en quelques mots de quarante-huit espèces de vignes cultivées dans le jardin de Misilmeri, en Sicile. Notre Olivier de Serres avait déjà fait paraître son *Théâtre d'agriculture*, dont un chapitre consacré à la vigne nous donne quelques notions sur une quarantaine de cépages, et la plupart ont encore conservé leur nom, malgré ce qu'en dit Cels. Garidel, au commencement du dix-huitième siècle, décrivit brièvement quarante-six espèces provençales. Le voyageur français Chardin porte

---

remarquable, et dont chaque maître-brin était chargé de longs filets bien minces, et si souples, que le jardinier s'était amusé à faire des nœuds sur plusieurs. M'étant informé d'où provenait cette curieuse botte d'osier, mon jardinier me dit que c'était du lien de mes plants d'Espagne, que je lui avais recommandé de planter. Comme il est propriétaire dans mon voisinage, j'ai présumé que cette botte d'osier (dont la valeur n'était seulement pas d'un décime) était une petite réserve qu'il s'était faite, et je lui ai offert de partager; sur son refus, je l'ai plantée tout entière.

à soixante le nombre des espèces cultivées aux environs de
Tauris. Basile Hall, officier de la marine anglaise, nous
apprend, dans le récit de ses voyages, qu'on en compte une
cinquantaine d'espèces dans l'île de Madère, et un auteur
hongrois en désigne quarante-six dans son ouvrage sur le
comitat de Zemplin. L'ampélographe espagnol don Simon,
qui a donné de bons modèles de description, a traité de
cent vingt espèces cultivées en Andalousie. L'Allemand
Kerner nous a donné les figures coloriées de cent quarante-
trois espèces, dont les noms sont à demi français; et quant
aux Allemands dont les ouvrages n'ont pas été traduits et
n'existent même pas en France, je citerai seulement le pasteur Frege, qui en a décrit deux cent cinq; le conseiller
Vongok, près de deux cents, et Metzger, à peu près le
même nombre. Je ne parle pas du nombre des cépages mentionnés dans les catalogues allemands, hongrois et français,
parce que ce sont plutôt des catalogues de noms que de
cépages; par exemple, dans celui de M. Rupprecht de
Vienne, j'ai reconnu le même cépage sous dix ou douze
noms différents.

Je crois qu'on aurait tort de prendre à la lettre et même
de regarder comme un à-peu-près les nombres d'espèces
désignées dans l'ouvrage de Schams, comme l'a fait M. le
professeur Moll dans le rapport qu'il a lu à la Société
royale et centrale d'Agriculture, et qui a eu une grande
publicité par son insertion dans les annales de cette société.
« Le conseiller Görög, dit-il d'après Schams, avait à Grin-
zing, près de Vienne, la collection de vignes la plus complète qui existât alors. Elle était disposée par école, et

chaque école était formée des provenances de pays différents. L'école française comprenait à elle seule 565 variétés ou espèces ; l'école autrichienne, 632 ; l'école vénitienne, 247 ; des autres parties de l'Italie et des divers littoraux du golfe Adriatique 242, sans compter celles fournies par Tripoli, la Judée, la Syrie, etc. Si l'on considère que les nombreuses espèces ou variétés cultivées en Espagne et en Portugal n'y sont pas comprises, et que Schams, dans un autre volume, dit en avoir reçu 240 seulement de trois comitats de la Hongrie sur les 60 qui la composent, on en conclura que le nombre total serait énorme. Je ferai seulement remarquer qu'un auteur hongrois, Szirmai de Szirma, qui a écrit en latin et qui m'a paru connaître beaucoup mieux la Hongrie que l'allemand Schams, n'en compte que soixante espèces pour tout ce royaume. Du reste, le pauvre Schams, qui est mort dans la cinquième année de la fondation de son établissement viticole près de Bude, n'a pas eu le temps de reconnaître l'identité de la plupart des cépages des divers comitats.

En outre des systèmes que je viens de combattre, il en est encore un que je ne peux passer sous silence, parce que son effet probable serait de jeter l'alarme dans l'esprit des cultivateurs de vigne, et surtout de dégoûter ceux d'entre eux qui seraient tentés d'essayer des cépages à fruits un peu tardifs. Il me paraît d'autant plus opportun d'en faire justice, qu'une de ses conséquences serait d'affaiblir l'importance de notre travail.

QUESTION DU REFROIDISSEMENT PROGRESSIF DE LA TEMPÉRATURE.

Si , d'après la plupart de nos savants ; si , d'après l'opinion la plus répandue depuis qu'elle leur a été imposée par
celui d'entre eux qui pouvait lui donner le plus de reten-
tissement, M. Arago , sur l'abaissement progressif de la
température ; si , sur la foi aux prédictions sinistres d'un
professeur d'agriculture de Bordeaux , qui l'a adoptée et
en a poussé la conséquence à l'extrème, on éprouvait la
crainte, on devait même, selon ce dernier , avoir la certitude d'être forcé de renoncer à la culture de la vigne dans
un avenir plus ou moins éloigné , il serait prudent de ne
pas propager les cépages à fruits un peu tardifs ; car ce sera
sûrement par ceux-ci que commencera l'extinction de la
culture de la vigne , culture dont les anciennes limites ont
été déjà bien circonscrites, et selon eux par cette puissante
cause du refroidissement de la température du globe. — Et
à ce sujet on vous ressasse quelques exemples d'une plus
grande extension de cette culture , que le savant abbé Grégoire avait déjà réunis , mais dont il s'était bien gardé de
tirer la même conséquence. Comme c'est à armes courtoises
que j'entre en lice avec les champions de cette cause, je
veux leur fournir un nouvel exemple d'une diminution incontestable de la culture de la vigne. Je l'emprunte à l'auteur allemand J. C. Leuchs : il affirme qu'on cultivait

autrefois en Allemagne beaucoup plus de vignes qu'au temps actuel ; non, dit-il, que le climat fût plus chaud, mais parce que tout le monde aimait à se griser, et qu'on ne connaissait pas encore l'eau-de-vie. L'ardeur générale à planter la vigne fut encore excitée par l'empereur Frédéric IV, qui favorisa le débit du vin en défendant l'usage de la bierre, ainsi qu'il l'avait promis et comme il a soin de le rappeler dans son ordonnance.

Cette question me paraît donc tout à fait dans l'ordre des matières que je traite, d'autant plus que rien ne serait plus décourageant que la solution qu'en a donnée M. Arago, soit dans l'Annuaire du bureau des longitudes, soit à la tribune, pour motiver son opposition à la libre disposition par les propriétaires des parties de leur domaine plantées en bois. Cette opinion du refroidissement de la température par le déboisement et les défrichements émanait d'une si haute autorité dans les sciences, qu'elle a eu sans doute beaucoup de partisans, d'autant plus, comme on vient de le voir, qu'elle n'a manqué d'aucun moyen de publicité ; tandis que sa réfutation, confinée dans un bulletin de société d'agriculture de province, n'a été connue que d'un petit nombre de scrutateurs de la vérité, qui ne se laissent point imposer une opinion par de grands noms, mais qui s'en vont creusant les questions par le témoignage des faits, appréciant ces faits ce qu'ils valent, et jugeant sainement des conséquences qu'on en peut tirer. Tel m'a paru le savant aussi modeste, aussi modéré dans la discussion que remarquable par sa sagacité et l'étendue de son savoir, M. Dispan, professeur de physique à Toulouse. Je vais choisir quelques-uns de ses arguments, citer quelques autorités respectables dont il les a étayés, et j'y en ajouterai d'autres qu'il a oubliés.—Le fait de la culture de la vigne en Angleterre est contesté même par les auteurs anglais, notamment le docteur Barington, qui a reconnu qu'on donnait alors le nom de vigne à de simples vergers, et que, s'il est vrai qu'il y ait eu des vignes à Ely, ville épiscopale d'Angleterre à 5 lieues de Cambridge (latitude de 52 degrés 20′), les raisins y mûrissaient si rarement, qu'on a jugé convenable de les arracher aussitôt après la réunion de la Guyenne à l'Angleterre. Effectivement, il résulte d'un extrait des archives d'Ely, communiqué par le doyen de cette église, qu'il y avait des années où l'on n'y faisait pas de vin, et où l'on vendait alors la vendange en verjus. L'argument tiré de l'expression d'un historien qui rapporte qu'en 1552 les huguenots se retirèrent près de Mâcon, où ils burent le vin *Muscat* du pays, et qu'il n'y existe plus de vignes de ce plant, me paraît peu digne de discussion. L'historien a-t-il bien entendu parler d'un vin Muscat de la même nature que celui de Provence? Ce mot ne voulait-il pas dire en cette circonstance le meilleur vin blanc du pays? Faire de cette expression un argument, n'est-ce pas jouer sur les mots? et d'autant plus qu'aucune charte d'abbaye, aucun document ancien ne fait mention de vin Muscat en Bourgogne. — Quant aux réputations perdues, elles sont plus communes en Italie qu'en France; rien d'ailleurs de plus facile à expliquer : substitution de plants féconds à ceux qui donnent des récoltes moindres, mais de meilleure qualité; taille longue et fumure de la vigne : voilà ce qui a perdu le Falerne et le Massique,

comme l'a reconnu Pline, les vins de Surène et d'Argenteuil, comme l'a dit Chaptal, et comme le pensaient bien
d'autres avant lui.

Passons aux effets du déboisement et des défrichements :
l'auteur d'une histoire de l'État de Vermont attribue l'a
doucissement de la température de cet État au déboisement et aux défrichements qui ont suivi nécessairement la
progression de la population ; cependant il pense que le déboisement a dû produire aussi une *plus grande chaleur.*
Les raisons qu'il en donne sont satisfaisantes ; du moins elles
avaient paru telles à Volney, qui l'a cité plusieurs fois. Le
duc de Liancour, dans son Voyage aux États-Unis, pense de
même relativement au Canada. « L'on observe, dit-il, dans
ce pays que les chaleurs de l'été deviennent plus fortes et
plus longues, et que les froids de l'hiver sont plus modérés. »
Bosc, qui a passé plusieurs années dans l'Amérique septentrionale, est aussi du même sentiment. « Les observations faites dans ces derniers temps, dit-il, prouvent que les
défrichements des bois, en diminuant la masse des eaux, ont
augmenté la chaleur du pays [1]. »

[1] Je dois convenir cependant que ces faits n'ont pas été interprétés de
la même manière par tout le monde ; qu'un autre professeur, M. T....., a
attribué les variations de température, son adoucissement au boisement,
ses rigueurs aux déboisements des pays où ce changement d'état a eu
lieu, et même, d'après lui, que ces effets ont été produits avec une rapidité dont personne ne se serait jamais douté : ainsi, toujours selon lui,
le mistral n'aurait commencé à souffler en Provence que lors du siége de
Marseille par les Romains (an 50 avant J.-C.), parce que les bois des collines voisines avaient été abattus pour le service des assiégeants. Quelques siècles après, les croisés ayant rapporté le Pin d'Alep, la Provence

J'ajouterai, pour notre continent, qu'au commencement du premier siècle de notre ère, on ne trouvait la vigne, d'après Strabon, que sur les côtes méridionales de la Gaule, et qu'au nord des Cévennes les raisins ne parvenaient pas à maturité. « Bientôt, observe l'abbé Grégoire, les défrichements ayant rendu le pays moins humide, la vigne s'avança vers le nord. » Il est donc bien probable qu'elle passa alors ses limites naturelles, et que peu à peu elle y est rentrée.

devint un paradis durant les quatre siècles qui précédèrent l'an 1659, où le déboisement causé par les constructions navales de Louis XIV, ramena les excès de température. Cependant l'année où le port de Marseille présenta pendant l'hiver l'aspect du port de la Neva, se trouve en plein cours de cette époque, qu'il appelle normale. Aussi, je suis loin de partager l'opinion du professeur cité dans la note ci-dessus, et de reconnaître à l'homme la puissance de ramener une température plus humide par des plantations. Voici les autorités sur lesquelles je fonde ce refus de concession : « Quelques personnes ont dit que les nombreuses plantations effectuées par Méhémet-Ali avaient déjà influé sur le climat de l'Égypte, en augmentant la fréquence et la durée des pluies annuelles. Cette opinion ne paraît pas avoir de fondements sérieux ; car, en comparant les tables météorologiques dressées pendant les trois années de l'expédition française avec celles des cinq dernières années, on voit qu'il n'y a pas eu à cet égard de variations sensibles, et même que cette différence est contraire à cette opinion. En effet, le nombre des jours de pluie de la 1ʳᵉ période a été en moyenne de 15 à 16, et pendant les cinq dernières années de 1835 à 1840, il a été de 12 à 13. » Ce paragraphe est extrait de l'ouvrage sur l'Égypte du docteur Clot-Bey, qui a passé 15 à 16 ans consécutifs dans ce pays.

M. Jomard, qui a traité la même question dans un mémoire adressé à l'Académie, conclut également qu'il pleut aujourd'hui dans la même mesure que depuis plusieurs siècles, et que les plantations faites en Égypte sont jusqu'ici sans influence sur la quantité annuelle de la pluie.

Qui pourrait croire qu'au temps de Tacite la vigne eût pu subsister sous le rigoureux climat de la Germanie? Le renne et l'élan, qui du temps de César étaient communs dans la forêt Hercinienne, ne s'y retrouvent plus depuis bien des siècles ; or, on sait que le premier de ces animaux ne peut subsister que dans les régions les plus froides.

Quant à l'époque des vendanges, qui avait lieu plus tôt dans le Vivarais au XVIᵉ siècle qu'au temps actuel, cette époque est avancée depuis le même temps dans l'Hérault, selon encore M. Dispan.

Non-seulement cette question, considérée sous la dépendance de ces deux circonstances, le déboisement et les défrichements, ainsi que l'a fait M. Arago, auquel M. Dispan n'a répondu que sous ce point de vue, a amené une solution contraire à celle de M. Arago ; mais, même prise sous le point de vue absolu, le refroidissement progressif de la température du globe, elle semble facile à résoudre, contradictoirement aussi à son opinion, par une foule de faits historiques. Je vais en réunir quelques-uns des plus saillants : les anciens narrateurs des campagnes d'Annibal, Tite-Live, Polybe... nous parlent des hivers rigoureux de l'Italie. Horace se plaint amèrement de ce que tous les hivers les rues de Rome sont encombrées de glaces et de neiges ; de son temps le mont Soracte était souvent couvert de neige, et aucun habitant de Rome moderne ne l'a vu dans cet état. Pline se désole de ne pouvoir cultiver les oliviers dans une terre qu'il possédait en Toscane, et cela à cause de la rigueur du froid. Il nous apprend aussi que les citronniers apportés de la Palestine par Titus ne pouvaient

se conserver que dans des caisses, que l'on descendait à la
cave pendant l'hiver ; et Palladius fixe l'époque où ils com-
mencèrent à être cultivés en pleine terre vers les premières
années du v⁰ siècle. En 822, le Rhône, le Pô, l'Adriatique
et plusieurs ports de la Méditerranée gelèrent. Sept ans
après, lorsque le patriarche d'Antioche, Denys de Talmahr,
alla avec le calife Mammoun en Égypte, ils trouvèrent le
Nil gelé (Sylvestre de Sacy). En 1234, des voitures traver-
sèrent l'Adriatique en face de Venise sur la glace. Le prince
Puckler dit avoir lu dans le manuscrit d'un jésuite allemand sur l'histoire de l'île de Naxos, qu'un hiver sans pareil en l'année 763 parut annoncer la fin du monde : depuis
le commencement d'octobre la mer Noire fut gelée jusqu'à
30 lieues du rivage ; cet hiver fut suivi d'une chaleur si
brûlante et d'une sécheresse si prolongée que toutes les sources tarirent. En 1334 tous les fleuves de l'Italie gelèrent,
et en 1507 le port de Marseille gela aussi dans toute son
étendue. On ne voit rien de pareil dans les siècles derniers,
et la conséquence évidente, c'est que la température actuelle
n'a plus les rigueurs de celle d'autrefois.

Il s'ensuit donc que les faits historiques, quoique non
complétement d'accord avec les démonstrations rigoureuses,
dit-on, du savant Fourier [1], ni même avec les inductions
d'une identité parfaite de température du temps actuel avec

[1] Ses calculs aboutissent à prouver que le refroidissement du globe,
après une période de 1 million 280,000 ans, ne sera pas plus sensible que
ne le serait en une seconde le refroidissement d'un globe d'un pied de
diamètre, formé de matières pareilles et placé dans les mêmes circonstances.

celle des anciens temps, inductions qu'on doit tirer des tables astronomiques d'Hipparque [1], dont l'exactitude a été universellement reconnue, suffisent pour saper à fond les assertions de M. Arago; puisque d'une part ces faits démontrent l'adoucissement de la température, et de l'autre part, que les calculs de ces savants du premier ordre prouvent du moins qu'il n'y a pas eu de refroidissement. Je viens d'apprendre cependant que ce n'est pas l'avis d'un membre de l'académie de Dijon, M. Fuster, qui a présenté un tableau de la température des Gaules pendant 1,900 ans, d'où il résulterait que cette température a suivi une rotation qu'on pourrait comparer au cours du soleil dans une belle journée de printemps, où l'on voit quelquefois de la gelée le matin, une assez forte chaleur vers le milieu de la journée, enfin un peu de rafraîchissement le soir. La période médiale, le *summum* de la température en France aurait eu lieu, selon M. Fuster, du ixe au xiie siècle; on y cultivait alors des Palmiers dont les fruits étaient aussi bons que ceux de l'Égyte, des Cannes à sucre comme dans les Indes; c'est-à-dire pour beaucoup d'hommes sensés, qu'on avait essayé la culture des uns et des autres; mais de la manière dont l'auteur présente les choses, un homme d'esprit, comme il y en a dans toutes les académies, pourrait édifier un nouveau

---

[1] D'après ces tables, la révolution de la terre autour du soleil, c'est-à-dire la longueur de l'année, ne différerait actuellement de ce qu'elle était de son temps (il y a 2 mille ans), que de $1/300$ de seconde décimale (de mille à l'heure). Or cette quantité est réellement inappréciable. Cependant, si notre globe se fût refroidi, sa révolution devrait être plus rapide, c'est-à-dire l'année plus courte.

système qui ne manquerait pas de partisans. Quelque facile qu'il me semble d'en saper la base en réduisant les faits à leur juste valeur, j'y renonce, parce que cette digression deviendrait trop longue.

Les propriétaires du Médoc, préoccupés des sinistres prédictions de leur compatriote, M. P. L., peuvent donc se rassurer, et même le prince de Metternich être exempt d'inquiétude sur la destinée future de son célèbre clos de Johannis-Berg.

Mais de cet adoucissement de température, qu'on ne peut guère contester, je me garderai bien de conclure, comme l'a fait le savant professeur de Bordeaux, dominé par le besoin d'attribuer un effet désastreux à la destruction des forêts, que ce rapprochement des deux extrêmes de la température, qu'il semble reconnaître par une transition contradictoire au principe qu'il avait adopté, soit la cause du dépérissement, de l'état de langueur, et même de la disparition totale de quelques végétaux autrefois cultivés chez des peuples au bien-être desquels ils contribuaient. Car il s'ensuivrait, par exemple, que la disparition complète du sol de l'Espagne d'un grand nombre de plantes cultivées, et même d'une culture vulgaire du temps des Arabes-Espagnols, ainsi que cela nous est démontré dans plusieurs de leurs ouvrages [1], ne serait pas due à l'expulsion des Maures, na-

---

[1] Notamment dans le bel ouvrage sur l'agriculture d'Ebn-el-Awam, qui traite de la culture de celles qui suivent et qui n'existent plus en Espagne en état de culture : le sésame, le pistachier, le bananier, le cotonnier, le chou marin (crambe maritima), le mahaleb, le sébestenier, l'al-hena

tion la plus avancée de son temps dans la civilisation ; mais seulement à la destruction des forêts dans un pays où il n'y en avait probablement plus guère depuis la conquête romaine , et bien moins encore avec plus de certitude depuis l'invasion des Maures, le sol qu'ils occupaient ayant été nécessairement nettoyé pour l'entretien d'une population dont l'accroissement fut aussi rapide que prodigieux.

D'après toutes ces considérations, nous n'admettons pas plus le refroidissement progressif de la température du globe que l'abâtardissement , et moins encore la transformation des espèces ou leur création nouvelle par l'effet du changement de climat ou de l'ancienneté de leur culture.

Dès lors, on regrettera sans doute avec moi que Pline, dont le chapitre sur la vigne a de l'importance par son étendue et la manière même dont il a traité ce sujet, ne nous ait pas laissé une description au moins sommaire des cépages les plus estimés de son temps, des Biturica , des Aminées, des Eugéniens , et particulièrement de ceux qui formaient la source des vins d'une haute célébrité, telle par exemple que celle du *Saprias.* Ne serait-il pas, en effet, du plus grand intérêt de retrouver les sortes de vignes qui produisaient ce vin qui répandait , au débouché de la bouteille , une odeur délicieuse de violette , de rose et de jacinthe , et qui était le vrai nectar des dieux , selon Bac-

(lawsonia inermis), le curcas (arum colocosia), le chuk-el-duhaïn (plante de la famille des chardons, dont la graine était recherchée des chrétiens pour les jours maigres, dont la tête était un légume agréable, et dont la tige fournissait un bon fourrage aux chameaux).

chus lui-même, au rapport du moins d'Hermippus, qui l'a
fait parler, ainsi que cela nous a été transmis par l'auteur
gréco-égyptien Athénée, qui nous a cité quelques passages
de cet auteur dans son *Banquet des Sophistes*.

Ne serait-il pas curieux aussi de connaître les plants de
vigne dont le vin passait pour avoir une vertu particulière,
tel que le Cocolubes, qui en produisait, dit-il, de salu-
taire aux personnes sujettes à la gravelle, de même que de
nos jours l'*Olwer*, qui jouit d'une pareille réputation parmi
les habitants de l'Alsace. Sur quel fondement l'ampélographe Sachs a-t-il appuyé son opinion, que le Cocolubes
était notre Picardan? C'est une question que je n'ai pu
résoudre. Un autre de ses compatriotes, M. Vongok, a
bien découvert que les Aminées de Pline étaient nos
Chasselas!... D'autres penseront avec moi que ces Aminées étaient nos Pinots de Bourgogne, surtout en rapprochant de l'observation de Pline celle de Columelle : qu'il
y en avait une espèce cotonneuse, et ce serait alors le
Meunier, qui donnait d'assez bon vin, dit-il, mais moins
bon que celui de la première; car cette première, de même
que le Pinot de Bourgogne, passait bien la fleur, mais ne
portait que de petites grappes.

DE LA CLASSIFICATION DES CÉPAGES.

Examen des divers systèmes.

Comme j'ai été devancé par beaucoup d'auteurs ampélo-

graphes, à la vérité tous de pays étrangers, on attendra
sûrement de moi plus que je ne pourrai donner, un système
de classification au moyen duquel on puisse reconnaître
facilement l'espèce de vigne qu'on a sous les yeux. Ce n'est
pas l'envie de mieux faire que mes prédécesseurs qui m'a
manqué ; mais, quand j'ai voulu m'occuper de l'ordre que
j'adopterais pour le classement des cépages, je ne suis parvenu, malgré la connaissance que j'avais acquise de la plupart des systèmes nouveaux, qu'à me convaincre davantage
des difficultés que présentait le choix de l'un d'eux ou l'in-
vention d'un autre. Je n'ai pu me décider à suivre la voie
qui m'était tracée par don Simon, sa division en deux grandes classes, les cépages à feuilles cotonneuses et ceux à
feuilles nues ou dépourvues de coton, parce qu'elle scindait
les familles les mieux liées ; elle séparait son Ximenes-
Zumbon des Ximenesia ; elle enlevait le plant Meunier aux
Pinots ; de la nombreuse famille des Muscats, elle retran-
chait celui à feuilles cotonneuses, bien connu des Romains,
et encore cultivé dans quelques-uns de nos meilleurs vignobles du midi, d'où je l'ai tiré.

Don Simon nous parle d'un cépage du nom de *Rebazo*,
dont divers sujets, provenant d'une même souche, offrent,
les uns des feuilles cotonneuses en dessous, d'autres simplement velues ; exemple, dit-il, qui prouve l'inutilité et
l'arbitraire de nos classifications. Je pourrais citer bien
d'autres exemples qui feraient perdre du mérite apparent de
la simplicité de cette division, surtout quand j'aurai ajouté
qu'il y a une dégradation dans ce caractère qui laisse souvent dans le doute, si le sujet auquel il appartient fait par-

tic de la première ou de la seconde section ; l'Ugni noir est dans ce cas. Quelques espèces, par exemple, ont leurs jeunes feuilles cotonneuses, et quelques temps après, dans le complet développement, le duvet a disparu ; d'autres ont les nervures velues, et les poils dont elles sont couvertes sont si épais, qu'ils vous laissent dans l'indécision si l'on doit ranger ces feuilles parmi les cotonneuses.

Cette objection est encore bien plus forte à l'égard du système de M. Vongok, qui s'est sans doute flatté d'avoir perfectionné celui de don Simon, qnoiqu'à mes yeux il y ait plutôt rétrogression que perfectionnement. Au lieu de deux grandes divisions de toutes les sortes de vignes, il en a fait quatre d'après la plus ou moins grande quantité, ou l'absence totale des poils et du coton sur les faces des feuilles. Par une conséquence de ce système, les Chasselas se trouvent les frères des Pinots, les Teinturiers le sont également des Corinthes, avec lesquels ils n'ont certes aucune apparence d'analogie ; et si j'ajoute que l'auteur place le Müller-Reben, qui est notre Meunier, dans la classe des cépages à feuilles peu cotonneuses, on trouvera que j'en ai dit assez pour détruire toute confiance dans ce système.

S'il était indispensable d'en adopter un, peut-être préférerais-je celui du conseiller Burger, qu'il a composé de deux autres , de celui de Metzger et de celui du professeur Von-Vest ; ainsi, en exposant chacun de ces derniers, nous connaîtrons le système du conseiller.

Metzger partage, ainsi que l'avait fait le pasteur Frege, tous les raisins en deux classes : la première de ceux à grains ronds, la seconde des raisins à grains oblongs. Chacune de ces deux classes a trois divisions : la première est celle des raisins à très-gros grains ; la seconde, de ceux à grains moyens ; la troisième, de ceux à petits grains. Viennent encore des subdivisions basées sur la forme et la grosseur des grappes, la grandeur et la forme des feuilles. On voit qu'il ne fait point acception du caractère si remarquable de la couleur, lequel n'a point été négligé par Burger. Une observation que quelques mots de l'ouvrage de ce dernier m'ont rappelée, et que je n'ai faite que sur un seul cépage, le Maccabeo, c'est que la même grappe nous présente souvent des grains ronds et des grains oblongs; dans ce cas particulier, ce sont les petits grains qui sont ronds et même aplatis, et les gros oblongs. Si cette observation avait été faite sur plusieurs sortes de raisins, elle affaiblirait beaucoup le système fondé sur les diverses formes, qui me paraît cependant le moins défectueux. Je dirai même que je partage tout à fait le sentiment de don Simon, qui range ce caractère parmi ceux suffisamment inaltérables pour être regardés comme spéciaux.

Mais un autre inconvénient du système de Metzger qu'on ne peut contester, c'est qu'il place dans des divisions différentes plusieurs sortes de raisins qui ont une dénomination commune, et qui ont la plus grande analogie entre eux ; par exemple, la Malvoisie d'Italie à gros grains, celle de la Gironde et de Lot-et-Garonne, aux grains à peine moyens, toutes les deux à grains un peu allongés.

Jetons maintenant un coup-d'œil sur le système du professeur Von-Vest, nous y trouverons également quelque chose de bon pour la pratique. Toutefois cet éloge ne s'applique pas à sa grande division en deux classes, dont la première consiste uniquement dans un cépage avec ce caractère particulier, que chacune de ses feuilles est composée de plusieurs autres, comme il le dit, réunies sur le même pétiole. C'est celui que les Allemands appellent *Petersilien*, c'est-à-dire à feuilles de persil, et nous *Cioutat*. C'était un cas exceptionnel qui ne méritait pas de former une classe, pour un cépage du reste si peu estimable. La seconde division ou plutôt l'unique, puisqu'elle se compose de tous les cépages moins un, est partagée en deux ordres, et c'est ici que commence l'utilité pratique de sa méthode, qui du reste est la même que celle suivie depuis une vingtaine d'années par les frères Audibert de Tarascon dans leur catalogue, bien antérieurement à la publication de l'ouvrage du professeur. Le premier ordre se compose des raisins à grains évidemment allongés. Au second appartiennent les raisins à grains sphériques, presque sphériques ou légèrement oblongs. Chacun de ces ordres est partagé en quatre divisions : 1° les raisins musqués; 2° les raisins de couleur noire ou violette; 3° ceux de couleur rouge-clair ; et enfin 4° les raisins à grains blancs, jaunes ou verdâtres. On voit que si le premier ordre se compose de cépages à raisins dont la forme ne laisse aucune hésitation, il n'en est pas de même du second, qui est bien encombré, et dont le caractère principal vous laisse souvent dans l'indécision ; ensuite que beaucoup de raisins qui ne sont évidemment que de simples variétés se trouvent dans des divisions différentes, et même dans des ordres différents; par exemple les Muscats, deux des trois Sauvignons, les trois Corinthes, deux des trois Grecs, et de même deux des trois Bouteillans, etc.

En Italie le système de classification é abli par le docteur Acerbi et adopté par l'abbé Milano, auteur d'une ampélographie réduite à une localité, ne me paraît pas plus satisfaisant : il partage tous les raisins en deux classes : en raisins blancs et en raisins de couleur; en sorte qu'en suivant cet ordre, qu'il appelle naturel, les familles les plus unies sont divisées, telles que celle des Pinots, des Bouteillans, des Ulliades, des Corinthes, des Muscats, etc. Chacune de ces classes se subdivise en sous-classes : les raisins parfumés ou musqués, les raisins à goût simple. Mais dans laquelle des deux ces auteurs placeront-ils nos Sauvignons, qui ont une saveur propre si prononcée, et le Carbenet et une foule d'autres qui ne sont pas du tout musqués, quoiqu'ils aient une saveur très-facile à reconnaître? La partie qui présente le moins d'objection est la seconde subdivision en deux ordres : celui des raisins à grains ronds et celui des raisins à grains oblongs. Quant à la dernière subdivision en six genres, fondée sur la forme des feuilles, je m'engagerais volontiers à leur montrer sur un grand nombre de cépages différents la réunion de trois, de quatre, et même de cinq des six caractères qui ont servi au docteur Acerbi à établir ces six genres, c'est-à-dire des feuilles entières obtuses, des feuilles entières rondes, des semi-lobées, des trilobées et des quinquelobées. Je ne citerai qu'un cépage, la Malvoisie à petits grains ronds. Du reste l'application du système italien ne m'a pas paru heureuse, car le savant abbé prétend avoir reconnu le Nebbiolo dans plusieurs vignobles de France sous les noms de *Plant-Doré*, de Pinot, de Moustardié, de Morillon noir, de Pignolet, etc. Or je possède dans ma collection des cépages sous ces différents noms, et ils sont fort différents entre eux. Je ne peux donc pas appeler cette classification naturelle, comme le fait l'abbé Milano, puisqu'elle rompt les affinités formées par la nature.

Quelques-uns de ces auteurs ont fait entrer dans leur classement des cépages étrangers qu'ils n'ont jamais vus ; ils en ont pris tout simplement la description dans l'ouvrage de l'Espagnol don Simon. Je me suis donné plus de peine : lorsque je me suis emparé de quelques passages des descriptions de cet auteur, j'ai eu soin de les modifier selon que le cépage lui-même avait subi des modifications par le climat de la Touraine ou le sol de mon vignoble. Ainsi, pour le *Listan* ou *Temprana-Blanca* de l'Andalousie, j'ai remarqué que cette précocité extrordinaire dont il jouissait dans son pays n'était qu'une maturité à peine en temps ordinaire dans le nôtre, et même dès la première année, contradictoirement aux prévisions de Chaptal ; et, ce qui est encore plus remarquable, c'est que la même observation a eu lieu dans le département de Vaucluse, où il a été trouvé même très-tardif et de peu de mérite. *(Lettre de M. Reynier du 10 mars 1840.)*

CONSÉQUENCES DE L'EXAMEN DE CES DIVERS SYSTÈMES.

Il me paraît résulter de toutes les considérations ci-dessus sur ces divers systèmes, que, quelque ingénieux, tout admirables même qu'ils peuvent paraître à ceux qui n'ont qu'une connaissance très-superficielle de la vigne, aucun ne peut soutenir l'examen critique de l'observateur qui s'est livré à cette étude, qu'aucun ne présente une classification qui soit d'une utilité pratique, c'est-à-dire qui puisse aider à reconnaître facilement et avec sûreté les différentes espèces de raisins ; en conséquence, n'en voyant pas que je puisse adopter et n'ayant pu parvenir à en imaginer un préférable, je suivrai pour tout ordre non pas précisément les degrés de latitude, mais une division par régions que je me suis faite par des considérations que je vais exposer, avec le seul soin de grouper les cépages par famille, autant que cela me sera possible, en les plaçant dans la région où ils sont connus par leur influence sur la qualité du vin. J'ai été entraîné à ce système de division de mon travail par la considération de la nature des plants qui peuplent les vignobles de ces différentes régions.

Ainsi, j'ai retrouvé dans nos départements des Pyrénées la plupart des meilleurs plants de l'Espagne ; dans les départements du littoral de la Méditerranée, plusieurs plants de l'Italie, notamment le *Trebbiano vero*. Pour la région centrale, j'ai fait également la remarque que nos plants des coteaux du Cher étaient les mêmes que ceux les plus cultivés dans les départements du Lot et du Tarn. J'en dirai autant de la partie occidentale, à laquelle j'ai réuni le troisième arrondissement d'Indre-et-Loire, celui de Chinon, où le plant presque exclusivement cultivé, le Breton, est le même que le plus estimé des vignobles de la Gironde, le *Petit-*

Carmenet. Enfin, pour la partie orientale, mes recherches m'ont apporté la conviction que le plus grand nombre des plants ou cépages, depuis nos départements du Rhin jusqu'à la mer Noire, étaient généralement les mêmes ; notamment le *Noir de Versitch* dans le Banat , que j'ai rapporté de la collection de Schams, a été trouvé identique avec le *Noir de Franconie* , avec le *Gentil noir du Rhin* , avec le *Pinot* de Bourgogne, enfin avec notre *Orléans* de Touraine, dont j'ai bien une vingtaine de milliers.

J'ai dit que je grouperais les cépages par famille ; je re-garderai tous les divers sujets dont chacune sera composée comme des variétés, sans faire jamais de subdivision en sous-variétés. Le nouveau Duhamel fait du chasselas rouge une sous-variété du chasselas blanc , de la Donne ou Blanquette une autre ; quel est le signe de leur infériorité à l'égard du chasselas blanc, de l'antériorité de celui-ci ? La sous-variété procède-t-elle de la variété, et celle-ci de l'espèce principale ou type ? A quoi a-t-on reconnu ce type ? Voilà des ques-tions bien difficiles à résoudre.

Deux botanistes de Bordeaux ont pris la parole au con-grés de vignerons tenù dans cette ville en septembre 1843 , pour réclamer un système rationnel de la part de l'auteur de l'Ampélographie. J'ai répondu que je n'avais pas adopté de système , mais seulement un plan de division par régions ; du reste, que je n'avais pas travaillé pour les savants, mais pour les propriétaires de vignes , et que je reconnaîtrais ces derniers seuls pour mes juges. Je ne pense pas que la bota-nique puisse nous être d'aucun secours ; car je n'ai pu mieux faire dans le choix de mon opinion que d'avoir confiance entière au plus savant botaniste espagnol de la fin du dernier siècle, D. Simon Roxas Clemente. Voici la sienne :

« Je crois en avoir assez dit pour qu'on puisse se former une idée du peu d'étendue des connaissances des botanistes sur les espèces et variétés de la vigne et sur l'impossibilité de les distinguer les unes des autres par les notions de la science acquises jusqu'à présent. Les agronomes lèvent communément la difficulté en ne faisant aucune distinction entre les espèces et les variétés; pour eux les deux mots ont la même signification que celui de sorte de vigne; ils bornent leurs efforts à choisir les ceps qui donnent constamment et beaucoup de bons fruits, qu'ils soient ou non des variétés des espèces qui en donnent peu ou de mauvais. Ils ne peuvent pas concevoir qu'une si nombreuse quantité de cépages qui persistent inaltérables à leur vue sans se confondre jamais, pas même à leur état d'abâtardissement, puissent venir d'un même type, quand ils les ont reçus de leurs ancêtres avec la même physionomie, sans jamais leur avoir entendu dire qu'ils fussent variables, sans avoir jamais aperçu les changements et anéantissements que les botanistes supposent, d'après une hypothèse vague et adoptée sans examen. »

J'ai déjà fait entendre que je n'avais pas négligé les secours que m'offrait l'auteur espagnol dans sa méthode peut-être un peu trop scientifique, toutefois sans m'asservir rigoureusement à aucune règle : ainsi, je me suis abstenu de donner dans chaque description l'indication de traits difficilement saisissables, au risque d'encourir de la part des ampélographes futurs les mêmes reproches qu'il a adressés à ceux qui l'ont précédé, n'adoptant pas ses sentiments d'estime pour la réunion du plus grand nombre possible de traits d'un cépage, de mépris pour ce qu'il appelle des descriptions incomplètes. Je sais cependant que quelques amateurs d'ampélographie, dont les notes sont encore inédites, regardent cette réunion complète de tous les traits d'un cépage comme la perfection du genre descriptif; que l'un d'eux a même fait imprimer sur toutes les feuilles d'une rame de papier des divisions par lignes croisées, formant des cases où sont en quelque sorte incrustés, sans aucune variation, les noms de toutes les parties de la vigne, pour désigner à la suite toutes leurs modifications, sans considération du plus ou moins de valeur des traits qui doivent servir à la reconnaissance d'un cépage.

EXPOSITION DES VUES QUI M'ONT FAIT PRÉFÉRER L'ORDRE QUE J'AI ADOPTÉ.

Telle n'a point été ma manière d'envisager mon sujet : j'ai toujours eu la crainte, en entreprenant un ouvrage, que l'épaisseur du volume n'intimidât les volontés molles et indécises; or, à la manière de don Simon ou de son compatriote Boutelou, qu'il nous offre comme modèle, le mien aurait formé un volume d'un millier de pages. J'ai surtout été entraîné par cette considération : c'est qu'on relâche, qu'on allanguit l'attention en la portant sur une foule de traits sans valeur, et que dans cette foule se confondent alors les vrais caractères distinctifs, qui sont ordinairement d'autant plus saillants qu'ils sont moins nombreux. Il suffit même quelquefois d'un seul pour signaler un cépage. Ainsi, une variété de Muscat qu'un de mes correspondants m'avait annoncée avec cette simple remarque, qu'il avait les feuilles tourmentées, m'avait paru ne pouvoir être autre que le *Chasselas musqué* de Leberriays et du Nouveau Duhamel, et la fructification a confirmé la justesse de cette prévision. Un autre trait de l'usage le plus commun et le plus commode, l'aspect du cep dans ses premiers mois de végétation, pour lequel on n'a sûrement pas réservé de case, peut souvent remplacer avec avantage tous les détails minutieux dont se composent les tableaux des partisans trop exclusifs de l'ordre et de la régularité systématique. Beaucoup de cépages se font aisément reconnaître à un aspect qui leur est propre; tels entre autres, le *Teinturier* et sa variété l'*Egyziano*, le *Quillard*, le *Braquet*, le *Meunier*, le *Grec-Rouge*, etc. On voit donc que je me suis attaché seulement aux caractères les plus saillants.

Une partie de ces caractères m'a été fournie par le feuillage, et plus souvent par les feuilles prises séparément, surtout dans les premiers mois et dans le dernier du cours de végétation de la vigne. Nous avons considéré la forme des feuilles, leur état entier ou leur découpure, la présence ou l'absence du duvet cotonneux, ou seulement de poils sur les nervures; la couleur de ces nervures, trait qui m'a servi plusieurs fois, notamment pour reconnaître la Picpouille grise. La force des sarments et leur direction naturelle, qui constitue le plus souvent leur aspect propre, le *facies* des botanistes, caractère si remarquable dans le Quillard, le Braquet et les deux Granaches, n'ont pas été négligées; et pendant l'hiver, la couleur du bois du sarment, quoique ce caractère n'ait souvent qu'une valeur relative, parce qu'il est plus qu'aucun autre affecté de l'influence du sol.

Aussi mon cabinet n'a jamais ressemblé, comme celui de D. Simon, à la grotte de Calypso, parce que je me suis bien gardé de me livrer à des observations microscopiques pareilles à celles de son compatriote Boutelou, auquel il fait honneur d'avoir remarqué les verrues et le bourrelet du pédicelle, la forme des pepins, l'anneau, etc. Les miennes ont toujours été faites sur place et sur l'individu entier; alors les traits de dissemblance ont été bien plus frappants, et les objets de comparaison pour les faire ressortir, bien plus nombreux.

On s'attend bien que les caractères qui ont fixé particulièrement mon attention ont été pris dans la fructification, qui m'a offert la considération importante de l'époque de maturité; celle de la forme des grappes et de celle des grains, ainsi que la disposition de ceux-ci entre eux. J'ai cherché à bien exprimer la nuance de la couleur, quoique je n'ignore pas qu'elle soit légèrement variable par l'influence du sol et du climat, sans pourtant porter la crédulité, au sujet de cette variation, au point d'ajouter foi au rapport d'Antil, auteur américain d'un essai sur la culture de la vigne, lorsqu'il dit avoir observé, dans le continent qu'il habite, des raisins dont la couleur sur les lieux élevés était blanche et passait du rouge plus ou moins foncé jusqu'au noir, à mesure de l'abaissement du sol sur lequel était plantée la vigne. Cette considération de la couleur a paru si importante à un

célèbre agronome espagnol, D. Alonzo de Herrera, qu'elle
l'a dirigé uniquement dans l'établissement de ses sections au
chapitre des familles de la vigne. Mais cette classification
serait pour le moins aussi vicieuse que les autres ; car les
trois Picpouilles, les trois Corinthes, deux Bouteillans sur
les trois, et une foule d'autres se seraient trouvés chacun sé-
paré de leur famille et dans une division différente. Ce caractère me paraît aussi remarquable, quoiqu'il se présente des
cas extraordinaires où la couleur varie, je ne dirai pas,
comme Antil, du blanc au noir, mais du moins du gris au
noir sur des grains du même cep d'une égale maturité. Il
semblerait, d'après la remarque que j'en ai faite en 1837,
que cette mutabilité affecte particulièrement les espèces de
couleur intermédiaire, celle que les Romains appelaient *hel-
volœ* (rouge-clair). Ce cas, d'ailleurs, est si rare, qu'il est
plutôt une confirmation qu'une dérogation de ce caractère.

Un autre élément que je me suis bien gardé de négliger
est celui qui résulte de la dégustation : il se divise en saveur
et consistance. La première surtout établit quelquefois un
caractère si prononcé, qu'il a constitué des familles, et en
première ligne celle des Muscats. La consistance réclame
bien aussi sa part de propriété caractéristique, quand elle
fait ressortir une si grande différence entre la *Panse* des
Bouches-du-Rhône et notre *Malvoisie* de Touraine ; la première ayant les grains tout en chair, la seconde tout en
suc, en sorte que le même nombre de grains de la première, quoique trois fois plus considérable en volume, ne
rend peut-être pas plus de vin. Une disposition naturelle,
importante à constater pour l'appropriation du cépage à

l'exposition qui lui convient et à la nature du sol, est le bourgeonnement que nous appelons ici *débourrement*, hâtif ou tardif. Ainsi la *Balsamina*, l'*Aleatico*, cépages italiens, le *Granache* de l'Aragon, le *Listan* de l'Andalousie, l'*Aramon* de l'Hérault, etc., qui sont également prompts à céder aux influences printanières, seront signalés par cette habitude de végétation précoce qui diminue de leur mérite dans notre région. Toutefois, je ferai remarquer que leurs jeunes pousses sont quelquefois assez fortes, lors des gelées tardives, pour résister aux petites gelées dont sont frappés alors les cépages à végétation tardive. Parmi ceux-ci, pour qui la nature a été une mère prudente, je citerai notre *Côt* de Touraine, qui, ainsi que le *Mourvedé* de la Provence, atteint l'autre exrtémité de cette époque de débourrement, laquelle embrasse ordinairement une quinzaine de jours.

J'ai eu surtout grand soin d'indiquer l'époque relative de maturité, et aussi la faculté de maturation dans notre région centrale, indication d'autant plus importante qu'elle constitue le résultat le plus utile d'une collection de cépages. Toutefois, je dirai que cette époque de maturité et cette faculté de maturation ont varié sur mon sol d'une manière bien remarquable par la nature différente de ce même sol. J'ai vu cette maturité si incomplète, quelque avancée que fût la saison, que je puis la regarder comme impossible pour quelques cépages, tels que le Spiran, et ce même cépage y parvenir facilement dans ce que nous appelons une terre chaude, sorte de terre très-facilement pénétrable à l'eau, parce qu'elle est superposée à des matières calcaires. Du reste, la plus exacte description de cette terre, fût-elle examinée à la loupe et traitée avec les acides, ne vous en apprendra pas autant que le paysan qui l'aura culti-vée ou qui aura passé quelquefois à côté d'elle.

SUITE DE L'EXPOSITION DES MOTIFS QUI M'ONT GUIDÉ DANS LA MARCHE QUE J'AI SUIVIE.

On ne peut rien présumer de la manière dont Bosc aurait rempli la tâche qu'il s'était imposée ; car l'illusion qu'il se faisait sur de légères différences lui suffisait pour établir de nouvelles variétés, et aurait été la cause d'une confusion inextricable, d'autant plus que la sphère de ses observations devenait sans limites, puisqu'il y comprenait tous les cépa-ges cultivés, et qu'il croyait aux variations continuelles ou plutôt à la formation incessante de nouvelles espèces. J'ai restreint le nombre des cépages, dont je donnerai la descrip-tion, à ceux les plus estimés dans les vignobles de France ou de l'étranger d'où je les ai tirés. Je n'y ai réuni qu'une demi-douzaine de cépages nouveaux, dont le mérite a été reconnu. Dès lors, ce nombre de cépages, objet de mes ob-servations, a été assez borné pour ne pas me laisser courir de grands risques d'erreurs graves.

L'un des motifs les plus déterminants de réduire ainsi ma besogne a été la conséquence de cette considération : que, dans la foule des cépages cultivés, c'est un fait constant qu'il y en a une grande partie dont un essai de culture ne peut offrir aucun intérêt, leur produit étant connu pour être de la plus bassè qualité. Quelle satisfaction aurait pu trouver le public viticole dans la description de cépages aussi méprisables que le Tarret-Bourret et le Calitor du Gard, l'Aramon de l'Hérault, la Pélaouille de la Gironde, le Macé doux et le gros Morillon d'Indre-et-Loire, le Gamai de la Seine et des petits propriétaires de la Côte-d'Or, le Gouais de plusieurs départements qui approvisionnent les vinaigriers d'Orléans, et, enfin, les Agraceras et les Verdaguillas de l'Andalousie?

J'ai proportionné l'étendue de chacune de mes descriptions à l'importance que j'ai reconnue à chaque cépage. Le choix du nom capital a été l'objet de quelques considérations dont le résultat a été de placer en tête des noms, quand j'ai eu à choisir entre plusieurs, le plus usité dans le vignoble qui lui devait, en partie du moins, sa réputation. Par exemple, nos vins du Cher doivent la leur au plant que nous nommons Côt : la commune d'Esvres, que j'habite, traversée de l'est à l'ouest par l'Indre, ayant acquis depuis une vingtaine d'années, de l'aveu des marchands, l'avantage de primer les vins du Cher, soit par la nature de son sol, soit par l'intelligence de ses habitants, je me suis cru autorisé à donner au nom qu'il porte dans ces vignobles la place capitale, quoique, sous le nom d'*Auxerrois*, il fasse également la base des vignobles du Lot, dont les vins sont achetés par les Bordelais, pour donner du corps et de la couleur à leurs vins.

Je crois bien que ce mot de Côt est une contraction de Cahors, nom qu'il porte dans un département voisin ; mais la manière de l'écrire que j'ai adoptée rend bien la prononciation que nous lui donnons.

Je justifie aussi mon orthographe de Pinot, ainsi que l'é-
crivait encore Dussieux en 1804, mais différente de celle
que j'avais adoptée d'après la plupart des auteurs modernes,
qui l'ont écrit Pineau, par la manière plus simple en usage
autrefois, et au changement de laquelle je n'ai trouvé aucun
motif raisonnable. Alors on l'écrivait Pinos, comme on peut
le voir dans les poésies d'Eustache Deschamps, publiées
dans les premières années du quinzième siècle, ou bien encore Pinoz, ainsi qu'on le trouve écrit dans les ordonnances
du Louvre de 1594, et enfin Pinot, comme l'écrivait un
siècle après Olivier de Serres, et aussi par le nom encore
usuel en Italie, *Pignolo*.

Si j'écris *Morillon* au lieu de Maurillon, c'est que je crois
que ce mot est venu tout simplement de Mour ou Mouret,
nom que porte encore en Bourgogne le fruit de la Ronce,
non de la nation des Maures, comme l'ont dit plusieurs savants œnologues. J'appuie, du reste, mon opinion sur ce que
j'ai reçu de Dijon des sarments d'une variété de Pinot que l'on
appelle Morillon-Mour ou Mouret; et même, au département de Tarn-et-Garonne, on cultive communément un
cépage du nom de Mourelet.

De même, si je m'écarte de l'orthographe commune pour
le mot Pique-Poule, comme l'écrivent tous les auteurs, et
que je le transforme en celui de Picpouille, c'est que j'ai dé-
duit cette orthographe du mot espagnol Picapúlla, qui se
prononce Picapouya dans le Roussillon, où il a été premiè-
rement cultivé avant de se répandre dans les autres vignobles
du littoral de la Méditerranée; alors cette manière de l'écrire
n'éveille pas la ridicule idée que les raisins des trois variétés

qui portent ce nom piquent les poules. Toutefois, il m'arrivera rarement de rechercher l'étymologie, l'origine des noms ; je n'ai pas voulu m'exposer, comme l'ont fait les derniers auteurs que j'ai consultés et dont les ouvrages sont récemment publiés, à donner des explications de la nature de celle-ci : c'est au sujet d'un cépage de l'Andalousie nommé Jaën, mot qu'ils font dériver de Jais, quoique ceux de ce nom le plus communément cultivés soient blancs, et qu'il semblât plus naturel d'attribuer ce nom à celui de la province de Jaën, où ces cépages sont si communs dans les vignes, que quelques-unes ne sont complantées que de cette sorte. Celui dont parlent ces auteurs est noir et beaucoup plus rare ; c'est le Jaën de Grenade ou *uva Crescentii* de D. Simon.

Quant aux dénominations des cépages étrangers, je me suis bien donné de garde de les franciser ; j'ai cherché, au contraire, autant que cela m'a été possible, à leur conserver leur physionomie propre : ainsi, qu'il m'arrive de parler du Muscat de Hongrie, j'aurai soin de le nommer *Muskataly*. Si c'est du cépage connu en Alsace sous le nom de *Grauer-Tokayer* que je veux parler, je lui conserverai ce nom avec ses désinences germaniques, avec d'autant plus de raison que, si je le traduisais par *Tokai gris*, j'induirais le lecteur en erreur, ce cépage étant si rare dans le vignoble de Tokai, que je ne crois même pas qu'il y existe. Je me donnerai bien de garde de traduire le mot *Zapfner*, nom que le *Furmint* porte dans les vignobles de Rust et d'OEdenbourg, par le *Dentelé*, ainsi que l'a fait M. le baron D***, parce que je suis bien sûr que personne en Hongrie ne saurait ce que je voudrais dire. Enfin, j'ai tout lieu de croire qu'en écrivant les mots Mammolo, Trebbiano, Pedro Ximènes, Alvarilhaô, etc., personne n'hésitera sur l'origine des cépages que ces noms désigneront.

Dans le choix que j'ai eu à faire de la dénomination capitale, je ne me suis décidé qu'avec la plus grande réserve pour les noms de pays; je veux dire pour les noms qui désignaient le lieu d'où le plant était originaire; ainsi, pour un cépage fort estimé dans les départements du Midi, j'ai préféré aux noms *Alicante*, *Roussillon*, *Rivos Altos*, qu'il porte dans diverses localités, celui de *Granache*, sous lequel il est connu encore plus généralement, et qu'il porte sous le costume espagnol de *Granaxa* en Aragon, où il est sans doute très-cultivé, puisque dans les vignobles près de Madrid on l'appelle *Aragonais*.

On pourrait citer une foule d'exemples du vague et du vice de cette dénomination, tirée du nom du pays d'où le cépage est provenu; en voici seulement deux : on appelle notre *Côt*, dans le département du Lot, *Auxerrois*, et dans le département de la Moselle, de ce même nom d'Auxerrois, notre *Malvoisie*. Un cépage du nom de *Bourgogne*, et qu'en Bourgogne on nomme *Gaillard* ou *Gouais noir*, est fort répandu dans les vignes de deux ou trois communes au nord de Tours, et le vin qu'il produit ne doit son débit qu'à sa proximité de la ville, tandis qu'au midi de Tours les vrais plants fins de Bourgogne sont cultivés dans notre canton sous le nom d'*Orléans*.

UTILITÉ PRATIQUE DES CONNAISSANCES PUISÉES DANS CET OUVRAGE.

J'en viens à l'application vraiment utile et profitable des connaissances ampélologiques, et par conséquent de cet ouvrage. C'est elle qui forme le corollaire indispensable de tout traité de cette nature. Je m'attends bien qu'on regardera cette partie de mon ouvrage comme fort incomplète; car il faudrait un quart de siècle pour ajouter à ce que l'on sait déjà le fruit de ses propres observations. Combien serait-il nécessaire que mes expériences fussent suivies, répétées et variées, pour que mes appréciations du mérite d'un cépage obtinssent une confiance entière? et encore ne parviendrais-je à évaluer ce mérite que relativement à la localité que j'habite, au sol que je cultive et non d'une manière absolue : par exemple, le Liverdun, qui a été mis en vogue par feu l'honorable curé d'Achain, est diffamé dans une lettre que m'a écrite un conseiller de la cour royale de Metz; dédaigné par un propriétaire bordelais à cause de sa précocité et de sa disposition à pourrir; estimé par moi pour cette même précocité, et surtout pour l'abondance soutenue, immanquable de son rapport; davantage encore par un propriétaire fort éclairé de l'Ardèche, M. de Bernardy; exalté enfin par deux autres habitants du Midi, dont l'opinion est d'un grand poids dans mon esprit. Que j'apprenne, dans le *Journal de*

la Société d'agiculture de Tarn-et-Garonne, que M. J. Bergis fait arracher de sa vigne tous les *Agudets*, j'apprendrai
aussi, dans le numéro suivant, qu'un grand propriétaire,
M. Ayral, les fait multiplier, parce qu'il a reconnu que leur
vendange donnait un vin spiritueux et de bonne qualité ; que
je place au premier rang notre *Malvoisie* de Touraine (*Fromenteau* de la Marne, *Pinot gris* ou *Burot* de la Côte-
d'Or), en reconnaissance du vin de liqueur exquis qu'elle m'a
fourni en 1834, je trouverai une foule de contradicteurs ou
du moins des gens de difficile conviction. Et aussi ne me
déciderai-je pas facilement par un seul suffrage : par exemple, qu'un viticulteur de l'Hérault, homme fort éclairé du
reste, vienne tenter la réhabilitation complète du Chasselas
comme raisin vinifère, j'attendrai qu'il ne soit pas le seul à
trouver excellent le vin qu'il en a fait [1], avant de regarder
comme fausse et mal fondée l'opinion de son peu de mérite
sous ce rapport, opinion généralement accréditée; car elle
n'était pas particulière à Chaptal, comme paraît le croire
M. C***; il n'avait fait aucune expérience à ce sujet, pas plus
dans le nord que dans le midi; il n'était que l'écho de la voix
commune des propriétaires et des vignerons. C'est donc une
partie fort délicate à traiter, et qui n'a été que légèrement
touchée, même dans le bon ouvrage de don Simon, et dont
il n'y a pas de trace dans les ampélographes allemands. Ici

[1] Cet excellent vin de Chasselas a été produit par une vigne à sa *quatrième année* de plantation dans un *verger*. Certainement on n'obtien-
drait un résultat aussi merveilleux en aucun vignoble de la Champagne
avec son Plant-doré, ni de la Bourgogne avec son Pinot.

l'expérience serait le guide le plus sûr à suivre; toutefois on conçoit aisément que cette capacité d'expérimentation ait des limites fort rapprochées en certaines circonstances : que, de même que le *Cocolubes* chez les Romains, l'Olwer des bords du Rhin passe, dans le pays où il est cultivé, pour produire une sorte de vin propre aux gens attaqués de la gravelle, on n'exigera pas sans doute de moi que j'en aie fait l'expérience, ni de même que je confirme l'opinion du mérite du *Granache blanc*, dont le vin a besoin d'être attendu une douzaine d'années pour acquérir sa plus haute qualité. Combien de temps ne me faudrait-il pas pour congratuler, en connaissance de cause, un professeur de Montauban qui déclare avoir *détrôné le Bordelais* (nom d'un cépage en Tarn-et-Garonne), pour mettre en sa place le *Fer-Servadou,* que je ne possède que depuis deux ans, cépage perdu dans la foule jusqu'ici, et même placé au dernier rang par un œnologue du même pays? N'est-ce pas avoir fait preuve d'assez de patience, que d'avoir attendu huit ans pour asseoir une opinion juste sur la Balsamina des frères Audibert, qui ne m'a donné de récolte qu'après ce long laps de temps? C'est cette expérience composée des faits qui se passent dans chaque vignoble et des observations de chaque propriétaire, qui nous a appris que la Picpouille-grise et le Marfieye donnaient des vins violents et spiritueux; que des vins privés de spirituosité avaient cependant la propriété de se convertir par la distillation en eaux-de-vie les meilleures du monde, et que ces vins étaient le produit de l'acerbe *Jaën*, de la mielleuse *Folle-Blanche* et de l'insipide *Picpouille-Blanche.*

J'ai bien reconnu à la Malvoisie à petits grains venue des Pyrénées-Orientales toutes les qualités propres à faire un vin de distinction, et seulement par l'émanation de ce sens intime créé ou du moins développé par l'étude et l'observation ; mais, pour mériter quelque confiance, ces sortes d'appréciations doivent être faites avec beaucoup de réserve. J'ai donc la conviction que cette partie de chaque description ne sera qu'une ébauche, que l'écho des opinions locales sur tel ou tel cépage. Cependant, bien que je m'attende qu'on trouvera mon travail incomplet, peut-être le plan que j'en aurai tracé méritera-t-il l'approbation des amis de l'industrie viticole ; n'aurai-je pas dressé des cadres qu'il sera facile de remplir avec le temps? et parmi les nombreuses ébauches que j'y aurai placées, ne trouvera-t-on pas que quelques-unes n'exigeront plus qu'un coup de pinceau pour être terminées.

Je dois répondre ici à une observation qui m'a déjà été faite, lors de la communication de quelques-unes de mes descriptions au dépositaire de la confiance de la société royale et centrale d'agriculture ; il est vrai qu'elles manquent de régularité, de l'uniformité à laquelle on est accoutumé dans les descriptions botaniques. Sans doute, quelques esprits méthodiques seront fondés à regarder cette absence de méthode comme un défaut ; mais d'autres me sauront peut-être gré de cette liberté d'esprit, de cette allure irrégulière, de certains tours variés qui rompront la monotonie de mon sujet. Cette régularité méthodique n'eût-elle pas été bien plus facile à suivre, mais en même temps bien plus dépourvue d'attraits pour moi-même, en me privant du plaisir

de la composition ? Le coloris doit ajouter à la ressemblance.

IMPORTANCE D'UNE COLLECTION DE CÉPAGES.

L'utilité d'une collection dirigée par un homme qui met
de la suite à la former d'abord, puis à l'étudier, me paraît
incontestable, et sur ce point je partage complétement le
sentiment de l'abbé Rozier, combattu cependant par un
professeur d'agriculture à Versailles, M. Duchesne. Elle a
été aussi bien reconnue par un savant bordelais, qui a indiqué avec sagacité toutes les difficultés que présentait le travail d'une synonymie de la vigne, et qui a conclu avec beaucoup de justesse qu'il n'y avait pas de préliminaire plus
indispensable que la formation d'une collection de cépages
de tous les pays. Si le savant horticulteur Cels, qui nous a
donné, dans les notes du *Théâtre d'agriculture*, une nomenclature synonymique des cépages mentionnés par Olivier de Serres, avait eu sous les yeux une collection de vignes, il n'aurait pas commis les nombreuses erreurs que
j'y ai reconnues, et qui m'ont prouvé qu'il n'avait pas fait
une étude spéciale de la vigne; par exemple, il fait un *Muscat* du *Piquardan*, qui n'a rien de commun avec aucun des
individus de cette famille; il a donné pour synonyme à la
Picpouille le *Pizzutello*, qui en est fort différent par ses
grains beaucoup plus minces et plus allongés, par son faible
rapport et plusieurs autres différences notables. Il établit

comme synonymes le *Mourelot*, le *Languedoc*, le *Coq* ou *Cahors*, le *Balzac;* or chacun de ces noms désigné un cépage particulier et qu'il est impossible de confondre quand on les a sous les yeux.

Bosc, avec une collection plus sûre et mieux ordonnée, plus étudiée surtout, n'eût pas laissé dans le doute, si le renseignement qu'il avait reçu sur plusieurs cépages de la Provence, entre autres sur le Manosquen, l'Ugni noir et l'Olivette noire, était suffisamment clair et sans équivoque, si leur prétendue précocité regardait leur pousse et non la maturité du fruit; car un botaniste de Marseille, M. Gouffé, dit positivement, en parlant de la dernière, *uvâ serotinâ*, tandis que je sais fort bien que le Manosquen, dont la maturité du raisin a lieu en terme moyen, et l'Ugni noir, dont la maturité est très tardive, sont tous les deux très pressés d'entrer en végétation. Or l'on peut en déduire facilement l'inconvénient de ce défaut de précision dans les renseignements. D'autres ampélophiles seront moins tentés, après m'avoir lu, d'introduire ces cépages dans leur vignoble, surtout l'*Ugni noir* et l'*Olivette*, car j'ai été satisfait du Manosquen.

Cels, Chaptal, Dussieux et Bosc n'ont point initié leurs lecteurs aux procédés qu'ils avaient suivis pour constater l'identité des cépages auxquels ils ont appliqué leur synonymie; et, comme il m'est arrivé souvent de la trouver erronée, je n'ai pas eu pour ma part grand sujet de le regretter. Je révélerai les miens sans la moindre difficulté, d'autant plus que leur connaissance sera la meilleure preuve de l'utilité d'une collection. Je ne prendrai qu'un exemple; ce sera au sujet d'un cépage très répandu dans les vignobles du midi de la France et même dans ceux de la Charente : j'en avais reçu des Pyrénées-Orientales sous le nom de *Mataro*, du Var, sous celui de *Mourvedé*, vers le même temps, de la Charente, sous le nom de *Balzac*, enfin, un peu plus tard, des départements du Gard et de l'Hérault, avec l'étiquette de *Spart*. Or, comme les ceps provenant de ces divers envois se sont tous trouvés identiques, j'ai dû conclure qu'ils désignaient tous le même cépage. Mon vigneron me dit un jour : « Celui que vous appelez Balzac, là-bas à Malaguette, c'est du Mourvedé. — Je le sais bien, lui dis-je; mais je lui conserve ce nom pour me rappeler qu'il est venu de la Charente. »

Si l'on a observé, avec quelque apparence de raison, que la position choisie par l'abbé Rosier (les environs de Béziers) était trop méridionale pour que les conclusions qu'il aurait pu tirer de ce champ d'expérience eussent été justes et applicables aux autres vignobles de la France, la même observation aurait pu se faire pour la limite septentrionale telle que Paris, et même pour la mienne, située dans la région centrale. Celle de l'abbé Rozier était d'un bon exemple, et je ne vois rien de plus curieux et de plus instructif pour les amateurs de la culture de la vigne, que la création de plusieurs établissements de cette nature, parmi lesquels je citerai la belle collection du Luxembourg pour le nord, celles de Dijon et de la Dorée près Tours, pour la région centrale de la France; enfin celle de Carbonieux près Bordeaux, pour l'ouest. Ces positions peuvent faciliter singulièrement le travail non seulement de la synonymie, mais celui aussi qui

aurait pour but de coordonner les observations qu'on pourrait faire dans chacune. Si je n'ai pas parlé de la riche collection des frères Audibert et de celle également importante des
frères Baumann, c'est que les sujets qui les composent sont
destinés à la vente et non à être étudiés.

L'inconvénient de la position de la plupart de ces collections, non-seulement en France, mais aussi à Vienne et
près de Bude, c'est d'être dans une terre de potager; cette
position est avantageuse sans doute à la multiplication des
plants; mais elle est un obstacle à l'appréciation de la valeur d'un cépage. Il en résulte que les qualités sont souvent
dénaturées ou du moins offusquées par l'exubérance de la
production. La collection de la Dorée n'est point exposée à
ce reproche, et les espèces les plus estimées n'y sont pas par
paire, mais par dizaine, par cinquantaine et même au delà;
ce qui donne la possibilité de faire des expériences spéciales
avec d'autant plus de succès qu'elles sont toutes plantées au
milieu ou à côté des autres vignes du pays. Je crois que ces
conditions sont nécessaires pour que les expériences puissent
mériter quelque confiance.

DIFFICULTÉS DE LA FORMATION D'UNE COLLECTION.

Je ne dois pas dissimuler à ceux qui seraient tentés de
créer une collection que ce n'est pas une entreprise facile à
mener à bien, et qu'elle l'était moins encore, beaucoup
moins pour ceux qui les ont précédés, et qui leur offriront

maintenant des ressources abondantes et sûres. Je vais donner une idée des difficultés qu'on éprouve à se pourvoir de plants véritables, je veux dire qui soient bien les mêmes que ceux désignés par les noms du pays où ils sont cultivés. J'avais fait venir des Pyrénées–Orientales une cinquantaine de crossettes de Maccabeo ; mais, probablement peu soignées avant leur départ, elles m'arrivèrent desséchées : cinq à six seulement réussirent. J'en fis demander l'année suivante dans la plus riche pépinière des départements du midi, désirant en avoir un nombre suffisant pour essayer plus tard le produit de sa récolte. Après quatre ans d'attente, les ceps provenant du dernier envoi me donnèrent des raisins noirs, que je reconnus pour être du Mataro ; ceux du Maccabeo sont d'un blanc-jaune. Sur quarante crossettes de Brachet (prononcez braquet), du comté de Nice, à peine s'en est-il trouvé dix à douze de véritables ; et quel propriétaire moins ardent et moins persévérant investigateur que je le suis aurait pu faire cette distinction avec autant de certitude ? Encore un exemple plus frappant : d'une centaine de crossettes, qui m'étaient venues sous le nom de Sciaccarello, j'ai découvert, après quatre ans, qu'il n'y avait que trois ceps auxquels fût applicable ce nom ; tout le reste était du Brustano blanc, et il m'a fallu encore deux ans pour obtenir cet éclaircissement de M. le préfet de la Corse, grâce à une troisième lettre recommandée par le ministre de l'intérieur. Une autre fois une expression inconsidérée, et peut-être même inconvenante, qui m'était échappée dans mon empressement trop vif de recevoir des plants annoncés depuis trois mois, me fit perdre les bienveillantes dispositions de notre ambassadeur à Turin, et le ballot que son prédécesseur, M. de Barante, avait eu la bonté de faire composer pour moi, servit à chauffer la cuisine de M. de R***, son successeur, plus sensible à une expression inconsidérée qu'à la satisfaction de concourir à une entreprise honorable. Peut-être me dira-t-on : Pourquoi vous échappe-t-il une expression inconvenante? Je répondrai que celui qui aura autant obtenu que moi au moyen de sa plume, dans une position aussi modeste et aussi retirée, me jette la pierre. Et encore, dois-je vous prévenir que vous aurez besoin de quelque sagacité pour apprécier à leur juste valeur les renseignements que vous obtiendrez. Vous n'aurez pas toujours l'avantage de trouver des correspondants d'un esprit éclairé, d'un jugement sûr, tels que mon correspondant de Nîmes, celui de... etc., et quelquefois vous aurez affaire à des esprits systématiques, d'une originalité qui consiste à ne pas penser comme tout le monde, à faire litière des opinions reçues pour en créer de nouvelles. Je ne veux pas poursuivre, pour éviter de désigner qui que ce soit ; mais vous en trouverez comme cela. Il en est aussi qui ont des idées vagues et confuses, parce qu'ils ne se sont occupés que rarement de ce que vous leur demandez, en sorte qu'à tous leurs renseignements vous ferez bien d'ajouter le point interrogatif des botanistes, qui exprime le doute.

Je m'arrête là : j'aurais trop à faire de signaler les négligences, les inepties ou la mauvaise foi des vignerons employés par les personnes généralement très-obligeantes auxquelles je me suis adressé ; je n'en donnerai qu'un exemple : d'un semis de pépins de raisin de Schiras, je n'ai reçu que ce qu'il y avait de plus méprisable à deux fois différentes; et cependant, lors de l'exposition de raisins au congrès viticole tenu à Angers, il en fut présenté une belle grappe provenue d'un cep du même semis, dont j'aurais été charmé d'enrichir ma collection. Il m'est difficile de croire que cette erreur soit un abus de confiance de la part de l'auteur du semis, ayant toujours été aussi empressé que consciencieux à répondre à ses fréquentes demandes. Je ne dois pas laisser ignorer cependant combien il m'a fallu de soins et de peines pour redresser les erreurs commises, et obtenir des renseignements propres à éclairer ma marche dans l'étude à laquelle je me livrais. Aussi n'ai-je pas été étonné que l'abbé Rozier y ait renoncé promptement, et que Bosc lui-même, qui était favorisé des secours du gouvernement, ait vu ralentir son ardeur, comme il en convient lui-même, à l'apparition d'une foule de difficultés qu'il n'avait pas prévues. « Quand on songe, dit Chaptal, aux » difficultés à vaincre pour réunir tant d'individus dont » chacun porte un nom différent dans chaque canton ; aux » soins à prodiguer sans cesse, tant pour leur culture que » pour leur vraie désignation ; au zèle, au talent d'obser- » vation et à l'activité qu'exige une telle surveillance, on » est tenté de ne regarder un tel projet que comme un beau » rêve. » J'espère donc qu'au moins on me saura gré de la tentative, si le succès n'est pas au bout.

DERNIÈRES CONSIDÉRATIONS SUR L'IMPORTANCE D'UNE COLLECTION.

Sans doute je crois avoir tracé les caractères les plus saillants des cépages que j'ai décrits , ceux qui m'ont paru
suffisants pour les faire reconnaître , et je ne doute pas que
tout homme d'une sagacité commune et habitué à voir de
la vigne n'y parvienne facilement, du moins sur les lieux
mêmes où j'ai fait mes observations. Toutefois je conviens
avec M. de Ramatuelle, auteur d'un mémoire sur les vignes
de Saint-Tropez , que les caractères qui différencient chaque
cépage ne sont souvent pas assez tranchés pour qu'à leur
simple description on reconnaisse l'espèce de vigne à laquelle
ils appartiennent. Je n'en regarde pas moins ainsi que lui
un ouvrage d'ampélographie comme une chose utile, surtout
quand l'auteur a mis tous ses soins à bien faire connaître les
habitudes d'un cépage , ses bonnes qualités et ses défauts ;
mais j'attacherai encore plus d'importance, dans l'intérêt
des progrès de l'industrie viticole, à une collection de vignes
tenue par un homme consciencieux et d'une habileté acquise par une longue étude , surtout quand cette collection
sera de la nature de celle que j'ai quelque raison de croire
la plus précieuse qui soit au monde , par cela même qu'il
n'y en a pas qui ait été mieux étudiée. En conséquence ,
déjà parvenu à un âge où l'idée de la brièveté de la vie doit

se présenter quelquefois à mon esprit, j'aurais vivement désiré laisser un jeune remplaçant, capable de suivre mes observations, d'en faire de nouvelles ; et d'en communiquer les résultats au public ; mais je suis privé de cette consolation [1]. Cette perspective est d'autant plus fâcheuse et décourageante que j'ai la conviction que, dans aucun établissement de ce genre, on n'a autant approché que je l'ai fait de l'application des idées si justes de trois hommes également remarquables par leurs lumières et leur bon jugement, l'abbé Rozier, Delavaux de Bordeaux, et M. Lenoir de Paris, celui-ci auteur encore vivant du meilleur ouvrage sur la vigne et la vinification que nous devions à un chimiste. Le cours de mes expériences est donc menacé d'une interruption ou prochaine ou du moins peu éloignée ; mais j'espère qu'il sera repris et achevé par quelque amateur de

[1] Le ministre de l'agriculture n'a pas accueilli ma proposition par des raisons d'embarras de comptabilité. Le conseil général d'Indre-et-Loire, qui aurait dû regarder comme honorable et avantageux au département de posséder un musée viticole tout créé, a refusé, sur le rapport de M. P.., mandataire d'un canton qui est la Laponie de la Touraine, la modeste allocation annuelle de 100 fr., durant quinze années, à un jeune vigneron de mon choix, que j'aurais dressé aux observations, auquel j'aurais indiqué les moyens les plus simples d'en rendre compte, qui aurait été chargé en outre d'entretenir cette collection et d'en fournir gratuitement des plants à tous ceux qui en auraient adressé la demande d'une manière convenable.

Dans le même temps, le conseil général de l'Hérault, non-seulement accordait des fonds pour la création d'une collection pareille à celle dont j'offrais l'usage, mais encore il sollicitait du ministre de l'agriculture l'allocation d'une somme de 2,000 fr., pour concourir au même but.

l'industrie viticole. J'en ai découvert un, un bien capable de justifier cet espoir , à notre réunion d'amis des progrès de cette industrie , tenue à Bordeaux en septembre 1843 : Il m'a semblé réunir tout ce qui était necessaire pour remplir cette tâche avec succès , jeunesse, goût de cette étude , droiture d'esprit , persévérance de volonté. Déjà auteur de plusieurs articles sur la vigne et la vinification , qui annoncent un véritable talent d'observation, M. Lannes, secrétaire du comice agricole de Moissac, n'est point étranger à l'art de rendre clairement et correctement ses idées. Puisse cette opinion sincère que j'ai de sa capacité lui servir de recommandation pour lui faire obtenir quelque encouragement qui lui facilite ses observations et ses expériences. Si j'en avais la certitude , je lui communiquerais bien volontiers celles que je pourrais faire encore ; car cet ouvrage est probablement le dernier que je publierai : c'est mon denier de péage.

EXPOSITION

DU PLAN SUIVI POUR LA DIVISION DE MON TRAVAIL.

La monographie de ces raisins, qui donnent aux vins les plus renommés leurs qualités, serait d'un grand intérêt; dire leurs analogies avec les raisins cultivés ailleurs, si on peut les ranger dans la même famille, quelles altérations ils éprouvent après leur migration, quelles sont les différences qui pourraient s'apprécier au goût ou à la vue, enfin et plus particulièrement les notions acquises sur les sortes de vignes les plus estimées dans le pays qu'on habite, serait un travail utile dont le programme devrait fixer l'attention de quelqu'une de ces sociétés d'agriculture qui cherchent à donner une généreuse impulsion aux progrès de l'industrie agricole.

COUHÉ,
Président du comice agricole de Moissac.

J'avais eu d'abord l'intention de diviser mon travail par zônes latitudinales ; mais j'ai trouvé dans l'exécution des difficultés qui m'ont fait préférer la division par région. J'ai pris la France pour centre de ce monde particulier, considéré sous le point de vue viticole : ainsi, dans sa partie occidentale, composée du littoral de l'Océan sur une largeur de 50 à 60 lieues, j'ai compris toute l'Amérique; à sa partie orientale, commençant par les vignobles du Rhin et de ses nombreux affluents, j'ai réuni ceux qui avoisinent les affluents du Danube et ce beau fleuve lui-même jusqu'à la mer Noire; j'ai fait de même pour la région méridionale en n'y comprenant que nos départements des Pyrénées et du littoral de la Méditerranée, mais en y ajoutant l'Espagne, l'Italie, la Grèce et même la Perse, dont je n'ai pu que dénommer les principaux cépages. Dès lors la région centrale a été toute française, et même l'occidentale, les cépages américains n'ayant encore rien produit qui méritât de faire la matière d'un appendice à ce chapitre, du moins d'un grand intérêt. — La renommée de notre Champagne m'avait d'abord entraîné à établir aussi une région septentrionale; mais ses plants de vigne étant les mêmes que ceux de la Bourgogne, j'y ai renoncé d'autant plus facilement que j'ai compris dans la région orientale tous les vignobles les plus septentrionaux, qui sont ceux de l'Allemagne. J'ai soumis cette division de mon travail au jugement des congrès viticoles d'Angers et de Bordeaux, et elle m'a paru avoir leur approbation. Ainsi donc ce travail se composera de quatre parties dont chacune comprendra les cépages les plus méritants de chaque région. La 1re désignera la *Région Occidentale;* la 2e, la *Région Centrale;* la 3e, la *Région Orientale*, et la 4e, la *Région Méridionale.*

PREMIÈRE PARTIE.

———

RÉGION OCCIDENTALE,

Bornée au NORD par les coteaux de la Loire Inférieure;—au LEVANT par une ligne qui, passant entre Langeais et Bourgueil, suivrait le cours de la Vienne et se prolongerait dans la même direction jusqu'au confluent du Tarn et de la Garonne;—au MIDI par les limites *Nord* des départements des Landes et du Gers.

CONSIDÉRATIONS SUR LES VINS DE LA RÉGION OCCIDENTALE.

Les vins de Bordeaux sont l'honneur des vignobles de cette région; aussi le plant le plus estimé de la Gironde, le Carmenet ou le Carbenet, est-il répandu dans ses vignobles les plus distingués, autant que les Pinots le **sont** dans la région centrale. Il paraîtra même singulier que ce cépage, sous le nom de Breton, soit à peu près exclusivement cultivé dans le 3e arrondissement d'Indre-et-Loire, ce qui m'a décidé à le séparer des deux autres compris dans la région centrale, pour le réunir à la région occidentale.

Tous les vins provenus des vignobles où ce cépage est en majorité, ont entre eux des rapports généraux qui indiquent leur origine commune , et entre autres une légère âpreté qui est un de leurs caractères le plus prononcé , de plus l'absence de spiritueux, absence qui rend ces vins les plus salutaires du royaume , et enfin l'accompagnement d'un bouquet propre, très agréable et qui suffit souvent pour les faire reconnaître avec facilité.

Ces mêmes caractères se sont transportés avec le plant dans le nord de cette région : les vins du canton de Bourgueil, dont le plus distingué est celui de la plaine de Saint-Nicolas, sont fort recherchés dans les départements voisins , et ceux particulièrement de Champigny, dans le Saumurois, sont du petit nombre des vins qui ne jouissent pas de la réputation qu'ils méritent. C'est du reste un avantage pour les riches châtelains des environs qui savent fort bien les apprécier et ne les payent qu'un prix très-modéré. Dans cette commune de Champigny , qu'il faut bien distinguer du Champigny de l'arrondissement de Chinon, le *Breton* prend le nom de *Véronais*. L'auteur Julien! qui est une grande autorité en cette matière , reconnaît que le vin de Champigny est d'une couleur foncée, de bon goût et très généreux ; il doit cette couleur foncée à une petite portion de vendange de Côt.

Quant aux vins blancs , ceux de Sauternes , Bommes , Barsac et Preignac, dans la Gironde, ont une réputation bien établie ; ceux de la Loire n'en ont guère moins , non à

Paris cependant , mais en Flandre , en Hollande et dans
les pays du nord ; toutefois les plants ou cépages qui les
produisent sont fort différents. Cette région renferme aussi
les départements auxquels sont dues les meilleures eaux-de-
vie du monde , connues sous le nom de Cognac ; il s'en fait
également d'excellente dans un canton du même arrondissement du département d'Indre-et-Loire, que j'ai détaché
de la région centrale , et le cépage qui en est le principe est le même que vers la Charente , la Folle-Blanche ou
Enrageat.

Cependant, on fait aussi, dans quelques vignobles du littoral océanique, au nord du département de la Gironde du
vin de bonne qualité, à laquelle concourent le plus puissamment pour le vin rouge les deux Chauchés et le Quercy ,
qui est le Côt de la Touraine, et pour le blanc la Folle et
le Colombar.

CHAPITRE I.

—

VIGNOBLES DE LA GIRONDE OU DE BORDEAUX.

CÉPAGES A VIN ROUGE.

CABERNET ou CARMENET, et aussi en quelques localités , comme dans les graves , PETITE-VUIDURE M. Secondat l'écrit *petite vigne dure* des graves (Gironde). — BRETON (Indre-et-Loire et Vienne). — VÉRONAIS, (arrondissement de Saumur , Maine-et-Loire). — ARROUYA (Hautes et Basses-Pyrénées).

Ce plant, extrêmement répandu dans l'ouest de la France, est celui qui donne au vin de Bordeaux son caractère propre, ainsi qu'aux vins rouges des arrondissements de Chinon et de Saumur , connus sous les noms de vins de Bourgueil et vins de Champigny.

Il est assez facile à reconnaître à ses feuilles minces et sans ampleur , découpées en cinq lobes peu aigus glabres : c'est-à-dire sans poils ni coton sur leur envers , à ses grappes peu fournies de grains à peine moyens ; ronds ,

peu serrés , bien noirs et d'un goût particulier ; à son pédoncule et à ses pédicèles envinés , c'est-à-dire d'un violet
obscur , et l'hiver à l'écorce de ses longs sarments , d'un
rouge clair tournant au fauve. Le vin qu'il produit est fin ,
plein de bouquet , peu chargé en couleur et d'une longue
conservation. Toutefois ces bonnes qualités se modifient
singulièrement suivant la nature du sol. Voici ce que m'é-
crivait à ce sujet M. de Vendel , propriétaire dans l'arrondissement de Chinon : « Le plant Breton est un véritable
Protée suivant la localité où il est planté : par exemple, dans
la petite circonscription de Champigny-le-Sec, où le vignoble
est sur la pierre calcaire, le vin est hors ligne (300 fr. la
pièce[1] dans le moment où l'on offre du bordelais à 52 fr. la
barrique dans des dépôts situés à Saumur , à Angers, etc.).
Dans les sables graveleux superposés à un fond d'argile , il
donne un vin riche en couleur et de bonne garde ; dans les
sables maigres sur les bords de la rivière, son vin est léger,
mais froid, et d'une durée très-bornée. Viennent en dernier
lieu les terres blanchies par le tuf sous-jacent , et qui sont
très nombreuses dans notre arrondissement ; le vin qu'y
donne le Breton ne vaut rien, le raisin y mûrit mal, et le vin
qui en provient est froid , plat et sans couleur. Il faut
ajouter que dans ces terrains la vigne y est plus sujette à
toute imtempérie que dans aucun autre. Si le vin de Champigny est riche de coloration , c'est qu'on admet dans les
vignes une petite quantité de notre Côt de Touraine. Par la

---

[1] La pièce et la barrique sont à peu près de la même contenance.

même raison les Bordelais mêlent souvent à leurs vins ceux du Lot et même de l'Hermitage. L'un des trois arrondissements du département d'Indre-et-Loire, celui de Chinon, ne cultive guère d'autres cépages à raisins noirs, et même dans le canton de Bourgueil on en fait tant de cas que, lorsqu'il ne réussit pas dans certains sols, on y plante un cépage de forte nature du nom de Mouchard, que l'on greffe quelques années après en Breton. Il se plaît surtout dans les plaines graveleuses, dans un sol mêlé de cailloux roulés, comme il s'en trouve dans le Médoc et près de Bourgueil la plaine Saint-Nicolas. Le fruit est un peu tardif à la maturité, et même il ne l'atteint pas dans quelques sols; c'est ce qui m'a forcé d'en arracher une centaine de ceps d'un sol pareil pour les placer dans une terre chaude, où ils se comportent à merveille. C'est peut-être la cause qui le rend rare dans l'arrondissement de Tours, qui est le mien. Il se plaît en treille basse; c'est du moins de cette manière qu'il est dirigé dans le Médoc.

On pourrait demander pourquoi ce plant ne s'est pas répandu dans nos départements du midi, tandis qu'il a pénétré assez avant dans le nord, et avec succès. Je répondrai qu'en beaucoup de pays l'on préfère à la qualité une abondance excessive, et que le Carbenet ou Breton est un cépage sage, qui donne suffisamment et régulièrement, mais non pas à la manière du Gamet, du Liverdun, de la Picpouille et de l'Aramon. Je citerai à l'appui de mon explication ce passage imprimé d'un article d'un des plus grands propriétaires de vignes de l'Hérault, qui en a fait l'essai : « Le Cabernet me paraît trop peu productif pour que la

culture de ce cépage puisse se propager dans le midi. »
On pense bien que par cette même raison les Pinots de
Bourgogne y sont encore moins bien accueillis. Les Bourguignons et les Bordelais n'ont donc point à redouter la rivalité
de cette vaste contrée dont le climat favoriserait si bien
la production des bons vins. J'ai dans ma collection un
plant de vigne qui m'est venu des Basses-Pyrénées, et
M. Demermety a également ce même plant venu du même
pays sous le nom d'*Arrouya*, qui s'est trouvé exactement
le même que le Breton de Touraine, et que le Carbenet
que cet amateur distingué à reçu de Bordeaux.

CARBONET. — CARMENELLE. — GRAND CAR-
BENET. — GRANDE VIGNE DURE.—CARMENÈRE.
— Son trait le plus caractéristique est la forme de la grappe
et la disposition des grains : la première est grande, ailée,
conique, et ses grains, de moyenne grosseur, sont très espacés,
et d'autant mieux soutenus qu'ils ne sont pas gros ; ils sont
croquants, ont la peau épaisse et dure ; ils communiquent
leur belle couleur au vin qui en provient, et sa qualité en
est parfaite ; mais le cépage est vigoureux et peu fertile ; en
conséquence, il faut le charger à la taille. Le pétiole ou
queue de la feuille est rouge, fort et très long.

GROS VERDOT et PETIT VERDOT. — L'un et
l'autre ont des raisins à grappe courte, de couleur ver-
meille, de goût délicat ; feuilles ternes. Ces deux espèces
ou plutôt variétés diffèrent seulement par la grosseur des
grappes et celle de leurs grains. Elles produisent un vin
ferme, d'une belle couleur, d'un bouquet agréable et
d'une bonne conservation. Le petit Verdot se plaît davan-

tage dans la plaine que sur les hauteurs, où il ne donne presque rien. J'avais lu cela dans des renseignements fournis à l'auteur champenois Bidet il y a 88 ans, mais j'en ai l'exemple sous les yeux depuis quelques années.

Le petit Verdot est le plus estimé ; la forme de sa grappe est plutôt cylindrique que conique, les grains clair-semés, assez petits, noirs, la pellicule dure, le pepin gros, le pédoncule de la grappe très long. Le raisin est tardif à la maturité, mais aussi il pourrit difficilement. Les pédicelles deviennent rouges près des grains. Le bois est très lisse, souvent rayé de rouge brun sur un fond bai-clair ; il est tendre et a beaucoup de moelle. La feuille est presque toujours entière, quelquefois cependant divisée en trois lobes. Cette espèce fait le fond des vignes des Queyries dans les palus ; elle donne au vin une sève agréable, une belle couleur vive et cependant assez foncée ; mais elle produit très peu partout ailleurs que dans les palus. Dans les sols graveleux on ne la taillera qu'à courson.

MALBECK. — C'est une variété de notre Côt, moins sujette à la coulure, mais aussi un peu inférieure en qualité. Le pédoncule et les pédicelles sont rougeâtres, la grappe assez longue, les grains espacés et légèrement oblongs. Le vin est moins coloré que celui du Côt ou Pied-de-Perdrix ; il est faible en couleur, mais à Bordeaux on croit que ce vin devient délicat en vieillissant. (Voir l'art. Côt au chapitre de la région centrale). Son nom lui vient du propriétaire qui le premier l'a cultivé en grand.

MERLOT.—VITRAILLE (Gironde).—Est un des plants les plus estimés dans ce célèbre vignoble, autant par l'abondance de sa production que par sa bonne qualité. La maturité de ses raisins doit être surveillée, attendu qu'ils ne se soutiennent pas longtemps contre l'humidité ; la grappe est ailée, et les grains ronds d'un beau noir velouté. Le bois ou sarment est gros et plein de vigueur, les feuilles amples, profondément découpées , rugueuses et d'un vert foncé en dessus et cotonneuses en dessous. Le bois d'un plant de l'année s'est très bien soutenu contre la gelée d'automne de 1843 , qui en a fait périr tant d'autres.

TARNEY-COULANT. — Comme je ne l'ai pas encore vu fructifier , je préviens que la description que je vais en donner est empruntée à M. de Secondat.

La grappe, dont le pédoncule est très faible, est composée de grains très serrés , assez gros , dont la peau est mince et très noire, et dont le suc est très doux. Ce raisin, mûrissant des premiers, pourrit quelquefois, surtout dans les sols humides. Le bois est faible et jette quantité de vrilles ; il est noué long surtout vers l'extrémité ; il s'allonge beaucoup. La feuille est découpée en trois lobes et est fort tachée. Il y a beaucoup de Tarney au château d'Issan , crû distingué , et le vin y a une si belle couleur qu'on l'appelle le *Rubis fondu d'Issan ;* là on le cueille séparément et avant les autres.

CONY (Gironde). — Ce cépage doit bien aller avec le Tarney dont nous venons de parler , car il donne comme lui des raisins très doux et qui mûrissent de bonne heure. Le bois est rouge et les nœuds sont fort éloignés. Les feuilles ont beaucoup de taches rouges à leur surface, et le dessous est un peu cotonneux. Les grains sont serrés et un peu oblongs.

GROSSE MÉRILLE (Gironde). — BORDELAIS (Tarn-et-Garonne). — Malgré le nom de *Bordelais* qu'il reçoit en remontant la Garonne, ce n'est cependant pas le cépage le plus recommandable par la qualité du vin qu'on en tire, mais il est très productif. Ses belles grappes sont bien fournies de grains ronds, noirs et serrés. Le dessus de la feuille est très rugueux, et même quelques parties sont boursoufflées; elles sont le plus souvent entières, ou du moins les lobes sont peu découpés.

J'aurais du placer avant ces derniers le *Gourdoux* ou *Noir de Preissac* ou encore *Pied-de-Perdrix* ou *Côt rouge;* car il est assez répandu dans les vignes de la Gironde et plus estimé que la *grosse Mérille;* mais il en sera parlé assez longuement dans l'article des *Côts* de Touraine ou *Auxerrois* du Lot. J'ai pensé qu'il suffisait de faire un article sur le *Malbeck*, qui est aussi un membre de cette famille, parce que cette variété de *Côt* est plus commune dans les vignes de la Gironde que partout ailleurs. Quant aux cépages méprisables de cette contrée, je ne ferai que les nommer: La *petite Parde* ou *Gascon* de l'Orléannais, la *Pélaouille* ou *Pédouille*, le *gros Cruchinet*, les *Enrageats*.

CÉPAGES A RAISINS BLANCS, LES PLUS ESTIMÉS DANS LES VIGNOBLES DE SAUTERNES, BARSAC ET AUTRES CIRCONVOISINS.

BLANC SEMILLON (Gironde). — COLOMBAT (id). — CHEVRIER (Dordogne). — Ce cépage robuste est généralement placé au premier rang et planté en plus grande proportion que les autres. Il a des sarments très gros, d'un rouge foncé un peu brun ; les yeux ou boutons sont assez rapprochés ; les feuilles très découpées sont d'un vert pâle. La grappe grosse, ailée, est bien garnie de grains assez gros, ronds, peu serrés, d'un jaune pâle ; le goût en est agréable et le raisin a un léger parfum ; sa maturité arrive à une époque moyenne ; mais il m'a semblé un peu facile à pourrir. Le cep est au printemps des plus tardifs à débourrer, c'est-à-dire à entrer en végétation. C'est à ce cépage, fort abondant dans les vignes de Barsac, que l'auteur d'un mémoire attribue la qualité d'avoir beaucoup de corps qui distingue les vins de cette commune, rivale de Sauternes. Il a deux variétés qui lui sont inférieures : le *Croquant*, dont la grappe est grande et plus fournie de gros grains d'une belle couleur marbrée ; l'autre est le *Sémillon à bois noir*, qu'on cherche à détruire , parce qu'il est moins productif et que son fruit pourrit plus promptement.

SAUVIGNON (Gironde, Garonne et Charente).—SURIN, FIÉ (cours de la Loire et de la Vienne). — BLANC FUMÉ (département de la Nièvre). — SERVONIEN, SAVAGNIN (ancienne Bourgogne). — Toutefois il est fort différent du Savagnin du Jura. J'en connais trois variétés, le vert, le jaune et le rose. J'en ai deux autres, dont une, sous le nom de *Fié noir* , qui m'a été envoyée des bords du Tarn ; mais je n'en ai pas encore vu le raisin. La première de ces trois variétés , c'est-à-dire le Sauvignon vert, est à grains très serrés et la plus fertile ;—la seconde passe pour la plus délicate au goût, mais elle donne peu ; il en est de même de la Rose, qui, produisant encore moins, est peu répandue. Toutes ont les grains oblongs et de moyenne grosseur ; cependant j'en possède une variété sous le nom de *Sauvignon à gros grains ronds*, venus du Tarn, dont je n'ai pas encore vu le fruit. En conséquence, je m'abstiens de l'immatriculer dans la famille. Les deux premières variétés, la jaune et la verte, sont donc particulièrement les seules dont nous nous occupons, comme les plus répandues dans les vignobles du couchant et du centre de la France. Elles composent une partie notable des meilleurs vignobles de la Gironde, Sauternes, Barsac, etc., renommés pour leurs vins blancs. Elles faisaient aussi, autrefois du moins, le fond du clos de Prépateur dans le Vendômois, dont le vin était quelquefois servi sur la table de Henri IV. Le raisin de tous ces Sauvignons est facile à reconnaître par son peu de volume, la forme oblongue de ses grains et surtout par leur saveur propre, très prononcée et si agréable, que c'est toujours ce raisin qui est attaqué par les vendangeuses. La végétation de tous étant très vigoureuse, leurs souches sont toujours les plus persistantes dans les vieilles vignes ; et, comme elles s'étendent et se fortifient aux dépens des autres d'une nature plus faible, on ne peut avoir à craindre d'en perdre l'espèce, parce que pourvues de pousses vigoureuses, on les provigne pour regarnir les places vides.

La maturité du raisin arrive en temps moyen ; aussi mêlons-nous ces deux variétés, la jaune et la verte indistinctement, dans nos vignes rouges de Côt, dont la végétation est également vigoureuse; mais je ne connais pas l'influence qu'a leur vendange sur le vin rouge, parce qu'ils n'y sont que dans une très faible proportion, un soixantième au plus. Ce que je sais mieux, parce que je l'ai appris à mes dépens, c'est que ces raisins, particulièrement le vert, ne sont pas propres à faire du vin de paille : ils lui impriment un goût désagréable.

MUSQUETTE, MUSCADET DOUX, RAISINOTE, ANGÉLICO (Gironde). — MUSCADE (Sauternes). — MUSCAT-FOU (Vignobles de Bergerac). — GUILAN-MUSCAT et GUILAN-MUSQUÉ (Vignobles du Lot, du Tarn et de la Garonne). — RAISIN MUSQUÉ (Hérault). — Ces raisins très allongés, à grains ronds, peu serrés, de couleur ambrée, ne rappellent ceux du Muscat que par leur goût un peu musqué, qui se rapproche un peu de celui du bon miel. Ce cépage rappelle aussi celui du Muscat par sa vigueur, mais le feuillage de la Musquette est d'un vert plus clair, et son bois, pendant l'hiver, n'est pas brun comme celui du Muscat, mais ventre-de-biche. Il est d'une fertilité bien supérieure à celle du Muscat, et M. le docteur Touchy à Montpellier, dit la même chose dans une notice sur trente-cinq cépages, cultivés dans l'Hérault ; toutefois il lui reconnaît un défaut, c'est que dans quelques années son fruit manque totalement. Il faut remarquer une autre différence avec le Muscat, c'est que le fruit de la Musquette a une maturité précoce ; mais ses raisins, comme ceux du Muscat, pourrissent très promptement quand on les laisse au cep, car, séparés et suspendus, ils se conservent très bien. Il faut le tailler à long bois, si l'on veut avoir plus de chances d'avoir du fruit. Il doit en être aussi de même pour les Sauvignons, auxquels nous laissons toujours une longue verge.

Voilà les trois cépages les plus estimés dans les vignobles les plus renommés du département de la Gironde et de la Dordogne; cependant leur association est plutôt troublée que fortifiée par quelques autres, à l'exception du suivant :

Le BLANC-DOUX. Il donne un joli raisin d'une taille moyenne, assez allongée; la belle couleur de ses grains est variée de taches plus ou moins brunes, leur goût est fin et sucré; et sa vendange donne de la délicatesse au vin et le blanchit. Le jeune bois est de couleur grisâtre, et les yeux assez rapprochés; les feuilles d'un beau vert et presque entières. Il est rare que le *Blanc-Doux* donne deux années de suite.

Je ne dirai rien du *Rochalin*, du *Verdet*, ni du *Prueras* ou *Chalosse*, quoiqu'ils fassent bien avec les précédents, parce que leur présence dans la vendange n'est pas regardée comme très utile à la qualité du vin.

OBSERVATIONS SUR LES VINS DE BORDEAUX.

Ce chapitre serait incomplet si je ne le terminais par quelques considérations qui m'ont été suggérées par la dégustation réfléchie que j'ai été à portée de faire lors de mon voyage à Bordeaux pour le congrès des vignerons, d'un très petit nombre de vins à la vérité, mais qui provenaient de

vignobles des plus renommés. Je conserve trop de reconnaissance de l'accueil flatteur et honorable qu'on m'y a fait pour
craindre d'être influencé par ma position de producteur sous
la latitude bourguignonne. J'espère donc que les Bordelais
qui me connaissent personnellement ou seulement par mes
ouvrages, ne me retireront pas leur bienveillance, quand
j'aurai énoncé avec sincérité une vérité que je regarde même
comme un devoir, puisqu'elle peut être utile. Je ne dissi-
mulerai donc pas que le vin le meilleur qu'on ait cru me
donner, m'a laissé quelque chose à désirer : il était très
vieux et d'une légèreté qui, portée à ce point, pouvait être
appelée faiblesse. Un an auparavant un commerçant en
vins m'avait fait goûter à Tours du vin de Léoville (Médoc)
qui avait fait, me dit-il, le voyage des Indes ; ce vin n'était
plus qu'une eau vineuse d'une légère teinte rouge. Dans
mon excursion à l'un des vignobles les plus renommés du
Médoc, on me fit aussi goûter du vin en cercle, de l'année
précédente, 1842, et celui-ci, je le trouvai excellent et plus
propre à être servi comme un vin distingué que le vin vieux
dont on nous avait fait l'honneur. Cette observation m'en
rappela une de même nature, qu'un gourmet hongrois ou
allemand m'avait faite en 1839 à Pesth ou à Vienne ; c'était
qu'on préférait maintenant dans l'un et l'autre de ces pays les
vins jeunes aux vins vieux. Alors cette observation me parut
inspirée par un goût peu délicat, peu surprenant de la part
d'un barbare, comme aurait dit un Romain. Cette déchéance
du mérite des vins vieux de Bordeaux est donc bien réelle ;
ils s'usent trop vite, et je crois en avoir trouvé la cause :
l'usage trop absolu de l'égrappage et la culture trop exclu-

sive des Carbenets. Du reste, le commerce, qui est l'autorité
la plus sûre en cette matière, a bien reconnu ce défaut des
meilleurs vins de Bordeaux, et c'est pour cela que les plus
habiles et les plus honnêtes en même temps se permettent
des mélanges dont on aurait bien tort de se plaindre; car loin
d'être une fraude, ils ne sont vraiment qu'une amélioration
innocente et bien entendue, quand ces mélanges se réduisent
à l'addition d'une certaine proportion de vin de Cahors, de
l'Hermitage ou de Beni-Carlo.

Les propriétaires auraient donc quelque chose de mieux
à faire que ce qu'ils font : et quelques-uns l'ont bien senti
en introduisant des plants de la Sirrah, qui est le plus cultivée
au vignoble de l'Hermitage dans leurs nouvelles plantations.
Les chimistes leur ont bien prescrit l'addition de l'alcool
pour parer à la froideur de leurs vins, et on n'a que trop
souvent suivi leur conseil ; car un vrai gourmet ne man-
quera guère de s'apercevoir de la présence de l'alcool ajouté,
sensation toujours désagréable pour lui, si bonne que soit
l'eau-de-vie, parce que la franchise du goût du vin en est
toujours plus ou moins altérée. Quant à ce goût plein qu'on
appelle le corps du vin, que les meilleurs vins perdent maintenant très vite, comme les chimistes ne sont jamais embar-
rassés, ils auront sûrement quelque tartrate ou de la glucose
à votre service ; mais on pense bien que l'œnologue le plus
grand ennemi des drogues ne peut guère s'accommoder de
cette prescription.

En conséquence, je me permettrai d'exposer mon
opinion :

Je crois que les propriétaires cesseraient de mettre les commerçants dans la nécessité d'opérer les mélanges dont j'ai parlé, s'ils plantaient, comme l'ont déjà fait quelques-uns, une plus grande surface du sol en Sirrah de l'Hermitage ou en *Noir de Preissac*, connu aussi sous le nom de *Gourdoux*, et s'ils commençaient d'abord par renoncer à l'égrappage. Voilà pour le corps, la plénitude de la saveur et pour la longue conservation. Quant à l'esprit, à cette qualité qui consiste à produire une douce chaleur dans l'estomac, qualité dont ils sont généralement dépourvus, on y remédierait facilement par le même procédé, en choisissant parmi les plants du Roussillon, dont les vins sont les plus chauds de tous les vins du royaume, un plant reconnu pour cette propriété, par exemple la *Picapûlla grise*, ou le *Mauzac* de la même couleur, et en faisant entrer une certaine proportion de leur vendange dans la cuve; d'autres encore, tels que le *Marfiége*, du Gard, d'après M. Astier, le *Chaussé gris*, qui a si bien réussi à M. Lannes de Moissac, etc. Ce serait là un moyen simple, légitime, honorable de faire revenir les riches étrangers au goût qu'ils avaient autrefois pour les vins de Bordeaux, enfin un moyen même profitable en tout temps pour les propriétaires, qui seraient consolés de l'accident d'une mauvaise vente par la certitude que leurs vins acquerraient encore de la valeur avec l'âge.

Cet article était terminé depuis quelques mois, quand j'ai reçu le volume des actes du congrès viticole tenu à Bordeaux en septembre 1843 ; j'y ai retrouvé avec une véritable satisfaction le résultat des observations d'un praticien recommandable, M. Eyquem. Il confirme complétement les vues que je viens d'exposer, et j'aurais bien regretté de ne pas citer ce témoignage en faveur des considérations précédentes. Quand il nous a présenté les siennes à l'une des séances du congrès, mon oreille paresseuse m'avait empêché de bien saisir son opinion, qu'il n'a exprimée, du reste, et sans doute par modestie, que sous la forme du doute, sur le résultat des prétendus perfectionnements adoptés dans le Médoc depuis une quinzaine d'années. Il s'attache surtout aux effets de l'égrappage ou dérapage, et il attribue à cette nouvelle pratique le défaut de conservation du vin et la perte d'une qualité qu'il appelle sa *fraîcheur*, que je crois être dans ce cas synonyme de ce que j'ai appelé *franchise de goût*.

J'ai reçu en même temps une brochure de M. Fauré, chimiste de Bordeaux, sur la composition des vins les plus estimés de la Gironde. Cet opuscule, qui contient des choses fort curieuses, nous prouve que l'auteur, se dégageant de la fascination opérée par ses prédécesseurs, Dussieux, Chaptal, Roard, Lenoir, etc., sur les viticoles de la Gironde, a fait de nouvelles expériences dans le but de connaître au juste l'effet de la présence de la grappe dans la cuve, non plus dans un matras, mais dans une belle et bonne cuve. Ces expériences, dont l'auteur a rendu compte avec autant de sagacité que de bonne foi, ont eu pour résultat la supériorité incontestable du vin de la cuve dont la vendange n'avait point été privée de sa rape ou grappe, supériorité non seulement reconnue par lui, mais constatée aussi par le marchand qui lui a acheté son vin. Et cependant la conclusion de M. Fauré se ressent encore, par sa timidité, de l'enchaînement de l'auteur aux préceptes des œnologues-chimistes;

car, n'osant pas rompre complétement avec eux , il se réduit
à ne conseiller que la soustraction d'un tiers ou de deux
tiers de la masse totale des rapes , selon le degré de maturité
de la vendange.

Pour ce qui est des vins blancs, il m'a semblé qu'on faisait quelquefois abus du méchage au soufre, qui donne de
la sécheresse et de la raideur à des vins qui , mieux traités ,
et tels que j'en ai goûtés de l'ancienne abbaye de Carbon-
nieux , sont délicieux.

CHAPITRE II.

—

BASSIN DE LA CHARENTE ET DE LA SÈVRE.

CHAUCHÉ NOIR (depuis la Dordogne jusqu'à la Loire). — **CHAUSSÉ** (Tarn-et-Garonne). — **PINOT** (dans l'ancien Poitou). — Malgré sa dernière dénomination, il ne paraît pas être de la famille des Pinots de Bourgogne. Quoiqu'il soit assez tardif à débourrer, il est assez sujet à souffrir des gelées du printemps, et plus tard sa fleur ne résiste pas aux intempéries ; en hiver son bois est remarquable par sa couleur rouge, par sa grosseur et ses nœuds rapprochés. Les feuilles ne sont pas grandes, elles sont peu découpées, cotonneuses en dessous et d'un vert jaunâtre à la page supérieure, couleur qui se manifeste à mesure que la maturité du raisin touche à son terme, ou plûtôt jusqu'à la chute des feuilles. La grappe, de moyenne grosseur, est en forme de cylindre raccourci et a la queue courte et ligueuse ; Les grains sont oblongs et plus gros que ceux du Morillon noir et du Pinot de Bourgogne ; il n'a avec ces deux cépages rien de commun, quoi qu'en aient dit M. de Secondat et plus tard Chaptal, et quoique plusieurs auteurs l'aient rapporté d'après eux. Le bois surtout en diffère beaucoup.

Leur seule similitude est leur propriété de donner de bon
vin. Celui du Chauché est coloré, capiteux, même liquoreux dans certaines années ; ses raisins sont très bons à
manger, sans être exquis, comme le sont ceux de sa variété,

LE CHAUCHÉ GRIS,—qualité qui lui a fait probablement donner le nom d'*Ambroisie* dans le département du
Lot ; mais il n'est pas non plus le *Pinot gris* de Bourgogne, dont il a toutefois les qualités précieuses tant pour le
vin que pour la table. Du moins un de nos œnologues les
plus habiles, M. Lannes de Moissac, nous a appris qu'il en
avait tiré du vin parfait. Je dois faire observer que la couleur de ce Chauché est plutôt rouge clair que grise, et sa nuance
est très différente du Pinot gris, duquel il diffère encore par
la forme de ses grains, qui sont oblongs, tandis que ceux
du Pinot gris sont ronds. Son bois est noué aussi court que
celui du Chauché noir ; mais, au lieu d'être rouge en hiver
comme ce dernier, il est gris. Les grappes sont petites ; toutefois leur nombre dédommage de leur défaut de volume.
Au total, ce cépage mérite d'être plus cultivé qu'il ne l'est.
Il paraîtrait, d'après le nom de *Saint-Émilion* qu'il porte en
Tarn-et-Garonne, qu'il concourt à la composition du vin de
ce beau vignoble. Je crois qu'il porte aussi celui de *OEil de
Tourt* (Tourterelle) dans le département de Lot-et-Garonne. Les deux Chauchés mûrissent en bon temps, comme
notre Côt, par conséquent un peu plus tard que les Pinots
de Bourgogne. Je pense qu'on fera bien de laisser une
verge de 7 à 8 nœuds au noir, de 5 à 6 au rose, qui est moins
vigoureux et plus productif.

GRIFFORIN (Charente-Inférieure). — On peut joindre

avec avantage la vendange de ce cépage à celle des deux précédents, selon M. Boutard de la Rochelle, auteur d'une
notice sur les divers cépages de son pays. Voici la description qu'il en donne : « Bois rouge, noué long ; souche
basse ; feuilles plus longues que celles du Chauché ; grappe
ronde, queue longue et molle, grains gros et ronds ; raisins très bons à manger et à faire du vin.

Comme j'ai placé dans la section de la région méridionale
sous le nom capital de Mourvède le cépage connu dans les
deux départements de la Charente sous celui de

BALZAC, je ne fais que le rappeler, comme étant le
plus cultivé pour l'abondance de ses produits.

Je dois cependant faire la remarque que, malgré la
grande similitude du Balzac et du Mourvède, le premier a
toujours donné des raisins plus gros, ainsi que les grains,
que le second, différence que j'ai dû attribuer à celle du sol
sur lequel l'un et l'autre sont plantés.

Je crois devoir placer ici un cépage assez commun dans
quelques localités du midi, mais qui m'a paru l'être davantage dans les départements que baignent la Dordogne et la
Charente :

C'est le MAROCAIN (Dordogne, Gard, Hérault, Tarn,
Deux-Sèvres et Charente). Ce cépage a des feuilles grandes, profondément découpées, bordées de dents aigues et
supportées par un pétiole gros et long. La grappe est belle,
garnie de gros grains oblongs, à peau épaisse, d'un bleu
foncé qu'on est convenu d'appeler Noir, qualification qui
convient moins à celui-ci, dont la pellicule des grains est
très fleurie; la chair de ces grains un peu bleuâtre, pleine

8

de suc agréable et relevé, quand le raisin est bien mûr, état qu'il acquiert un peu tard dans notre pays. Il donne, selon M. l'abbé Picard, délégué de la Société d'agriculture des Deux-Sèvres au congrès viticole d'Angers, un vin de bonne qualité et très couvert. Il n'y a rien de commun entre ce cépage et le Barbaroux, dont les grains sont ronds et d'une couleur rouge clair, quoique Dussieux, Chaptal et d'autres aient dit qu'ils étaient identiques.

BRETON ou VÉRONAIS (voyez Carbenet).

QUERCY (Charente), voyez Côt à la région centrale.

CÉPAGES A RAISINS BLANCS.

FOLLE BLANCHE (Charente et littoral océanique). —**ENRAGEA** (Gironde et quelques localités de la Dordogne).—C'est surtout comme cépage producteur des meilleures eaux-de-vie de France et peut-être du monde, que je le place ici; mais non comme donnant du vin remarquable dans aucun pays. Ce vin est cependant assez agréable dans une bonne année, mais il ne se conserve guère que les six ou sept mois qui suivent les vendanges. C'est cependant de ce même vin que l'on tire les fameuses eaux-de-vie de Cognac. La *Folle* n'est pas seulement cultivée dans les lieux que j'ai signalés plus haut, elle l'est aussi presque exclusivement dans plusieurs cantons de l'arrondissement de Chinon (Indre-et-Loire), notamment celui de Richelieu, où c'était autrefois une branche de commerce assez lucrative, car je sais que mon père en avait vendu pour mille louis en 1789. Le bois des trois variétés qui portent ce nom est noué court; les grappes sont nombreuses, très serrées, ce qui les rend plus faciles à se gâter; de forme peu régulière, comme cylindrique renflée au milieu; les grains sont ronds, de moyenne grosseur, verts ou jaunes selon la variété. Le cep est sujet, au moment de son bourgeonnement, à souffrir des gelées du mois d'avril; mais, quand il y échappe, la coulure n'est pas à craindre pour ses fleurs. Ainsi que tous les plants fertiles, celui-ci exige une taille courte. La *Folle à grains jaunes* est la plus estimée pour la qualité, la *Blanche-d'Oléron*, pour l'abondance.

COLOMBAR (département de la Charente). — J'adopte l'orthographe de M. Boutard, auteur d'une notice intéressante sur les vignes de son pays; d'autres terminent ce nom par un *d*, qui n'ajoute rien à la prononciation, et dont la présence n'est justifiée par aucune étymologie. Son bois est taché de noir et noué court, les feuilles sont petites et très découpées, les grappes longues, peu serrées, la queue longue, mince et cassante, les grains oblongs et de moyenne grosseur, d'un goût relevé. Il est regrettable qu'il soit d'un faible rapport, car il passe pour donner le meilleur vin; c'est même avec ce raisin qu'on fait un très bon vin de liqueur fort estimé dans le pays sous le nom de vin des *Grandes-Borderies*, ce qui est d'autant plus facile que le raisin étant peu serré est peu sujet à se gâter. Comme le cep débourre tard, il est moins sujet à la gelée que le précédent.

BALUSTRE (vignobles de Cognac et de Saint-Jean-d'Angély). — COGNAC (vignobles de La Rochelle). — Il doit sans doute son premier nom à la forme allongée de ses beaux grains, mais la grappe n'est pas forte en proportion ; il s'en faut de beaucoup qu'il soit aussi productif sur le sol où je le cultive que ses deux compagnons de voyage et venus du même pays, la *Folle* et le *Balzac*; cependant M. Boutard dit, dans la notice déjà citée, qu'il résiste à la gelée, et qu'il est assez abondant quand l'année est favorable ; il donne pour trait caractéristique à celui-ci, comme à plusieurs autres, des *feuilles vertes*; il serait bien plus curieux pour nous d'apprendre quels sont ceux qui ne les ont pas vertes ; il n'y aurait pas besoin d'autres traits pour reconnaître un cépage.

CHALOSSE (Tarn, Garonne et Charente.) — MELLENC (Tarn-et-Garonne). — Comme je ne connais pas du tout ce cépage, je prends la liberté de répéter ce qu'en a dit M. Boutard de La Rochelle dans une notice intéressante qu'il a communiquée au congrès viticole d'Angers, et qui a été par suite imprimée dans les actes de cette réunion d'amateurs de la vigne :

« Bois roux, entre-nœuds longs, souche élevée, feuilles larges et découpées ; grappe longue, grains gros, oblongs, écartés et souvent dorés, d'une saveur douce ; vin médiocre, pousse tard et n'est pas sujet à la gelée ; abondant, quand l'année est favorable.

OBSERVATION.

On cultive encore, dans cette partie qui s'étend jusqu'aux coteaux au nord de la Loire-Inférieure inclusivement, et qui comprend tout le département de Maine-et-Loire et le troisième arrondissement du département d'Indre-et-Loire, quelques bons plants dont il est utile de connaître les noms locaux. Je citerai entre autres le *Breton* ou *Véronais;* dont j'ai déjà parlé sous le nom de Carbenet, le *Quercy*, mal à propos nommé Coussy dans le catalogue des frères Baumann ; je l'ai réservé pour la partie centrale, où il règne sur les bords du Cher sous le nom de Côt; et pour les cépages à raisins blancs, le *Chenin* ou *Blanc-Nantais*, qui aura aussi sa place dans la seconde section sous la dénomination capitale, mais impropre, de *Gros-Pinot;* les *Fiés* ou *Sûrins,* parfaitement identiques avec les Sauvignons de la Gironde ; le *Guilin-Muscat,* que je crois être autre que le Guilan-Muscat du Lot et de la Garonne, mais dont je ne dis rien faute de renseignements suffisants ; enfin le *Saint-Pierre*, cépage très-fertile, mais dont le vin est de médiocre qualité. Je dois faire remarquer qu'il est très-différent du vrai *Saint-Pierre* de l'Allier et encore bien plus du cépage dénommé de la même manière dans toutes nos collections; erreur dont le premier auteur est Bosc, auquel nous ne devons pas moins savoir gré de nous avoir fait connaître un raisin très bon et très hâtif. Je possède ces trois Saint-Pierre.

CHAPITRE III.

AMÉRIQUE.

CONSIDÉRATIONS PRÉLIMINAIRES.

Les efforts que l'on a faits dans plusieurs États de l'Amérique septentrionale pour obtenir de la vigne du vin de quelque qualité, ont été sans succès, ainsi que l'a affirmé M. Lakanal dans un article inséré dans plusieurs bulletins de sociétés d'agriculture, notamment dans celui de la Société d'OEnologie, en 1836. Il a lui-même essayé d'introduire cette culture au Kentucky sous le 38ᵉ de latitude, et il a suivi cet essai pendant vingt ans qu'il y a passé ; on peut croire que ce fut avec autant d'intelligence que de persévé-

rance, en rappelant que c'était un membre de l'Institut.
Or, ce n'est pas seulement d'après sa propre expérience
qu'il a formé son opinion, mais encore d'après l'observation
de beaucoup d'essais de la même nature, notamment de celui dont le succès avait fait le plus de bruit par les journaux ;
je veux parler de la création du petit vignoble de Vevay
(dans l'état d'Indiana) par des cultivateurs suisses, vignoble
qui n'existe plus, du reste, que dans la mémoire des gens
du pays. Il ne paraît pas qu'au Mexique les résultats de cette
culture aient été plus satisfaisants, puisqu'à Mexico on préfère pour l'usage habituel une liqueur nommée *Pulque*,
que l'on tire d'une plante, le maguey, de la famille des
Agavés ; il n'est pas inutile d'ajouter qu'elle est de l'odeur la
plus repoussante.

Je me réduirai donc à parler des trois seuls cépages d'A-
mérique qui m'ont paru avoir quelque mérite, et dont il me
semble que nous pourrions tirer partie.

SCUPERNONG. — « Grappe énorme ; grains blancs,
oblongs, très gros, sucrés, parfumés, mûrissant de très
bonne heure ; cette espèce peut rivaliser avec tout ce que
nous possédons de mieux en Europe. » (Extrait d'une lettre
de M. Tourrès, marchand-pépiniériste à Macheteaux près
Tonneins, horticulteur instruit et plein de zèle pour son
état, recommandable particulièrement pour son intelligence
de sa culture du Prunier d'*Agen* ou *Robe de sergent.*)
Il ajoutait qu'il en avait semé des pepins ; cela lui
aura été d'autant·plus facile que ce raisin en a de très
gros. L'on pense bien qu'il y a quelque chose à rabattre
de cet éloge fait par un marchand si voisin des bords de la

Garonne. Ainsi, pour un appréciateur habitant la Touraine, cette *énormité* se réduit à des proportions très ordinaires ; le parfum de la grappe, exposée au Congrès viticole de Bordeaux s'était probablement dissipé en route, car nous n'avons vu qu'un raisin de moyenne grosseur, peu garni de grains, assez beaux à la vérité, mais sans parfum et non pourvus de cette qualité de quelques raisins d'être croquants. C'est sous cette même apparence que les deux ou trois souches de cette espèce que je possède m'ont présenté leurs raisins. Les feuilles du Scupernong sont profondément divisées, les lobes sont très aigus, ainsi que les dents ou dentelure du limbe. L'espèce m'a paru très peu productive.

Le KATAWBA est facile à reconnaître à ses raisins de couleur rouge peu foncée, et, en le goûtant, à une saveur particulière assez agréable et un peu vineuse ; en cela il est bien préférable au raisin *Isabelle*, venu de la même contrée, et qui n'est propre à rien avec son goût plat et médicinal rappelant celui du cassis. Le Katawba m'a paru peu productif, et ses raisins n'atteignent pas si facilement leur maturité que ceux des cépages dont il est question dans ce chapitre. Son bois est d'un rouge brun bien uni ; ses feuilles sont amples, rondes, recourbées en dessous en forme de volute, et si bien recouvertes d'un coton très fin qu'elles en sont blanches ; j'entends parler encore de la face inférieure ou de l'envers de la feuille. Ses grappes ne sont pas grosses, et les grains, assez beaux, sont ronds et peu pressés.

YORK'S-MADEIRA. — Celui-ci est encore un des cépages dont les traits caractéristiques sont les plus faciles à saisir : durant le cours de sa végétation, nul ne pré-

sente une écorce aussi verte et chargée de poils d'une
nature aussi singulière, qui peut faire hésiter sur la propriété du mot *poils*. Ils sont terminés, dans leur très courte
dimension d'un millimètre, par un point charnu ou glo-
buleux comme une petite tête d'épingle. Les feuilles sont
généralement entières, planes, cordiformes, légèrement
cotonneuses en dessous ; les bourgeons sont cannelés, très
minces et très allongés, c'est-à-dire sans coudure, et les
nœuds peu saillants ; leur couleur est, pendant l'hiver,
d'un rouge brun foncé. Les grappes sont de médiocre grosseur, les grains petits et peu serrés, d'un beau noir, d'une
saveur singulière, vineuse, relevée et assez agréable.

Le nom qu'on lui a donné porte à croire qu'il est considéré par les Américains comme propre à produire de bon
vin, ou peut-être parce qu'il est provenu de pepins de
raisins de Madère. Toutefois il n'a pas cette vigueur que
les savants en physiologie végétale attribuent aux nouvelles
créations provenues de semis.

DEUXIÈME PARTIE.

RÉGION CENTRALE,

Bornée au NORD par une ligne partant du Mans, passant par Paris et suivant les limites de nos vignobles du Nord jusqu'à la frontière orientale du département de l'Aube ; — à L'OUEST par une ligne qui, partant d'un point intermédiaire entre Langeais et Bourgueil, passerait par Châtellerault, Poitiers, Périgueux, Agen, atteindrait et suivrait les limites orientales du département des Landes ; — à L'EST par la ligne que nous tracerons pour la partie orientale ; — au MIDI par une ligne qui passerait par les limites méridionales du département de la Drôme, suivrait le cours de l'Ardèche, les limites méridionales des départements de la Haute-Loire, du Cantal et du Lot, qui y seraient compris, aboutirait aux limites orientales du département des Landes.

CONSIDÉRATIONS PRÉLIMINAIRES.

Cette région, à laquelle j'ai donné le moins d'étendue superficielle, produit peut-être autant de vin que la région orientale, incomparablement plus grande ; mais j'ai cru simplifier ainsi mon système de division, d'autant plus que cette région renferme non seulement les vignobles les plus renommés du royaume, concurremment avec ceux du Bordelais, mais plusieurs autres qui, sans avoir la réputation de la Champagne, de la Bourgogne et de l'Hermitage (Drôme), n'en ont pas moins un assez grand mérite ; notamment les vins du département du Lot, appelés communément vins de Cahors, qui sont fort recherchés du commerce de Bordeaux, pour donner de la couleur et du corps aux vins du Médoc et des Graves, et aussi nos vins du Cher, qui sont également recherchés des Parisiens dans la même intention : c'est un fait assez singulier qu'à une aussi grande distance que le sont le Lot et le Cher, ces vins soient produits par les mêmes cépages, les *Auxerrois* vers le Lot, les *Côts* ou *Cahors*, sur les coteaux du Cher. — Je me suis décidé à comprendre le département de la Drôme dans cette région, à laquelle il était convenable de donner une étendue qui ne fût pas trop disproportionnée avec celle des autres, par cette considération que cette annexe ne dérangeait rien dans l'ensemble des produits de cette région, les vins de l'Hermitage, tenant un juste milieu fort honorable entre les vins du Lot et du Cher, et ceux de Bourgogne, et les raisins qui les produisent, atteignant facilement une complète maturité dans tous les départements qui composent cette région.

Dans la partie sud-est de cette région, on trouve encore, en outre des vignobles de l'Hermitage, dont les vins sont très recherchés dans la capitale de la France, et dans tout le nord de l'Europe, quelques autres vignobles très distingués, mais peu étendus, tels que celui de Côte-Rotie, canton de

Sainte-Colombe, à sept lieues de Lyon, et en blanc celui de Condrieux, même canton, qui sont composés de cépages particuliers.

L'honneur d'être placés en tête revient sans contredit aux Pinots; car ils ne sont pas propres seulement aux anciennes provinces de Champagne et de Bourgogne, qui ont donné leur nom aux vins produits par eux, mais on les retrouve dans une foule de localités, tant de cette région que de celle orientale; et même j'ai acquis la conviction dans mon voyage en Hongrie, qu'ils étaient cultivés dans les vignobles du Banat de Temeswar.

Quant aux raisins de table, on ne trouve généralement dans les jardins que les Muscats et surtout les Chasselas, quelquefois aussi le Corinthe blanc; mais dans la culture de la collection que j'ai réunie à la Dorée, mes longues observations m'ont amené graduellement à la certitude que l'ignorance de l'existence d'une foule d'autres bonnes espèces, et aussi l'habitude et l'insouciance étaient la seule cause de cette réserve excessive; en conséquence, je terminerai ce chapitre par la description de quelques espèces sans distinction d'origine, mais remplissant cette condition indispensable d'une maturation facile ou du moins d'une maturité possible.

FAMILLE OU TRIBU DES PINOTS.

PINOT et plus souvent **NOIRIEN** (Côte-d'Or et Yonne). — **PETIT PINOT** (Moselle). — **PINET** (départements du

Cher et de la Nièvre). — PETIT PLANT DORÉ (Marne).
— PETIT NOIR (Meurthe). — AUVERNAT NOIR (Loi-
ret, Loir-et-Cher, Indre-et-Loire, Haut-Rhin). —
PETIT ARNOISON NOIR, et aussi ORLÉANS (Indre-
et-Loire). — SCHWARTS KLEVENER (Haut et Bas-
Rhin). — NOIR DE FRANCONIE et NOIR DE VER-
SITHCS (collection de Schams).—CZERNA OKRUGLA
RANKA (Sirmie, province de Hongrie) — L'abbé Rozier
a fait une grosse erreur en lui donnant pour synonymes le
Manosquen et la *Mérille*, qui en sont forts différents,
comme j'ai pu m'en convaincre depuis dix ans. — Ce
plant est, partout où il est cultivé, reconnu pour avoir
la plus grande influence sur la qualité du vin qu'il produit, du moins entre le 46 et le 50me. degré de latitude, et
on peut en dire autant de presque tous les membres de cette
famille. Cette propriété s'est maintenue même au Cap de
Bonne-Espérance, où il ne donne plus à la vérité une
sorte de vin analogue à ces charmants vins d'ordinaire de
la Bourgogne, ni au brillant vin de Champagne, mais une
sorte de vin de liqueur fort distinguée, et connu sous
le nom de vin de *Constance*, et plus particulièrement de
Pontac.

Caractères communs à tous les sujets de cette tribu :

Sarments minces, allongés, c'est-à-dire, sans coudure et
pas plus gros à leur commencement qu'à leur extrémité ;

grappe petite, grains généralement ronds et à peine moyens,
excepté dans le *Meunier*, qui les a d'une grosseur ordinaire ;
floraison hâtive et maturité du fruit encore plus hâtive, relativement à celle des autres ; végétation délicate quand les
premières années de la jeunesse sont passées.

Les grappes sont petites, tassées, irrégulières et variées de forme; elles sont composées de grains à peine de
moyenne grosseur, assez serrés quand le cep est jeune
et vigoureux; plus tard ces grains semblent plus écartés,
parce qu'ils sont entremêlés d'autres plus petits. Les feuilles
sont grandes, un peu rugueuses en dessus, sans coton,
même à la face inférieure; elles sont quelquefois lobées,
mais la séparation des lobes est peu profonde. Les sarments
sont grêles, d'une grosseur égale dans toute leur longueur;
aussi est-on forcé de les soutenir par des paisseaux ou
échalas, d'autant plus que le raisin se gâte facilement, si
peu qu'il touche la terre. Le vin est d'une couleur vive,
peu foncée, parce qu'il est presque toujours accompagné
de raisins de plant Meunier et de Morillon blanc, et il n'est
pas d'une longue conservation, surtout quand on a eu le
tort d'égrapper; mais il est bon à boire dès la seconde
année. Un caractère commun à toutes les variétés de cette
famille est de perdre leurs feuilles aux premières gelées et
avant tous les autres cépages.—Quoique j'aie dit que ce Pinot était très cultivé en Allemagne et même en Hongrie, ce
n'est pas lui qui porte le nom de *Edel hungar traube* (raisin noble de Hongrie); ce dernier n'est pas un Pinot, c'est
une espèce particulière, plus vigoureuse et plus productive,
qui n'a aucun des caractères de la famille des Pinots.

FAMILLE DES PINOTS.

Les Pinots forment dans tous les pays où ils sont cultivés la base des vignobles qui ont le plus de réputation , en exceptant cependant les vignobles de la Gironde, dont le cépage le plus estimé n'est point de cette famille, et dans lesquels on ne cultive aucune variété de Pinots. Ils sont à peine connus dans les départements du midi et encore moins en Italie et en Espagne ; mais en revanche , leur véritable pays est la Champagne et la Bourgogne ; c'est là leur climat favorable, ainsi que tous les pays en France et en Allemagne qui en ont un à peu près pareil , tels que les départements de la Moselle , du Doubs , de Saône-et-Loire , du Loiret et d'Indre-et-Loire; en Allemagne, la Franconie, quelques comtats de la Hongrie, et même le Banat de Te- meswar. Cependant , si la culture de ces plants se maintient dans ces divers pays , elle ne s'y étend pas à cause du faible rapport et des frais d'entretien de ces plants délicats. Dans mon département, l'ancienne Touraine, nous n'avons guère que deux communes où les Pinots soient en majorité sous le nom générique de plants *Nobles ,* et le vin qu'ils produisent porte aussi ce même nom, nous dirons donc vin *Noble* ; tandis que le nom de Pinot est appliqué à des cépages qui n'ont aucune analogie avec ceux de la Bourgo- gne : ces Pinots de la Loire sont tous blancs, à l'exception d'un seul, très rare dans les vignes, d'un beau bleu foncé, et tous ceux-ci mûrissent au moins six semaines après les

vrais Pinots. Quoique ma commune ne soit pas du nombre
de celles où il est le plus cultivé, ce que j'en possède forme
cependant une portion assez considérable de mon vignoble,
près de deux hectares, par conséquent plus de 25,000 souches. Cette proportion d'environ un dixième de mon vignoble est assez bien entendue, parce qu'elle prévient l'en-
combrement au moment des vendanges, les Pinots mûrissant dix à douze jours avant le Côt, qui est le plant
généralement adopté dans mon canton. Il paraîtrait, d'après
plusieurs tentatives qu'on a faites dans les départements du
midi qu'ils n'y réussissent pas ; ils y mûrissent trop tôt,
les mouches de toute espèce les font promptement dispa-
raître, et l'effet est d'autant plus sensible que la récolte
n'est jamais très-abondante ; et puis, comme ils sont généralement d'une nature délicate, ils exigent d'assez grands
frais d'entretien, des échalas pour les soutenir, un provignage fréquent, leur séparation des espèces vigoureuses ;
c'en est plus qu'il ne faut pour qu'ils ne s'établissent jamais d'une manière fixe dans nos départements du midi,
qui ne reconnaissent pas de plus grand mérite à un cépage
que d'être très–fertile, et même j'aurais pu dire que c'est
le seul aux yeux de la presque totalité des propriétaires.
Toutes les souches que je possède du Pinot qui fait le sujet
de cet article, ne sont pas parfaitement identiques ; il s'en
trouve d'autres variétés que celles que je vais passer en revue, et c'est même une remarque importante que toutes
les fois qu'un cépage est très-multiplié dans un pays, le
nombre de ses variétés s'est accru et a plus de tendance à
s'accroître.

FRANC-NOIR. — Cépage dont je parlerai au chapitre des vignobles de la Moselle, et qui est plus productif que le vrai *Pinot* ou *Plant Doré*, mais aussi qui donne du vin beaucoup moins bon. J'en ai reçu une autre variété qui est encore bien supérieure à ce dernier pour la qualité du vin, du moins au sentiment de Bidet, auteur champenois d'un ouvrage en deux volumes ; il le nomme

PINOT AIGRET. — Il m'est venu sous le nom de *Pinot de Volnay* ; c'est le même que celui que M. Fleurot, directeur de la pépinière départementale de la Côte-D'or, dénomme PINOT DRU. Il est encore moins productif que le *Plan Doré* ; aussi, comme il pousse avec vigueur, on s'en sert souvent comme de sujet pour la greffe d'autres espèces ou variété, notamment du *Noirien de Pernant*, qui tire son nom d'une commune près de Beaune, où il est connu sous celui de *Gros Pinot*, et qui est d'un bien meilleur rapport. Ce Pinot de Volnay ou Aigret est très facile à reconnaître à sa vigueur peucommune dans les autres variétés et à ses feuilles très découpées et un peu cotoneuses à la face inférieure.

LE PLANT DE PERNANT est très recherché, comme je viens de le dire, parce qu'il est en même temps robuste et fertile : il est un des plus prompts à secouer sa fleur et à former son grain. J'ai peut-être eu tort de le ranger parmi les Pinots ou Noiriens ; mais j'ai suivi en cela les erres des Bourguignons qui l'ont appelé *Noirien*. Chez eux, ce nom est synonyme de Pinot. On le croit un hybride du *Noirien Franc* et du *Gamet*. Ses feuilles sont entières, plus larges que longues, d'un vert jaunâtre, son rapport satisfaisant.

MORILLON, à Epernay. — GROS PLANT DORÉ, à
Ay. — MAITRE-NOIR, en Laonnais. — Cels lui donne
bien à tort pour synonymes *Manosquen* et *Massoutet*, dans
ses notes au Théâtre d'agriculture, et Chaptal n'a pas eu
plus de raison de le faire identique avec le *Bouchi* des
Pyrénées et le *Chauché noir* du Poitou ; car je cultive tous
les cépages qui portent ces noms, et j'affirme qu'ils sont très
différents entre eux. Les grappes du Morillon sont plus longues et les grains plus gros que ne les présente le petit
Plant Doré; elles tournent aussi en petits grains quand la
souche vieillit et n'est pas entretenue d'engrais ; cependant
il est un peu plus fertile.

PINOT DU JURA. — SALVAGNIN de Genèvre et de
la Suisse. — Il est assez facile à distinguer des autres : sa
grappe est plus fournie, plus regulière ; les grains sont
légèrement oblongs et son bois est tavelé. M. Dauphin, qui
a fait un très bon mémoire sur les vignes du Jura, l'a confondu avec les vrais Pinots de Bourgogne, car il dit qu'il
est le père des meilleurs vins de France ; du reste je ne conteste pas que le vin du Savagnin ne soit, comme il le dit,
excellent, d'un bouquet agréable et de bonne garde. Aussi
ai-je cherché à le multiplier.

PINOT-MOUR ou MOURET. — PINOT NOIR LUI-
SANT. — Cette jolie variété a des grains bien noirs, luisants,
presque tous d'égale grosseur, qui est à peine moyenne; cette
couleur est assez intense pour foncer la couleur du vin dans
le lequel il entre en quantité notable ; cependant le suc n'est
pas coloré ; sa saveur est douce et agréable ; sa peau est un
peu épaisse, mais elle ne renferme que du suc, pas de chair ;

Son nom spécifique lui vient de quelque ressemblance qu'on lui a trouvé avec le fruit de la ronce qu'on appelle *moure* en Bourgogne. Il était encore en 1789 assez commun dans le vignoble de Gy, le plus distingué du département de la Haute-Saône ; mais il devient de plus en plus rare dans les vignes, sans doute à cause de son faible rapport. ; cependant il a un double mérite, couleur et qualité.

PINOT-CREPET — est une variété assez commune dans les vignobles des environs de Dijon. Son bois est plus fort, ses feuilles plus amples, ses grappes plus volumineuses que celles des précédents ; elles sont ailées ; son vin est aussi d'une qualité très inférieure, selon M. Fleurot, directeur du jardin départemental de la Côte-d'Or, à celui des variétés dont nous venons de parler.

MORILLON HATIF ou RAISIN DE LA MADELAINE (Paris et France centrale).—JACOBSTRAUBE (Allemagne). — JAKOVICS (collection de Schams près de Bude). — JULY-GRAP (Angleterre), et même en France on l'appelle aussi PLANT DE JUILLET.—Sa précocité est son seul mérite, et même sa coloration devance de beaucoup sa complète maturité. Ce plant n'est pas cependant le même partout, car j'en ai vu chez un jardinier de Tours deux belles souches qui portaient le nom de *Morillon Hâtif* et qui étaient fort dissemblables pour le feuillage et les fruits ; mais la maturité s'opérait simultanément sur les deux. Il est rare et peu estimé, soit pour la table soit pour le pressoir ; cependant celui que j'ai rapporté de Hongrie m'a semblé d'une qualité supérieure à celle du *Morillon Hâtif* de France. Tous les Pinots dont je viens de parler, ou du

moins presque tous , sont réputés les meilleurs pour donner
de la qualité au vin qu'on en espère ; mais il en est un de
cette famille et de la même couleur , qui s'en distingue
beaucoup par sa fécondité et la médiocrité de la qualité du
vin qui en provient, et cette fertilité est la cause qui le fait
rechercher plus que les autres.

C'est le MEUNIER (dans plusieurs départements du
centre). — MORILLON-TACONNÉ (quelques cantons de
l'ancienne Champagne). — MULLER-REBEN (rives du
Rhin). — CARPINET (Puy-de-Dôme.) — GOUJEAN
(Allier). — FERNAISE (Moselle.) PLANT DE BRIE
(dans quelques vignobles du centre). — Son premier nom,
qui est le plus général, puisqu'il est le même que celui qu'il
porte en allemand sur les rives du Rhin, indique suffisamment son caractère le plus saillant , qui consiste à avoir sur
ses boutons d'abord , puissur ses feuilles un duvet blanc
bien remarquable, particulièrement sur l'envers de ses feuilles. — Son nom de *Plant de Brie* n'annonce pas une
grande qualité dans son vin ; effectivement ce vin , quand
il est le produit du seul *Meunier* est un peu plat , d'un
goût peu agréable , de peu de couleur et de peu de garde ;
mais le raisin a ce grand avantage de mûrir de bonne heure
et d'être très productif. Il n'est pas insensible à la gelée ,
mais il n'est jamais sujet à la coulure. Il paraîtrait qu'il est
meilleur à tirer en vin blanc qu'en vin rouge ; car l'auteur
champenois Bidet était d'avis qu'il faisait de bon vin et qu'il
convenait parfaitement au sol de la Champagne. Il est des
premiers, ainsi que tous les Pinots, à perdre ses feuilles.

PINOT DE MONTPELLIER. — J'ai reçu sous ce nom

un cépage qui m'a paru digne d'être de la famille , quoique je ne pense pas qu'on puisse raisonnablement l'y comprendre ; du moins ses belles et longues grappes et ses feuilles rondes à dentelure très fine et d'un vert glauque lui donnent un aspect tout particulier. C'est seulement le dessous des feuilles qui a cette couleur, et elle est due à un duvet cotonneux qui adoucit le vert de cette face inférieure de la feuille. Quelques traces cotonneuses persistent aussi quelque temps sur la face supérieure , mais elles n'y sont pas assez abondantes pour en modifier la couleur. Les raisins sont noirs. S'il doit le nom qu'il porte dans le département de l'Hérault à ses bonnes qualités , c'est un cépage qui mérite d'être étudié. Sa tardive maturité est aussi uu trait de dissemblance avec tous les membres de cette tribu.

PINOT-ROUGIN (Côte-d'Or). — On désigne sous ce nom un plant qui semble être une variété intermédiaire entre le Pinot noir franc et le Pinot gris. Son raisin , fort agréable à manger , fournit un vin léger et très-parfumé. Ses grains sont d'une couleur moins intense que celle des Pinots noirs. On le rencontre dans toutes les vignes des premiers crus.

Cet article est entièrement extrait d'une notice de M. Fleurot, directeur du Jardin-Public de Dijon ; je ne connais pas encore le fruit de ce cépage, quoique j'en possède quelques ceps.

VARIÉTÉS DE PINOT DE COULEUR INTERMÉDIAIRE.

PINOT-GRIS, BUROT (Bourgogne). — FROMEN-
TEAU (Champagne). — FROMENTÉ-VIOLET (Aube).
— SERVIGNIN-GRIS (Yonne). — AUXOIS, AUXER-
RAS, GRIS-DE-DORNOT, PETIT-GRIS (Moselle et
Meurthe). — ENFUMÉ (ancienne Lorraine). — GRIS-
CORDELIER (Allier). — GRISET, MUSCADET (en
quelques localités). — ROTH-KLEVENER et GENTIL-
GRIS (dans nos départements du Rhin). — BARAT-
TZIN-SZOLLO (Haute-Hongrie). — Aux vignobles de
Tours, MALVOISIE et aussi AUVERNAT-GRIS. —
FAUVÉ (Jura). — MALVOISIER (Doubs).

Voici ce qu'en a dit Bidet, auteur champenois, que j'ai
déjà cité, et qui, à mes yeux du moins, en sa qualité de
champenois, mérite plus de confiance que bien des auteurs
modernes : «Le *Fromenteau* est un raisin exquis et le plus
parfait de tous ; il est fort commun en Champagne, et c'est
même à lui que les fameux vins de Sillery et de Versenai
doivent leur réputation. » J'ajouterai qu'il est également
estimé dans les départements de la Meurthe et de la Moselle, où il fait le fond des vignobles distingués de Thiaucour et de Dornot. Je ne dois pas omettre non plus que
c'est avec les raisins de ce cépage que j'ai fait, en 1834,
par le procédé si simple que j'ai décrit dans mon premier

ouvrage, le plus exquis vin de liqueur que j'aie bu de ma vie ; ce qui ne surprendra pas ceux qui savent qu'en Alsace on s'en sert aussi pour faire ce qu'on appelle le *vin de paille*. Si la couleur de ses raisins n'offrait pas un caractère suffisant pour le distinguer de tous les autres, je n'aurais pas à tracer des traits bien tranchés : cette couleur est d'un rouge clair, tournant au bleu d'ardoise, dans son extrême maturité. Pendant l'hiver, son bois est assez facile à reconnaître à sa couleur brune, caractère variable cependant, car je vois dans l'ouvrage du docteur Guyétant, qu'il est jaune-aurore dans le Jura. Aucun raisin n'a des grains si pleins d'un suc aussi doux et aussi relevé, et couverts d'une peau plus fine. J'en ai reçu de la Moselle, de l'Italie une crossette parmi des *Aïga-Possera*, de l'Angleterre même sous le nom de Madère ; j'en avais bien trois ou quatre milliers de souches dans mes vignes. De quelque part qu'ils me soient venus, leurs raisins m'ont paru tous identiques ou du moins avec des différences trop peu tranchées pour constituer des variétés ; j'en ai aussi reçu de l'Allier et de la Moselle : le bois avait cette même couleur brune, ce qui me porte à croire que M. Guyétant pourrait s'être trompé. Il est singulier que Cels n'en fasse pas mention à article des *Pinots*, dans ses Notes au Théâtre d'agriculture d'Olivier de Serres. Si le *Gris de Dornot* est une variété meilleure, ainsi que le prétend un amateur distingué, M. Piérard, de Verdun, nous pouvons en citer une autre plus abondante mais inférieure en qualité au *Pinot Gris* commun, celle que les vignerons de la Moselle appellent

AUXERROIS VERT. — Ses grappes sont plus grosses,

plus longues et plus serrées ; leur couleur moins rouge et un peu verdâtre.

Je crois devoir comprendre encore dans cette famille, par sa grande ressemblance avec le *Pinot gris*, mais seulement le mentionner, le *Grauer-Tokayer* des bords du Rhin, où il n'y est pas estimé ce qu'il vaut. Il est mieux apprécié en Hongrie, où il est connu sous le nom de *Sar-Fejér;* j'en parlerai plus au long au chapitre des vignes de cette contrée. Si donc on l'admet dans la famille des Pinots, je propose de l'appeler *Pinot cendré*, à cause de la fleur abondante ou pruine dont les grains sont couverts. Cette ressemblance avec le *Pinot-gris* est telle que mon vigneron et moi les avons confondus l'un avec l'autre, aux deux premières récoltes que j'ai faites du *Tokayer*, nom très-impropre, comme je le répéterai plus tard en le démontrant. Du reste, ce dernier a tous les caractères des meilleurs Pinots, bois menu, précocité de maturité du raisin et de chute des feuilles, petite grappe, petits grains, haute qualité du vin.

Il me serait plus difficile de regarder aussi comme membre de cette famille le *Raisin rose de Kontz*, quoique dans l'opinion de pépiniéristes recommandables du Haut-Rhin, les frères Baumann, possesseurs d'une belle collection de cépages, celui-ci soit le vrai *Pinot gris*. A la vérité, sa couleur se rapproche plus de cette nuance que le raisin qui porte communément ce nom de *Pinot gris;* mais à l'aspect de son bois gros et noué court, de ses nœuds renflés et aussi de la couleur de ce bois, il m'est difficile, pour ne pas dire impossible, de l'admettre au rang des Pinots.

PINOTS A. RAISINS BLANCS.

ROUSSEAU. — PINOT BLANC. — CHARDONNET
et aussi CHAUDENET FIN. — NOIRIEN BLANC (Côte-
d'Or, Saône-et-Loire). — Cette variété des Pinots blancs de
Bourgogne est celle qui donne le meilleur vin, notamment
celui des *Montrachet*. Ses grappes sont petites, un peu
allongées, garnies de grains légèrement oblongs, peu serrés,
marqués de points bruns, bien dorés du côté du soleil à
leur parfaite maturité. Il fleurit et défleurit plus tôt que le
suivant ; ses sarments sont plus minces et plus tendres à la
coupe ; il a les feuilles plus délicates, plus régulières,
moins rugueuses, d'un vert moins foncé. Le raisin est d'un
goût plus fin. Son faible rapport fait que sa culture ne
s'étend pas beaucoup au-delà des pays que j'ai désignés ;
cependant ceux que je possède me sont venus du département de l'Ain. La variété suivante me paraît plus avantageuse à cultiver.

MORILLON BLANC (ancienne Bourgogne). — ÉPI-
NETTE BLANCHE et aussi GAMET BLANC (Cham-
pagne). — AUXERROIS ou AUXERRAS BLANC (Mo-
selle). — BLANC DE CHAMPAGNE (Meurthe). — AU-
VERNA BLANC (Loiret et Haut-Rhin, Loir-et-Cher). —
ARNOISON BLANC (vignobles au sud de Tours). —
WEISS-KLEVENER ou GENTIL BLANC (Bas-Rhin).
— SAVAGNIN JAUNE (Jura). — MESLIER (Nièvre).

— Ce cépage est assez répandu, comme on le voit, par la diversité des pays où il est cultivé plus que le précédent, parce qu'il est plus productif. Ses bourgeons sont menus, mais fermes, communément gris-fauve pendant l'hiver, avec quelques entre-nœuds rougeâtres et rayés de brun. Ses feuilles, assez grandes, sont peu découpées, et assez régulières dans leur forme. La grappe est moins allongée que celles du précédent, et les grains également peu serrés sont très-ronds, jaunes et non piquetés de brun comme ceux du Chardonnet. Le raisin, parvenu à sa complète maturité, est d'un goût très-sucré et légèrement parfumé; aussi est-ce le seul des raisins blancs admis dans les premières cuvées de Champagne, qui sont composées en plus grande partie de raisins noirs. On doit laisser une verge à la taille, si le cep est vigoureux. Il diffère beaucoup du *Mornen*, quoi qu'en aient dit Chaptal et plusieurs autres; mais il est le même que le *Gamet blanc* de Salins, qui n'est pas le vrai *Gamet blanc*; ce dernier lui est très-inférieur pour la qualité du vin.

Nous en cultivons aussi une variété à grains plus gros, du nom de

BEAUNOIS (Yonne). — PLANT DE TONNERRE (vignobles de Joué, près Tours). — Il est un peu plus hâtif à la maturité, et ses grains sont plus gros, plus écartés et plus jaunes. Les noms qu'il porte indiquent son origine. Il a le tort d'être peu productif.

Enfin, une dernière variété de Pinot blanc est cultivée sur les bords du Rhin, le

GRUNN EDEL ou GENTIL VERT.—Ce nom de *Gen-*

til s'applique sur les bords du Rhin à tous les Pinots, comme en Touraine nous les comprenons sous le nom de *Nobles*, soit qu'on parle des cépages, soit que ce soit du vin qui en provient. Celui-ci est très-facile à reconnaître à ses petites feuilles arrondies et cotonneuses en dessous, à ses petites grappes dont les grains restent verts, même à leur parfaite maturité. Toutes ses parties annoncent une nature délicate.

Tous ces Pinots mûrissent de bonne heure, dans le courant de septembre; c'est un trait caractéristique qui les différentie complétement de nos Pinots de la Loire, depuis Amboise jusqu'à Nantes, lesquels mûrissent cinq à six semaines après ceux de Bourgogne. Ce n'est donc pas comme étant de la même famille que je vais en parler, mais parce que les meilleurs vins qui en sont le produit, viennent de vignobles de deux départements, Indre-et-Loire et Maine-et-Loire, que j'ai placés dans cette région, et où le nom de *Pinot* ne s'applique qu'à eux.

GROS PINOT (coteaux de la Loire depuis Amboise jusqu'à Saint-Florent). — CHENIN (cours de la Vienne, depuis Poitiers jusqu'à son confluent). — UGNE LOMbarde (Gard). — PLANT DE SALÉS (ancienne Provence). — Ce cépage est un des plus cultivés en France, et il le mérite par la qualité de ses produits dans de bonnes expositions, comme par leur abondance; mais j'ignore les noms sous lesquels il est connu en d'autres lieux que ceux que j'ai cités. Toutefois, ces deux avantages d'abondance et de qualité ne se produisent pas simultanément; la qualité succède à l'abondance, et encore dans certains sols, comme un coteau argilo-calcaire bien exposé. Il faut y joindre aussi la condition de ne le vendanger qu'à une maturité outre-passée, comme celle où il parvient vers la Toussaint , quand la pellicule, attendrie par les pluies, tombe en sphacèle. Une dernière condition, plus rare pour cette famille de Pinots que pour celle des Pinots de Bourgogne, parce que la saison est plus avancée, c'est que la température des derniers mois soit chaude et sèche. La grappe est ailée, pyramidale , allongée, bien garnie de grains de moyenne grosseur, oblongs, très-serrés, roux du côté du soleil, mais un peu verts du côté opposé; la grosseur de la grappe varie beaucoup selon l'état et l'âge du cep ; quelquefois elle est énorme, mais le goût n'en est pas fin. C'est en partie à ce cépage que les bons vins blancs de la Loire, qui s'exportent pour la Belgique et la Hollande, doivent leur réputation , ainsi qu'à quelques-uns de ceux dont nous allons parler, dont aucun n'a le moindre rapport avec les Pinots de Bourgogne. Le *Chenin* a une variété très-vigoureuse, mais très-peu fertile; on la nomme dans mon canton PINOT LONGUET ; ses grains sont menus , clair-semés sur la grappe, et toujours verts. Quand on la reconnaîtra, on fera bien de la marquer pour l'extirper. Une autre variété , mais celle-ci est très-recommaddable , est le

VERDET et aussi MENU PINOT, dans les vignobles de Touraine; dans ceux de Loir-et-Cher ORBOIS; quelques-uns l'appellent *Arbois ;* mais je me suis assuré que ce cépage n'était pas cultivé, du moins en grande quantité, dans les vignobles renommés du Jura. Son nom de *Verdet* vient de ce que ses raisins conservent une couleur verte jus-

qu'à leur parfaite maturité. Je possède une variété du Chenin , très rare et assez intéressante par sa couleur noire.. Je
l'ai reçue sons le nom de

PINOT-DOUIS. Il n'en diffère que par cette couleur
noire et par la nuance plus foncée du vert des feuilles.

Le PETIT PINOT est, ainsi que le gros , très-fertile ;
et, comme on lui reconnaît la propriété de donner beaucoup de douceur au vin qui provient de lui, il fait très-bien
avec le *Gros Pinot* dont le vin a beaucoup de force. Ses
feuilles sont entières ou du moins peu découpées , cotonneuses en dessous ; à l'approche des vendanges, quelques-
unes sont frappées d'une teinte rousse foncée. Les grappes
sont plus tassées, moins allongées que celles du Gros Pinot ,
et leurs grains sont très-ronds et plus jaunes à leur maturité , qui est contemporaine de celle des précédents , c'est-à-
dire très-tardive.

Tous ces Pinots sont blancs, à l'exception du Pinot-
Douis ; mais nous en connaissons aussi un du nom de

PINOT NOIR (Indre-et-Loire), — qui est l'antipode, dans
le sens de complétement opposé, de tous les Pinots de Bourgogne, et qui ne me paraît pas même être de la famille des
Pinots de la Loire. Il est d'une riche couleur bleue foncée ;
très productif, très tardif à la maturité. Il nous est probablement venu du midi de la France , où il peut avoir quelque qualité ; mais, dans ce pays, on ne lui en reconnaît aucune que la fertilité , même dans les vignobles du canton de
Bourgueil, dont le plant de prédilection , le *Breton* , mûrit
cependant assez tard.

COROLLAIRE DE CE CHAPITRE.

Quoique les vins fournis par les Pinots de la Loire soient bons et aient été excellents en 1834 , année où cette vérité a été bien mise en lumière par les Belges à la grande satisfaction des propriétaires , et où j'ai donné moi-même des preuves de ma conviction en achetant un baril de vin de Vouvray, qui ne m'a laissé d'autre regret que la rapidité de sa consommation ; cependant je conseillerais à celui qui n'aurait pas de sol et d'exposition privilégiés et qui tiendrait à se pourvoir d'une bonne nature de vin blanc de son crû, de préférer les Pinots de Bourgogne dans la plantation qu'il voudra faire, quoiqu'ils soient bien moins fertiles. On accordera plus de confiance à mon opinion quand j'aurai rappelé que M. Ackerman de Saumur a fait chaque année, depuis 1834, avec des Pinots de Bourgogne, cultivés sous le nom de *Plants nobles* dans la commune de Joué, canton de Tours-sud, des vins blancs mousseux d'une haute qualité, et qu'aucun de nos vins blancs de la Loire, depuis cette mémorable année 1834, n'a été digne de paraître sur des tables délicates. Enfin j'ajouterai, s'il m'est permis de parler de mes œuvres, que cette avant-dernière année encore, 1842, je n'ai pu réussir, quelque soin que j'y aie mis, à faire de bon vin blanc avec des Pinots de la Loire , et que j'en ai obtenu de très bon avec le *Pinot blanc* de Bourgogne, qui est notre *Arnoison*, et de meilleur encore avec le *Pinot gris* du même pays que nous apppelons *Malvoisie*, auquel j'avais réuni environ un quart de vendange de *Pinot cendré, Sar-Fejër* des Hongrois. Malheureusement les meilleures variétés de ces Pinots sont les moins productives ; car elles se prêtent du reste à toutes nos exigences ; on en tire le premier vin mousseux du monde, les vins d'ordinaire les plus distingués, et j'ai acquis la preuve qu'on peut en obtenir aussi du vin dé liqueur exquis ; puisque c'est avec le *Fromenteau* de Champagne, ou *Pinot Gris* des Bourguignons, que nous appelons *Malvoisie*, que j'en ai fait, en 1834, de comparable à tout ce qu'il y a de plus exquis au monde. J'avais été mis sur cette voie par le voyageur Spalanzani, qui raconte avoir vu faire au vignoble de Reggio du vin qui rappelait celui du pays d'où il avait été tiré, la Bourgogne, et plus tard, et par un procédé différent, du vin de liqueur. Le *vin de paille* de la Franconie est encore un exemple de la facilité de faire du vin de liqueur avec les Pinots. A la vérité le vin rouge provenu des Pinots n'est pas toujours d'une bonne conservation : quatre, cinq ou six années sont le terme ordinaire de sa plus parfaite qualité, puis il tourne à l'amertume ou à l'aigre ; mais il est un moyen de prolonger sa durée, c'est d'y mêler une certaine proportion, comme un tiers, de vin qui ait la propriété de se conserver longtemps, tel que du vin de Côt, cépage dont nous allons bientôt parler. Quant au vin blanc de Malvoisie ou Pinot gris, j'en ai de vingt-cinq ans d'âge, et il est dans un état parfait.

Puisque j'ai parlé de cépages très différents de la famille des Pinots à cause de leur homonymie avec eux, il

ne me paraît pas hors de propos de mentionner un cépage à raisins blancs assez commun dans les vignes bour-
guignones à cause de son association habituelle avec les
Pinots ; car c'est une alliance assez honorable pour lui
en tenir compte.

L'ALIGOTÉ (Côte-d'Or.) — PURION (coteaux de la
Saône) — ne donne pas, à la vérité, d'aussi bon vin que le
Chardonnet, mais il est bien plus productif ; ses raisins sont
plus longs, plus serrés que ceux de celui avec lequel je
le compare : aussi passent-ils bien plus facilement à la
pourriture ; ses feuilles sont entières, lisses en dessus
ou glabres, comme disent les botanistes, cotonneuses en dessous. Il est assez sensible aux gelées du printemps, disent
deux auteurs bourguignons ; mais je ne m'en suis guère
aperçu qu'en 1843, année où toutes mes vignes ont gelé.
Son défaut principal dont je viens de parler, m'a tenu réservé pour sa multiplication.

Avant de nous éloigner du cours médial de la Loire,
je veux dire des vignobles de ses coteaux depuis Orléans
jusqu'à Tours, où les Pinots de Bourgogne sont très communs, mais sous le nom général d'*Auvernats*, je dois faire
mention de plants qui y étaient autrefois très cultivés, à
ce point qu'ils sont après le *Fié* ou *Sûrin* les premiers raisins
que j'aie connus : ce sont les *Mesliers*, dont il y a trois ou
quatre variétés.

MESLIER BLANC. — Peut-être est-ce parce que je
l'ai cru connu de tout le monde que je ne l'ai pas étudié.
je sais seulement qu'on donne ce nom, dans le département
du Jura et de la Nièvre, à notre *Arnoison blanc*, et qu'il a,

10

dans le nôtre, une variété du nom de MESLIER VERT, qui a la peau plus épaisse et dont le suc est moins doux , moins sucré que celui du Meslier blanc ; mais ce plant est assez recherché, parce que son mélange dans la vendange blanche tient le vin plus blanc et le soutient dans sa blancheur. Je crois que le Meslier blanc ou mieux jaune est le même que le BEAUNOIS ou PLANT DE TONNERRE ; il est d'une maturité très précoce.

FAMILLE OU TRIBU DES GAMAYS.

Quoique j'aie annoncé que je ne parlerais pas des cépages qui ne se recommanderaient que par leur fertilité, le chef ou du moins le plus ancien de cette famille est tellement répandu, non seulement dans le département de la Seine, mais aussi dans les pays les plus renommés, la Champagne et la Bourgogne , qu'il m'a semblé que c'était un devoir de lui consacrer un article. On sait que plusieurs ordonnances des ducs de Bourgogne , notamment celle publiée en 1395, et, dans des temps plus modernes, des édits réitérés des parlements de Dijon, de Metz et même de Besançon, ont proscrit ce cépage, qui fut même traité d'*infâme* par le duc Philippe le Hardi, qui avait bien tout droit à prendre le titre de *Prince des bons vins*. Cette proscription était certainement très sage ; mais depuis on a gagné des variétés , du moins du *Petit Gamay*, probablement par semis adventif, lesquelles sont très préférables à l'*infâme*, ainsi que nous allons le voir.

GAMAY, GROS GAMAY. — On écrit souvent, et Bosc particulièrement, ce mot ainsi, GAMET, mais à tort, parce qu'il paraît certain qu'il tire son nom de celui d'un village de la Bourgogne, qui s'écrit de la première manière.

HAMEYE (vignoble de Commercy).

Ce cépage annonce dans sa jeunesse et dans les bons sols une grande vigueur, et c'est ordinairement dans ces sols riches qu'il est cultivé. Dans celui que je lui ai donné, et qui est fort médiocre, cette vigueur ne s'est pas long-temps soutenue et a eu promptement besoin de fortifiants. Les feuilles sont un peu cotonneuses en dessous, lisses et d'un vert jaunâtre en dessus; elles sont grandes, épaisses, le plus souvent entières, et supportées par un pétiole violet bien nourri; les boutons sont très saillants. Les grappes sont nombreuses, assez volumineuses et bien garnies de gros grains légèrement oblongs. Ce plant convient aux plaines, il est peu sensible aux gelées, et, quand il en est atteint, il repousse des sous-yeux qui sont moins avancés, des bourgeons avec des fruits moins gros, et qui mûrissent plus tard que n'auraient fait les premiers détruits par la gelée. Sa vendange donne un vin dur, un peu plat, mais d'assez bon goût, quand une maladie à laquelle ce raisin est sujet, la brouïssure, n'a pas altéré ce goût. Les grains qui en sont attaqués restent rouges et ne passent pas au noir, comme ceux qui atteignent leur maturité normale. Son grand mérite est son extrême abondance, qui en rend la culture plus profitable, même en Bourgogne, que celles des Pinots, auxquels est due la réputation des vins de cette ancienne province.

GAMAY NOIR et PETIT GAMAY (département du Rhône). — LYONNAISE (département de l'Allier et vignobles circonvoisins). — Toutes les vignes au nord de Lyon, dont les vins d'ordinaire sont de pair avec les premiers du royaume dans cette classe, la plus recommandable de toutes, de vins d'ordinaire, sont peuplées presque exclusivement de cette variété de Gamay, très différente du précédent, que nous avons appelé *Gros Gamay* et qu'on pourrait aussi nommer *Gamay de Bourgogne*, car il y est très répandu. C'est pour avoir ignoré cette différence que Bosc a présenté comme un phénomène surprenant ce fait incontestable et bien simple, que le *Gamay* qui donnait de très bon vin aux environs de Lyon en donnait de très mauvais en Bourgogne. C'est également sans raison qu'il a dit dans un autre endroit que le nom de *Gamay* s'appliquait dans le Lyonnais à un *Pinot*. Le *Petit Gamay* produit un peu moins que le gros, quoiqu'encore assez abondamment; il s'accommode de toutes les positions, à l'exception de celles sujettes à la gelée printanière à laquelle il est très sensible. Ses raisins mûrissent bien et donnent un vin de bonne qualité, d'une belle couleur et de bonne garde, et on peut citer comme faisant honneur à ses produits les vins du Beaujolais, qui sont fort agréables, notamment ceux de Fleury, de Brouilly, de Bassieu et de la Chassagne; j'y pourrais ajouter ceux du Maconnais, dont quelques vignobles des plus distingués, ceux de Chénas et de Julienas sont peuplés de ce plant. Son bois est lisse, d'un rouge brûlé, marqué de points noirs qui modifient la teinte rouge. Il se taille, comme le précédent, à court bois. Il a donné naissance, comme je l'ai dit, soit par semis adventif, soit par semis préparés et soignés par l'homme, à plusieurs variétés qui lui sont encore supérieures.

GAMAY DE MALAIN ou PLANT DE MALAIN (Côte-d'Or). — J'avais cru, sur la parole d'un studieux observateur de la vigne, M. Demermety de la Côte-d'Or, que ce cépage était le même que le *Plant de la Dôle*, dont je parlerai au chapitre des cépages de la Suisse ; quoiqu'il me semble mieux appartenir à la tribu des Gamets que le *Plant de Malain*. Mais depuis que j'ai vu le feuillage de ce dernier il m'a été impossible de donner plus longtemps ce témoignage de déférence à mon correspondant. Les feuilles du *Plant de Malain* (je crois que c'est le nom d'un bourg de la Côte-d'Or) sont très découpées, et leurs lobes sont aigus, elles elles sont cotonneuses en dessous ; celles du *Plant de la Dole* sont nues, et leur face supérieure est d'un vert plus foncé, elles sont entières, ou du moins leurs lobes sont faiblement indiqués ; quant au fruit, je ne connais pas encore celui du *Plant de Malain* que je ne possède que depuis six mois.

LYONNAISE DU JONCHAY.—LYONNAISE D'ANSE (Allier et vignobles de Lyon). — « Cette variété, dont je continue à être on ne peut plus satisfait, écrivait M. Du Jonchay, riche propriétaire sur les bords du Rhône, à M. le président de la Société d'Agriculture de l'Allier, est due à un vigneron propriétaire, nommé Châtillon, qui habitait le canton d'Ause, à la porte de Lyon et près du clos de Chassagne, l'un des meilleurs de la contrée. Il remarqua, il y a environ quarante ans un certain nombre de ceps qui se distinguaient des autres par diverses qualités ; il s'attacha à multiplier ces ceps, et bientôt ses vignes, dont il accrut considérablement l'étendue, ne furent complantées que de cette espèce. Elle se propagea rapidement dans toute la contrée et depuis longtemps elle est la seule qu'on y plante. J'ai lieu de croire que ce cépage est une variété du *Petit Gamay*, généralement cultivé dans le Lyonnais. » Sans doute, ce paysan observateur si judicieux, méritait bien que son nom se conservât aussi longtemps que le cépage qu'il avait découvert, et je dois expliquer pourquoi j'ai préféré celui de *Du Jonchay ;* c'est parce que le nom de Châtillon, qui est celui de cinq ou six bourgs ou petites villes, impliquait l'idée que ce cépage provenait des vignobles de l'une de ces localités, au lieu que celui *Du Jonchay*, qui en est le plus grand multiplicateur et l'appréciateur le plus éclairé, ne rappelle que le nom propre d'un grand cultivateur, l'un des hommes les plus honorables de son département.

Ce plant est très productif ; la grappe est assez volumineuse, les grains oblongs, d'un beau noir, sont gros et un peu écartés. » Je continue à citer l'extrait de la lettre de M. D. J. « Il a réussi sur plusieurs sols de nature différente. Le vin qu'il produit est bon à 2 ou 3 ans, se conserve bien et s'améliore en vieillissant.» Son bois est un peu rugueux à cause des nombreuses canelures dont il est sillonné, et il ressemble beaucoup à celui du Liverdun, de même que son feuillage; mais les raisins de ce dernier sont plus hâtifs que ceux de cette Lyonnaise , dont la maturité est toutefois à une époque moyenne, comme celle de nos Côts. Le riche et judicieux propriétaire dont je viens de parler, en a envoyé chercher , il y a quelques années, 200,000 plants à 25 lieues de chez lui.

PLANT DES TROIS-CEPS (département de la Loire). — Cette variété du *Petit Gamay* a été trouvée , il y a une trentaine d'années, dit-on, par un paysan dans son champ, et élevé avec soin par lui. Trois petits ceps étaient sortis de terre tout près l'un de l'autre, circonstance d'où cette variété a tiré son nom de *Plant des Trois-Ceps*. Des voisins ayant remarqué, ainsi que le paysan, propriétaire du champ, que ces ceps donnaient des raisins de meilleure qualité que leur Lyonnaise commune ou Gamay, et qu'ils étaient moins sensibles aux intempéries , s'empressèrent, à son exemple, de le propager. Plus tard un riche propriétaire, M. de Meaux, en planta un grand nombre d'hectares, et il a eu lieu de s'en féliciter pour l'abondance des récoltes et la qualité du vin qu'il en a retirées. C'est de lui que je tiens ces renseignements. Les rapports de ce cépage avec le *Gamay noir, Petit Gamet* ou *Lyonnaise* du pays ne laissent aucun doute dans l'esprit des gens du pays sur son origine : mais n'ayant encore vu que cette année, et seulement en vert, les raisins du *Petit Gamet* , je ne peux pas faire ressortir ces rapports, non plus que les différences. Je dois terminer en affirmant également que la culture de ce cépage a parfaitement répondu à mes soins ; ce que je suis loin de dire de toutes les espèces que j'ai cultivées.

Je possède encore deux bonnes variétés de Gamay, obtenues à la pépinière départementale de l'Allier. Voici ce que m'en a écrit M. Henryet, directeur de cette pépinière, de l'une : « Raisin noir, hâtif, abondant, à grains gros, serrés et très doux. » Et de l'autre : « Raisin noir, à grappe longue, à grains très gros et demi-transparents, produisant de bon vin et qui se conserve bien. »

J'ai pu confirmer l'exactitude de la première de ces courtes descriptions par ma propre observation ; la seconde variété ne m'a encore donné de fruit que cette année, et nous ne sommes qu'au mois de juillet ; à la vérité elle n'est qu'à sa troisième année, tandis que l'autre avait été greffée.

GAMAY BLANC. — FEUILLE-RONDE (Doubs, Saône-et-Loire, Lons-le-Saulnier, où on l'appelle aussi MELON). — LYONNAISE BLANCHE (Allier). — BARROLO des Piémontais. — Cette espèce vigoureuse ne doit pas être confondue avec le *Melon* des vignobles d'Arbois, Salins, mais c'est bien le *Gamet blanc* de Lons-le-Saulnier. Celui dont il est question a la grappe allongée, cylindrique, garnie de grains serrés, qui restent longtemps verts, et dont quelques-uns deviennent roussâtres à leur extrème maturité, qu'ils n'atteignent guère sans qu'une partie de ces grains pourrissent. Les feuilles sont amples, bien étoffées, entières, et très rondes, cotonneuses en dessous ; ce qui lui a fait donner un des noms qu'il porte. Le bois est gros, noué court ; sa couleur est variable suivant le sol, car M. Des Colombiers, président de la Société d'Agriculture de l'Allier, en parle comme étant d'un blanc cendré ; M. le docteur Guyétant l'a vu à Lons-le-Saulnier d'un rouge très clair ; en Touraine, sa couleur m'a paru être d'un gris fauve.

Ce cépage très productif donne du vin de médiocre qualité et sujet à devenir gras ; c'est fâcheux, car il mûrit en bon temps, dans les premiers jours d'octobre assez ordinairement. On doit le tailler à court bois, sifflet ou brochette, ainsi que tous les sujets de cette tribu.

J'ai reçu du Piémont un cépage sous le nom de *Barrolo*, qui s'est trouvé exactement identique avec le *Gamet blanc* ou *Feuille Ronde*. Il n'est qu'à sa troisième année, et il est chargé de grappes ; son aspect est vraiment admirable.

Quoique les Gamets surpassent généralement en nombre les autres cépages, du moins dans Saône-et-Loire et surtout dans l'arrondissement nord du Lyonnais, il y a deux vignobles dans cette dernière contrée où d'autres espèces ont donné quelque célébrité aux vins qui en sont le produit et qui en reçoivent un caractère particulier ; ces vignobles sont ceux de Côte-Rôtie et de Condrieux. Le plant presque exclusif dans le premier est

La SÉRINE NOIRE (Côte-Rôtie, territoire d'Ampuis, Rhône). — CORBELLE (Drôme).

Quoiqu'il y en ait deux autres, l'une d'un noir rougeâtre, l'autre à raisins blancs, je ne m'occuperai que de là noire, parce qu'elle est la plus cultivée et la plus estimée. Celle-ci est non seulement d'un bon rapport, mais ses belles grappes allongées résistent bien à l'humidité des jours d'automne, et elles sont la source des excellents vins de Côte-Rôtie. Les grains sont légèrement oblongs, peu serrés; son feuillage la fait facilement reconnaître; les feuilles sont minces, planes, très pointues; mais un caractère qui leur est particulier, c'est que les lobes les plus rapprochés du pétiole ne sont pas exactement symétriques ou du moins réguliers dans leur symétrie; l'un est surbaissé par rapport à l'autre; on ne peut pas en donner une idée plus juste qu'en comparant l'effet produit par cette dissemblance à celui que nous fait la vue d'un homme qui aurait une épaule plus forte et plus haute que l'autre. Tous ces traits sont assez tranchés pour m'avoir rendu facile la tâche de reconnaître plusieurs ceps de Sérine au milieu de plusieurs autres, des *Liverduns*, qui ont montré des grappes plus fournies et plus courtes, et des *Petits-Neyrans*, qui ont les leurs bien plus petites et disposées différemment. On met également bien la *Sérine* en vigne haute et en vigne basse. Si on la met en *hautin*, nom qu'on donne à la vigne élevée d'un mètre et demi à deux mètres, on la taille en lui laissant une pointe (demi-verge de 3 à 4 décimètres), et un arçon (verge de 5 à 6 décimètres). On la met aussi en vigne basse, et c'est la manière d'en tirer de meilleur vin. Sa vendange produit, avec celle du *Viognier*, dont nous allons parler, un vin fin, d'un rouge brillant. Il faut que Dussieux, Chaptal et leurs copistes aient bien compté sur la crédulité et l'ignorance de leurs lecteurs, pour avoir dit que la *Sérine*, le

Gros Damas et notre *Côt* étaient un seul et même plant.

VIOGNAY ou VIONIER (département du Rhône et département de la Loire).

Ce cépage fait le fond du vignoble de Condrieux, dont les vins, selon l'auteur Julien, le plus juste appréciateur en cette matière, ont du corps, du spiritueux, de la sève et un bouquet très suave. Il est également en majorité dans le vignoble de Château-Grillé, commune de St-Michel, département de la Loire, qui n'est qu'à une demi-lieue de Condrieux, quoique dans un département différent, et dont le vin ne le cède en rien à son voisin, excepté en réputation.

Ce raisin, m'écrivait un habitant du pays où ce cépage est cultivé, est meilleur à manger que l'insipide Chasselas; mais sa grande qualité vineuse le fait réserver pour le pressoir. Il y en a trois variétés : le vert est le plus productif, mais aussi le moins propre à donner un vin fin ; son raisin a de petits grains très serrés; les deux autres sortes ont les grains plus écartés et plus dorés, mûrissent plus facilement, ont aussi un goût plus délicat. Voici quelques traits de la variété que je possède depuis quelques années; c'est l'une des deux dernières : les feuilles de ce cépage sont divisées en cinq lobes, elles sont un peu luisantes et comme grasses en dessus, légèrement cotonneuses en dessous. Ses grappes, du moins le très petit nombre de celles que j'ai vues, étaient peu fournies de grains ronds, transparents, ressemblant un peu à des grappes de chasselas venus en mauvais terrain : c'est dire que les grappes et leurs grains sont de médiocre grosseur. Comme le cep est assez vigoureux, je crois qu'on doit à la taille lui laisser une verge.

Peut-être aurais-je tort de m'astreindre trop fidèlement au plan que je me suis tracé, si je négligeais de parler d'un cépage qui est exclu à la vérité des vignobles les plus renommés, mais qui cependant est le plus cultivé dans tous les autres du Lyonnais. C'est le

PERSAIGNE, nom que quelques propriétaires lettrés ont changé en celui de

PERSANE sans justifier ce changement par la constatation de son origine, qu'il ne tire probablement pas de la Perse. Il mérite sous quelques rapports la préférence qu'il obtient dans ce pays, notamment par une étonnante fertilité et par le mérite de produire un vin chargé en couleur, qui convient beaucoup au commerce et particulièrement aux cabarets. Cependant quand ce vin est provenu d'un sol propre à la vigne, il vieillit avec avantage, il perd sa rudesse et sa grossièreté et il acquiert de la qualité. L'une des trois greffes qui ont réussi parmi les cinq ou six que j'en avais faites, porte cette année 1844 une superbe grappe; ce qui me fait espérer que ce plant me récompensera des soins que j'aurai de lui.

Nous ne quitterons pas cette contrée sans nous occuper du vignoble qui forme son plus beau relief, celui de l'*Hermitage*, situé commune de Thain, arrondissement de Valence, département de la Drôme, le plus méridional de la région centrale , d'après les limites que je lui ai données. Voici ce que dit du vin rouge de l'Hermitage un auteur habituellement bien informé et qui a pris ses renseignements aux meilleures sources. « Ce vin est peut–être celui de France qui est le plus riche en couleur vive et naturelle , en parfum agréable et en plénitude. Il n'est ni violent ni capiteux comme le sont ceux du midi , et il a toute la force nécessaire pour devenir stomachique en vieillissant. Le commerce de Bordeaux en consomme les quatre cinquièmes pour en opérer le mélange avec les vins de ce nom , et leur donne plus de corps et de couleur ; le reste se place dans toute l'Europe et en Asie. » On voit donc que les cépages qui font la base de ce vignoble si distingué méritent d'être traités avec soin ; ce qui est d'autant plus facile qu'ils se réduisent à un très petit nombre , dont le plus estimé pour le vin rouge est

La SIRAC ou SIRRAH (Ce dernier est écrit selon l'orthographe de M. de Bernardy). — SYRAS (orthographe de M. Machon , propriétaire à l'Hermitage). Nous commencerons par la petite , comme étant très supérieure à la grosse.

SIRRAH (petite).— Je l'écris habituellement ainsi d'après M. de Bernardy, auteur de plusieurs mémoires insérés dans les annales de la Société royale et centrale d'agriculture, et aussi parce que cette orthographe représente assez bien la prononciation. En adoptant cette orthographe, c'est dire que je n'accepte pas l'étimologie que lui ont faite quelques savants ampélologues, les uns de *Schiras,* les autres de *Syracuse.* — Ce plant peuple presqu'en totalité le célèbre vignoble de l'Hermitage et tous ceux du territoire de Thain, où l'on récolte du vin rouge qui est vendu sous ce même nom de vin de l'Hermitage. Son bois, pendant l'hiver, a l'écorce d'un gris particulier, ou plutôt couverte d'un voile gris qui laisse apercevoir un fond brun; il est noué long, c'est-à-dire que ses yeux ou boutons sont très éloignés; les nœuds où ils se trouvent sont violets. Les feuilles sont grandes, très cotonneuses en dessous; les raisins allongés, cylindriques, assez bien garnis de grains noirs, égaux, peu serrés et légèrement oblongs. Ils parviennent facilement à une maturité complète, en Touraine, dans une de mes pièces de vigne qui ne se recommande par aucune faveur d'exposition ni de sol. La bonne qualité du vin qu'il produit, soit pour être consommé pur, soit comme propre au mélange avec d'autres, a décidé quelques propriétaires de la Gironde à introduire ce cépage dans leurs vignobles, même dans les mieux famés. Je sais qu'il a bien réussi près d'Avignon, car j'en ai reçu quelques bouteilles d'une qualité assez remarquable. L'épithète qui accompagne le nom de ce cépage annonce qu'il y en a une autre variété; mais elle est moins cultivée.

La GROSSE SIRRAH est cependant plus productive; ses grains sont plus gros, plus ronds, mais le vin a moins de parfum et se conserve moins bien. Sa disposition à la fertilité est une raison pour ne pas la tailler de même que la petite : On fera bien de tailler la grosse à court bois, et la petite à verge ou pleyon, indication qui du reste est donnée par la vigueur de celle-ci et son faible rapport. Bosc a dit, dans le *Dictionnaire d'Histoire Naturelle*, que les

plants de l'Hermitage provenaient du vignoble de Condrieux : c'est une erreur ; car les plants de Condrieux sont
la Sérine noire et le Viognier blanc, qui ne sont cultivés ni
l'un ni l'autre dans les vignobles du canton de Thain.

ROUSSANNE et ROUSSETTE (Ain, Ardèche, Drôme,
et particulièrement le vignoble de l'Hermitage). — Il m'est
venu de Lyon, sous le nom de PLANT DE SEYSSEL. —
C'est un cépage vigoureux dont le bois est gris en hiver ; il
porte des grappes fortement ailées et composées de grappillons
bien détachés ; ceux-ci sont garnis de petits grains bien
ronds, très écartés, long-temps verts et très roux à leur
maturité, qui n'a pas encore été normale dans une vigne où
j'en ai plus de cent souches ; c'est-à-dire que les raisins
n'ont pu encore se trouver dans les conditions nécessaires
pour faire de bon vin. J'en suis d'autant plus aux regrets,
que c'est le cépage le plus estimé dans plusieurs départements contigus, et notamment dans la Drôme, où les excellents vins blancs de l'Hermitage sont produits en grande
partie par lui. M. Cavoleau, auteur de la statistique de tous
les vignobles de France, les regarde comme les meilleurs
vins blancs du royaume ; Julien, l'auteur de la *Topographie de tous les vignobles renommés du monde*, et gourmet
par état, ne le désavoue pas, puisqu'il leur reconnaît les
qualités d'être corsés, suffisamment spiritueux, pleins de
finesse, d'agrément, de sève et de parfum.

Il y a une GROSSE ROUSSANNE qui produit plus
que la petite, mais dont le vin est moins bon. Il en est tout
autrement des MARSANNES, qui se composent également
de deux variétés blanches, la grosso et la petite, et aussi

d'une noire, dont je ne m'occuperai pas, ne lui connaissant aucune part de concours à la qualité du vin de ces vignobles. La **PETITE MARSANNE BLANCHE** produit beaucoup plus que la grosse, donne un vin plus doux et plus sucré, qui fermente longtemps, mais qui a moins de parfum, de corps et de durée que celui de la grosse.

———

En nous éloignant du Rhône et de la Saône, parallèlement à ces deux grands cours d'eau, nous trouvons les anciennes provinces de l'Auvergne et du Bourbonnais, que nous réunissons, parce que les mêmes cépages, ou du moins à peu près, sont cultivés dans l'une et dans l'autre, et de plus, que les vins qu'ils produisent n'ont guère plus de réputation les uns que les autres. Ces cépages sont généralement les *Lyonnaise* ou *Gamays*, le *Magrot* ou *Pied-Rouge*, qui est notre Côt, le *Bordelais*, qui est la Mérille de la Gironde, pour les noirs. Mais en voici deux d'un assez grand mérite, qui ne sont guère cultivés ailleurs :

NEYRAN (Allier). — NEYROU (Puy-de-Dôme), et aussi GOUGET.

Il y en a deux variétés : le GROS, qui a pour synonyme dans le Cher MORET, et le PETIT, qui peuplait jadis presque exclusivement le vignoble de Saint-Pourçain, lors de sa grande réputation, l'une des plus anciennes sans contredit, mais aussi l'une de celles qui ont le plus complétement disparu. Au XIIe siècle, ce vin faisait l'honneur des tables des princes et des grands feudataires. Le *Petit Neyrou* donne une liqueur de couleur rouge foncée, pourvue de moelle et de bouquet ; mais il est peu fertile, et comme ses raisins sont hâtifs à la maturité, ils sont sujets à être vidés par les guêpes ; il serait bien à sa place avec les Pinots de Bourgogne, avec lesquels il a plusieurs rapports. C'est la médiocrité de son produit qui est la cause de sa diminution dans les vignobles de l'Allier, et par suite, de leur dégradation du rang qu'ils occupaient jadis. Le *Gros Neyran* se soutient d'avantage, parce qu'il est plus productif ; M. le docteur Dumont, maire d'Arbois, croit qu'il est le même que le cépage connu dans son canton sous le nom de *Gros Noirien*. Je ne peux pas encore donner mon avis à ce sujet ; mais je suis bien sûr qu'il n'est pas le même qu'aucun Pinot de la Bourgogne, quoi qu'en dise M. Versepuy, auteur d'un *Mémoire sur les vins de l'Auvergne*.

CÉPAGES A RAISINS BLANCS.

PETIT DANESY. — RAISIN DE GRAVE (Allier). Quoique je possède ce cépage, grâce à l'obligeance de M. le président de la Société d'agriculture de l'Allier, j'aurai recours aux renseignements qu'il a bien voulu me donner, d'autant plus que mes observations personnelles seraient insuffisantes, ce cépage, qui a très bien poussé, ne m'ayant encore présenté de fruits que cette année où il est encore loin de sa maturité. Il fait le fond des vignobles de Saint-Pourçain et de la Chaise, les meilleurs du département ; il a une végétation vigoureuse, et par conséquent il a besoin d'être allongé à la taille. Ses jeunes bourgeons sont d'un rouge brun qui les fait ressembler a ceux du *gros Cepin blanc* de Chaleuil, dont nous allons nous occuper ; mais ses feuilles, également d'un vert foncé sont bien plus découpées. Les grappes sont allongées et supportées par une queue mince qui reste verte ; elles sont bien moins fortes que celles du cépage que nous venons de citer. Les grains sont ds moyenne grosseur et oblongs, d'un vert qui blanchit et même se dore à la maturité, du côté du soleil, surtout si on a le soin d'épamprer. Cette maturité n'est pas tardive pour un raisin blanc, car elle arrive au commencement d'octobre ; alors le goût du raisin eest agréable et laisse apercevoir, selon M. Des Colombiers, déjà cité, une légère saveur de Muscat qui se trouve dans le vin, dit-il, lorsqu'il vieillit.

CEPIN BLANC ou GRAND BLANC (vignobles de Chaleuil et de Varennes, Allier). — Il produit abondamment et de bon vin, qualités dont la réunion est assez rare. Il faut bien croire à cette exception à la loi commune, puisque ce cépage est fort estimé, nous dit-on, dans les vignobles de Saône-et-Loire, comme dans ceux de l'Allier, où les vins de Chaleuil et de Varennes, vignobles qui en sont peuplés, sont vendus aux Parisiens comme vins du Maconnais. Ses bourgeons sont rouges pendant le temps de sa végétation, mais ils deviennent gris après la chûte des feuilles. Celles-ci sont entières, rugueuses, recourbées en volutes bordées de courtes dents très obtuses ; il n'est pas difficile à leur aspect de le distinguer du *petit Danesy*, et plus tard ses grappes à gros grains ronds et serrés forment un caractère encore plus tranché ; Il est fâcheux qu'elles passent promptement à la pourriture. Leur maturité est dans le mois d'octobre. On doit tailler ce cépage très long dans sa jeunesse.

Il ne serait pas convenable de quitter l'Allier sans dire quelque chose d'un cépage qui y est connu sous le nom de SAINT-PIERRE et sous celui de LUCANE, dans le département des Deux-Sèvres ; car ce cépage a été en quelque sorte illustré par Bosc, ou du moins un autre auquel il a donné fort improprement ce nom de *Saint-Pierre*. Cette erreur de Bosc s'est d'autant plus répandue, que le raisin qu'il a recommandé sous ce nom réunit la double qualité d'être très hâtif et très bon à manger. Nous en reparlerons au chapitre des raisins de table. Le vrai *Saint-Pierre* de l'Allier, dont la connaissance positive nous a été donnée par M. le président de la Société d'agriculture de Moulins, qui en avait envoyé quelques grappes à l'exposition du congrès viticole d'Angers, en septembre 1842, est aussi fort différent du *Saint-Pierre* de la Charente, qui donne du vin très médiocre, mais en grande quantité, tandis que celui de l'Allier, d'un produit à satisfaire un homme raisonnable, en donne d'assez bon. Ce dernier a des grappes allongées, assez belles, des grains ronds, peu serrés, d'une belle couleur rousse à leur extrême maturité, ou plutôt d'un jaune doré. M. Des Colombiers l'a noté comme précoce ; dans ma vigne, sa maturité est en temps moyen ; il nous apprend qu'on le taille à court bois ; mais je ne me suis pas mal trouvé de laisser une verge de sept ou huit nœuds aux cinquante souches que je possède depuis 1836 , grâce à l'obligeance de M. le conseiller d'état Macarel.

Le département de la Nièvre touchant à celui de l'Allier, je vais dire quelque chose d'un cépage qui m'est venu du vignoble de Pouilly , le plus distingué de tous ceux du pays , sous le nom de

SAUVIGNON (Pouilly-sur-Loire, Nièvre). — En le plaçant ici, c'est annoncer que je ne le crois pas de la famille des Sauvignons de la Gironde. Ceux-ci portent dans ce département le nom de BLANC FUMÉ. Il appartient encore moins aux Sauvagnins du Jura. Les feuilles de celui qui fait le sujet de cet article sont plus grandes et moins découpées que celles des Sauvignons girondins, moins rondes que celles des Sauvagnins qui ne sont pas divisées par lobes. Le pétiole est plus gros et plus coloré dans notre Sauvignon, et cette coloration s'étend par le commencement des nervures des deux faces. Ses grappes sont ailées, garnies de grains ronds, très doux, très bons à manger, mais non pourvus, comme les Sauvignons de la Gironde, de cette saveur propre si prononcée, qu'elle suffit pour les faire reconnaître partout. Je ne doute pas que ce ne soit avec raison qu'on estime beaucoup ce cépage au vignoble de Pouilly, et je suis persuadé qu'il le serait partout s'il était connu.

Si les Gamays sont extrêmement répandus dans les anciennes provinces de Bourgogne, Bourbonnais et Lyonnais, ils sont à peine connus dans les vignobles plus centraux et ceux plus rapprochés de l'ouest, notamment dans les départements du Lot, du Tarn, Tarn-et-Garonne, Cher, Loir-et-Cher et Indre-et-Loire. Ils y sont remplacés par un cépage qui me paraît être le plus nombreux de tous ceux qui sont cultivés en France, car il fait le fond des vignobles des départements que je viens de nommer. Je crois bien qu'il n'y a guère de vignobles en France où il ne s'en trouve quelques souches. Le voici sous les différents noms que je lui connais, et je ne doute pas que sa synonymie soit loin d'être complàte; toutèfois je dois prévenir que cette famille se composant de quelques variétés, ces noms ne désignent pas tous exactement la même.

COT *à queue rouge*, COT *à queue verte* (Indre-et-Loire). — CAHORS (Loir-et-Cher). — COT, CAULY, JACOBIN (Vienne). — AUXERROIS, *le Gros et le Fin* (Lot). — QUILLE DE COQ (Auxerre). — PIED ROUGE, PIED DE PERDRIX, PIED NOIR, COTE ROUGE (les départements baignés par le Tarn, la Garonne et la Dordogne). — MAGROT (Corrèze). — NOIR DE PREISSAC (Gironde). — ESTRANGEY (Arriége et Gironde). — QUERCY (Charente). — BOURGUIGNON NOIR (Meurthe, Saône-et-Loire, Ain). — Je me garderai bien d'y ajouter *Sérine* et *Damas*, qui sont très diférents du cépage en question, quoique Dussieux, Chaptal, Parmentier et bien d'autres aient établi cette erreur dans leurs ouvrages. — Ce cépage est assez reconnaissable, même quand il n'a pas de raisins, par la vigueur de ses bourgeons, par leurs

gros nœuds assez rapprochés, par la couleur grise de l'é-
corce rayée de lignes rouges qui brunissent à la chute des
feuilles, et au port de son bois, qui se soutient bien, quand
l'âge a modéré l'activité de sa végétation. Ses grappes sont
peu serrées, d'une bonne grosseur; mais les grains sont
beaux et bien noirs, presque toujours ronds, car j'en ai
vu souvent qui étaient légèrement oblongs, du moins en
comparaison des grains du *Grolot*, son compagnon habituel dans nos vignes, qui sont ronds comme des balles. Ses
raisins, d'une forme rarement régulière, sont très bons à
manger, non seulement sur les bords du Cher et du Lot, où
ce cépage est le plus cultivé, mais aussi vers le Haut-Rhin;
car voici ce que m'écrivait à ce sujet l'un des frères Baumann, célèbres pépiniéristes : « Ne connaissez-vous pas une
excellente espèce précoce nommée *Quercy*, du meilleur
goût, sucré et même parfumé? » Comme ils m'en en-
voyèrent plus tard, mon vigneron, au moment de la plantation, avait tout de suite reconnu notre Côt au bois, et
moi, plus tard, j'ai été confirmé dans cette identité à l'aspect
et à la dégustation du fruit. Le vin que produit la vendange
du Côt ou *Auxerrois* du Lot est d'une riche couleur, a
beaucoup de corps et un bon goût, ce qui donne la facilité
au commerce de fortifier les vins de Bordeaux par ceux
qu'il tire du département du Lot, autrement dits vins de
Cahors, et d'en faire à Paris avec nos vins du Cher, qu'il
mêle avec des vins blancs, un assez bon vin rouge, pourvu
même d'un peu plus de spirituosité que nos vins du Cher;
altération que je regarde comme la plus innocente de toutes,
et même avantageuse au consommateur, quand ce mélange

est fait avec intelligence. Ce cépage convient mieux que tout autres aux sols maigres, à cause de sa grande vigueur ; mais alors il faut veiller à son entretien par des engrais abondants, car son défaut naturel d'être très sujet à la coulure, se fait bien plus remarquer dans ces sortes de terrains. Il compense ce défaut par l'avantage de débourrer très tard, ce qui le rend moins passible que tout autre des gelées printanières. C'est particulièrement du *Côt à pédoncule et pédicelles verts* que j'ai voulu ou entendu parler ; parce qu'il est beaucoup plus commun dans nos vignes que le type de la famille, celui dont les mêmes parties sont d'un rouge vineux, plus ou moins foncé selon le degré de maturité. Ce dernier est meilleur au goût et aussi pour la qualité du vin ; mais il est si sujet à la coulure que son peu de rapport a dégoûté généralement de sa culture. C'est cette couleur rouge qui lui a fait donner dans quelques vignobles du Midi les noms de *Pied de Perdrix*, *Pied Rouge*.

Une autre variété que les Bordelais appellent du nom de celui qui l'a cultivée le premier le plus en grand ,

MALBECK, n'est guère connue en Touraine que depuis une trentaine d'années, et n'y a pas conservé son nom ; nous l'appelons COT DE BORDEAUX (Indre-et-Loire); c'est aussi le même que le BOUISSALÈS ou BOUICHALÈS (vignobles du Tarn et de la Garonne). — Il est plus productif que nos anciens Côts ; mais on s'accorde généralement à trouver son vin moins coloré et d'une moindre qualité. Les feuilles sont moins découpées , les grappes plus régulières et leurs grains plus serrés et moins gros. Il me paraît certain que **M.** Johannet de Bordeaux est tombé dans une erreur facile à démontrer, en le faisant synonyme du *Mansenc*, qui est bien plus tardif à mûrir.

Il y a une nouvelle variété provenue de semis adventif sur les côteaux du Lot dans une masure abandonnée. On l'a nommée

PLANT DE BÉRAOU. — Ses grappes sont belles et moins sujettes à la coulure que nos anciens Côts ou Auxerrois ; aussi s'est-elle répandue promptement dans les départements du Lot et de Tarn-et-Garonne.

Tous les sujets de cette famille se taillent à verge, qu'on laisse quelquefois sur la tête en ayant soin de ployer rigoureusement cette verge. — Une autre remarque importante, c'est que tous les Côts n'aiment pas, comme disent nos vignerons, à être provignés. L'année du provignage le rapport est satisfaisant, à la vérité, et justifie leur proverbe, *tout provin paye sa façon ;* mais les années suivantes le rajeunissement de la vigne opéré par le provignage suspend son rapport, sans doute parce que les canaux séveux de la souche ont besoin d'être un peu oblitérés par l'âge ; et même on a remarqué que des vignes de Côts très provignées ne duraient pas autant que celles qui ne l'avaient pas été. Aussi quelques paysans intelligents préfèrent-ils planter en chevelus ou plants racinés qu'en crossettes ; parce qu'il n'y a jamais de manque dans les premiers, et par conséquent pas de vide à remplir par le provignage.

En préférant notre nom de *Côt*, pour le mettre en tête, à celui d'*Auxerrois*, je n'ai point entendu établir la supériorité des vins du Cher sur ceux de Cahors ; la seule raison qui m'y a décidé, c'est que le mot d'Auxerrois est employé dans la Moselle pour désigner plusieurs sortes de Pinots, et dès lors il y aurait eu confusion.

FAMILLE DES TEINTURIERS.

TEINTURIER. — GROS NOIR (dans la plupart de nos vignobles dn centre). — PLANT DES BOIS (pépinière de Machetaux). — OPORTO (Gironde). — TINTA FRANCISCA (vignobles du haut Douro). — TINTILLA (Andalousie). — J'ai dû parler de ce plant à cause de l'étendue de sa culture, mais non pour la qualité qu'il donne au vin, quoiqu'il fasse, dit-on, la base du célèbre vin de Rota, dont le goût tant soit peu médicinal ne plaît pas à tout le monde. Le grand usage que l'on fait des raisins de de cette espèce comme matière tinctoriale à l'égard du vin lui fait occuper un rang important dans beaucoup de vignobles; dans quelques-uns il est même cultivé exclusivement. De longs détails descriptifs me paraîtraient superflus : qui ne reconnaît ce cépage à ses feuilles inférieures, frappées de rouge longtemps avant la maturité du raisin, et qui deviennent complétement de cette couleur au moment des vendanges; ensuite à ses grappes rouges aussitôt qu'elles sont formées, arrondies, bien fournies de grains serrés, ronds, noirs et dont le suc est d'un rouge cramoisi? le mot de *gros* ne s'applique pas au volume de la grappe ou des grains, mais à l'intensité de la couleur. Il y a une variété dont le suc est moins foncé et dont le feuillage est aussi moins rouge; nos vignerons l'appellent

GROS NOIR FEMELLE. Une autre aussi, encore peu répandue du nom de HAUTE-EGYPTE, peut être l'EGY-ZIANO des vignobles de Naples, et qui gagnera probablement peu de terrain, parce qu'elle est encore plus délicate que les précédentes et bien moins productive. C'est regrettable, car elle jouit au plus haut degré de la qualité qui fait rechercher les cépages de cette famille : son suc est encore plus noir, ses feuilles sont plus petites, plus découpées, moins cotonneuses que celles de notre *Gros Noir* commun, ses grappes sont rares, petites et peu fournies. C'est le savant Faujas de Saint-Fond, selon M. de Bernardy, qui a introduit et multiplié ce cépage dans le canton de Loriol, où il avait son habitation. Le même M. de Bernardy a semé des pépins de cette variété, et il en a obtenu de nouvelles qui étaient plus fertiles, mais dont le suc était moins coloré ; du moins celle que je possède et que je tiens de lui présente ces différences.

Peut-être trouvera-t-on que j'aurais du garder pour la région orientale

Le TEINTURIER DU JURA ou PLANT DE TACHE (Arbois), TACHAT (de l'Isère). — Mais je n'ai pas voulu détacher de cette famille un de ses membres les plus intéressants. Il diffère du commun par ses bourgeons plus droits, par ses feuilles moins rouges, divisées par des sinus plus larges et plus profonds : elles sont aussi plus rugueuses sur sur les deux faces, ce qui provient de ce que les petites nervures sont bien plus saillantes en dessous et plus creuses en dessus; enfin par plus de vigueur et une moindre coloration dans toutes ses parties, suc du raisin, écorce du sarment et feuilles

Les trois premiers ont besoin d'un sol riche pour donner quelque profit, et ils craignent le voisinage des cépages plus robustes, tels que notre Côt. On cultive beaucoup le *Gros-Noir* commun le long des rives du Cher, dans ce que nous appelons terres des Varennes, et on vend le vin aux Parisiens, qui le mêlent à des vins blancs d'un faible prix pour en faire des vins rouges. Les deux premières variétés ne sont pas sujettes à la coulure.

On cultive encore dans les vignobles de cette région plusieurs autres cépages, parmi lesquels quelques-uns mériteraient d'être étudiés. Je citerai entre autres le fertile MILGRANET (du Tarn); j'en ai une souche greffée qui donne bien autant qu'une dixaine de ceps environnants, qui sont à la vérité des Pinots de Bourgogne. Il faut y ajouter les BOUILLENCS, le blanc et le noir du même pays, le GROS-MORILLON d'Indre-et-Loire, le LIGNAGE de Loir-et-Cher, illustré par Boileau, le GASCON de l'Orléanais, que je crois être la PETITE PARDE de la Gironde, le MOURELET de Tarn-et-Garonne, etc., qui payent bien la ferme du terrain qui les nourrit et la culture qu'on leur donne. Quoique je finisse par un *et cætera*, je ne crois pas en oublier beaucoup.

CHAPITRE I.

—

OBSERVATIONS PRÉLIMINAIRES.

Quoique nous ne connaissions guère comme raisins de table dans notre région centrale que les *Chasselas* et les *Muscats*, auxquels nous joignons quelquefois un cep de Corinthe blanc, cependant il en est quelques autres qui mériteraient d'être cultivés dans ce but. Je crois qu'on ferait bien, par exemple, d'ajouter le *Caillabar*, le *Muscat noir* du Jura, qui ont une telle affinité entre eux que je le crois identiques, le *Muscat blanc* de Hongrie et le *Muscat hâtif* de Frontignan, à celui que nous cultivons habituellement. Quelques Chasselas encore peu connus ne feraient pas un double emploi avec celui dit de *Fontaine-bleau*, sur lequel même ils pourraient avoir quelque avantage. On s'en apercevra à leur article, surtout si on consent à admettre dans leur famille les *Fendants*, comme je le crois convenable; car, certes le *Fendant roux* me paraît bien préférable à notre *Chasselas rouge.* Pourquoi les *Sûrins*, le *Jaune*, le *Vert* et le *Rose*, et nos excellents *Côts* ne paraissent-ils jamais ou du moins bien rarement sur nos tables ?

On y voit bien quelque fois le *Corinthe blanc*, mais le *rose* ornerait mieux un dessert, et il est au moins aussi bon. Il est à la vérité beaucoup moins productif. — Combien d'excellents raisins ne sont pas cultivés, parce qu'ils ne sont pas connus. Le doux *Jouannenc* des Bouches-du-Rhône qui mûrit de si bonne heure, même en Touraine, le *Majorcain* du même pays, bien supérieur à leur insipide *Panse*, et mûrissant bien plus facilement, plusieurs sortes de *Malvoisie* de France, d'Italie et d'Espagne, notamment la *Malvoisie blanche* de la Drôme, la *rose* des rives du Pô, la *blanche* de la Cartuja, le *Glitzer blanc* des Allemands, le *Ketskc Tsetsii* de la Hongrie, le *Kokur* de la Crimée, le *Sultanieh* de l'Asie Mineure, et, pour rentrer en France, la *Claverie blanche à grains oblongs* des frères Audibert, un raisin ambré, à grains allongés, connu dans quelques collections sous le nom impropre de *raisin de St-Pierre*; le *Loubal blanc* et l'*Alicante* de Tarn-et-Garonne, l'*Ambroisie* du Tarn ou *Chauché rose* de la Charente; le *Pulsart blanc* du Jura, le *Spiran blanc*, de même que le *gris* et le *noir* du Gard; l'*Ulliade* ou *Ribeirenc* de l'Aude; je dois dire, bien d'autres encore, car je n'ai pas entrepris de les nommer tous.

RÉGION

OCCIDENTALE ET CENTRALE.

RAISINS DE TABLE.

CHASSELAS.—CHASSELAS DE FONTAINEBLEAU (région occidentale et centrale).—**RAISIN D'OFFICIER** (à Montpellier).

On voit que je ne fais pas du Chasselas de Fontainebleau une variété distincte, parce que j'ai la conviction qu'elle est complétement identique avec celle que nous cultivons dans tous nos jardins; j'en pourrais donner bien des preuves. Sans doute il y a souvent une assez grande différence apparente et même réelle, puisqu'elle affecte en même temps la saveur, la couleur et la disposition des grains; mais elle ne dépend véritablement que de la nature du sol. Je n'en citerai qu'un exemple : M. Vibert, horticulteur bien connu, a transporté du Chasselas pris à Fontainebleau, dans son jardin situé à Angers, et au lieu de raisins à grains clair-semés et dorés, il n'en a obtenu que des grappes serrées et blanchâtres. Or, j'affirme que je n'ai jamais vu ni mangé à Paris de Chasselas plus beau ni d'un goût aussi sucré et aussi relevé que ceux de la Dorée, venus dans une terre fort aride, mais à la vérité bien cultivée : et leur belle couleur est tout à fait sans apprêt ; je veux dire que personne ne se livre à des soins minutieux pour l'obtenir, si ce n'est qu'on raccourcit les sarments, et qu'on épampre quelques jours avant leur complète maturité. Une façon à la charrue que je donne à mes espaliers, vers la fin du mois d'août, m'a paru une des causes les plus efficaces de la grosseur des grains. Cette façon est d'autant plus facile à donner, que le terrain à labourer est une très longue allée de cinq mètres de large, qui ne sert point à la promenade.

Il se trouve dans le nombre des souches de cet espalier un cep plus hâtif que tous les autres, et que, par cette raison j'appelle

CHASSELAS HATIF. — A cette qualité précieuse qui s'est soutenue depuis trente-quatre ans que j'habite la Dorée, on peut joindre, comme autre signe caractéristique, l'aspect des nervures à la face inférieure : les cinq principales et les nervures secondaires sont couvertes de poils, le pétiole en est également chargé, mais ils y sont moins apparents.

J'ai reçu de Montauban, d'où l'on expédie beaucoup de raisins pour l'Angleterre, une variété assez intéressante que je nommerai

CHASSELAS DE MONTAUBAN. — Il produit moins que le Chasselas commun ; ses grains sont moins gros, mais ils sont plus fermes, plus ambrés et d'un suc plus doux et plus relevé, selon M. Isarn, qui m'en a envoyé des crossettes.

Je pourrais me dispenser d'en dire bien long sur le CIOUTAT et même sur le CHASSELAS ROUGE, malgré sa jolie couleur; car l'un et l'autre sont fort inférieurs à ceux dont j'ai déjà parlé. Le feuillage singulier du premier, qui lui a fait donner en Allemagne le nom de PETERSILIEN TRAUBE, lui fait quelquefois accorder une place dans nos jardins ; mais le raisin n'est pas croquant comme les premiers, et ne prend pas une couleur aussi dorée. Il ne faut pas confondre le *Chasselas rouge*, que je viens de mentionner et que l'auteur de la *Pomone Française* appelle *Violet*, avec celui que le même auteur appelle

CHASSELAS ROSE ou DU PO, et dont je parlerai au chapitre des raisins de la Suisse. Ce dernier est bien préférable à celui que nous cultivons communément dans nos jardins. Il méritait seul l'astérique dont M. Lelieur a décoré l'un et l'autre. Un ampélographe de la Charente, M. Boutard, qui lui donne ainsi que moi la préférence sur le Chasselas violet, l'appelle

CHASSELAS ROYAL ROSÉ.

BICANE (Indre-et-Loire et quelques autres départements du centre). — OCCHIVI et aussi SERVAN BLANC (Hérault, Gard).

Les grappes de notre Bicane sont belles dans la jeunesse du cep, mais dans sa vieillesse quelques grains très gros et très écartés sont entremêlés de petits grains ronds au lieu d'être ellipsoïdes comme les gros ; ils sont d'une belle couleur ambrée, mais leur saveur, sucrée à la vérité, est peu relevée, même un peu fade et ne répond pas à cette belle apparence; c'est ce qui fait sans doute que ce beau raisin n'est pas plus cultivé dans nos jardins. On donne souvent, mais à tort, ce nom de Bicane au Muscat d'Alexandrie, qui ne lui ressemble un peu que par la forme et la grosseur des grains. Parmi toutes les différences qui existent entre eux, celle de l'époque de maturité est l'une des plus importantes : les raisins de l'Occhivi mûrissent de bonne heure ou du moins toujours bien, tandis qu'il n'en est pas de même de l'autre. Cette maturité facile m'a décidé à le ranger parmi les raisins de table de la région centrale. Du reste il ne jouit d'aucune estime pour la vinification.

LOUBAL BLANC (Tarn-et-Garonne). — Ses feuilles nombreuses et assez amples le font paraître très touffu ; elles sont planes, presque toujours entières, un peu cotonneuses en dessous. Les grappes ne sont pas grosses, mais elles sont assez abondantes; les grains sont peu serrés, oblongs durant leur verdeur; en mûrissant ils deviennent ronds. Les raisins sont très bons à manger, ainsi que pour faire du vin ; aussi cette espèce est-elle assez répandue en Tarn-et-Garonne. La maturité n'est pas hâtive, mais elle est sûre, arrivant en saison moyenne. Les ceps que je possède ont mieux résisté, en 1843, aux gelées de la Semaine-Sainte et à la coulure, que la plupart des autres.

Il y a aussi un LOUBAL NOIR, mais on en fait moins de cas, d'autant moins pour nous qu'il est bien plus tardif.

Après avoir parlé des *Chasselas* qui sont dans tous les

jardins, il me paraît judicieux de m'occuper d'un cépage également remarquable par la précocité, l'abondance et la saveur agréable de ses raisins ; c'est le

JOANNENC DES BOUCHES-DU-RHONE ou MADE-LEINE BLANCHE de la Gironde et des coteaux de la Garonne, de la Dordogne et du Tarn.

BLANQUETTE du Gard ; je l'ai possédé longtemps sous le nom de *Blanquette de Bergerac*, d'après ce que m'en avait dit le président de la Société d'agriculture de la Dordogne, feu M. de Fayolle. Les raisins sont toujours abondants, d'un goût agréable et d'une maturité hâtive, comme l'indiquent ses deux noms. Les grappes sont assez fortes, les grains beaux et un peu allongés ; son grand défaut est de passer promptement, d'autant plus que les grains sont un peu serrés et pleins de suc. Ses feuilles sont un peu cotonneuses en dessous, quelquefois même on aperçoit des filets de coton en dessus ; elles ont les dents arrondies ou du moins à angles obtus et sans découpures profondes. Ce cépage n'est pas le même que le Joannenc du département de Tarn-et-Garonne ; ce dernier a les grains très ronds.

Il y a un autre raisin encore plus précoce, et qui est connu, dans plusieurs collections, sous le nom de

SAINT-PIERRE, qui ne lui convient nullement ; car ce n'est ni le Saint-Pierre de la Charente ni même celui de l'Allier, quoiqu'il passe pour être venu de ce dernier département ; les grains du vrai Saint-Pierre sont ronds, et leur maturité est bien plus tardive. Il serait mieux nommé OLI-VETTE PRÉCOCE ou bien JOANNENC CHARNU ; toutefois sa grappe est bien moins longue que celle de l'Olivette blanche; ses grains croquants, charnus et d'un beau jaune d'ambre, sont beaucoup plus gros et moins nombreux à la grappe. Je l'ai pris longtemps pour le véritable Joannenc à cause de sa précocité; mais il a de nombreuses différences avec le cépage que je viens de décrire sous ce nom.

Le bois du *Faux Saint-Pierre* est bien plus gros et d'une couleur très différente; les feuilles, au lieu d'être arrondies, ont des lobes très aigus, elles sont rugueuses et nues sur les deux faces; les grains sont plus allongés et très charnus, par conséquent peu abondants en suc, tandis que les grains de la Madeleine en sont remplis. Ce dernier cépage est beaucoup plus fécond que celui du *Faux Saint-Pierre*, qui l'est très peu.

RAISIN MUSQUÉ (de l'Hérault). — **GUILAN MUSQUÉ** (Lot-et-Garonne). — Cette espèce de vigne est fort estimée d'un ampélologue du midi, M. le docteur Touchy, et je ne crois pas pouvoir mieux faire que de répéter ce qu'il en a dit : « Elle dépasse en grandeur, en bonté et en pro-
» duit toutes les autres; sa tige est droite, forte et unie;
» elle se dépouille tous les ans de son vieil épiderme. Ses
» bourgeons sont très gros et très longs; ses raisins sont
» assez longs et de forme presque cylindrique; les grains
» blancs, très serrés, à pellicule très fine; leur saveur rap-
» pelle celle du *Muscat blanc*. La maturité est hâtive, et
» cependant ses raisins se conservent aussi bien que ceux
» de la Clarette. Elle est trop peu répandue, car je ne lui
» connais qu'un seul défaut, c'est que son fruit manque
» totalement dans quelques années. »

C'est ce qui est arrivé presque tous les ans chez moi. Il

ne faut pas confondre cette espèce avec le BOUILLENC MUSQUÉ de Tarn-et-Garonne, ni avec le MUSCADEL ou SAVOURET, ni enfin avec le GUILIN-MUSCAT de la Charente, qui tous sont également des raisins très bons à manger.

Quoique ce cépage soit peu connu dans notre région, je l'ai placé ici à cause de la facilité à mûrir qu'ont ses raisins.

HUBSCHI (Aurung-Abad, Indes-Orientales). — Ce cépage m'est venu d'une collection sous un autre nom, le *Fumat*; erreur d'autant plus facile à reconnaître, que ce dernier a les grains ronds, tandis que le raisin auquel j'ai appliqué le nom qui est en tête de cet article, a les grains aussi allongés que le raisin *Cornichon*, quoique d'une forme un peu différente et duquel il diffère encore plus dans toutes ses parties. Je lui ai donné ce nom étranger, parce que j'ai trouvé une parfaite ressemblance de ses grains à des grains de raisin venus de l'Inde et conservés dans de l'esprit de vin, que j'ai vus chez M. le duc Decazes, récréateur de la belle collection de vignes du Luxembourg. Ainsi je ne donne ce nom que provisoirement, et pour que d'autres puissent se procurer facilement cette curieuse espèce qui a, en outre, le mérite de mûrir très facilement; c'est même la raison qui m'a décidé à la placer au nombre des raisins de table de cette région. Ses grains sont d'un noir enfumé par la poussière ou fleur abondante dont ils sont couverts; plus ils sont petits, plus ils approchent de la forme ronde. J'ai mesuré quelques-uns des plus gros, qui avaient 27 à 28 millimètres de long sur environ moitié d'épaisseur; ils sont charnus et croquants, d'un goût sucré et agréable.

Je pourrais ajouter à tous les raisins dénommés jusqu'ici plusieurs autres excellents pour la table, qui peuvent mûrir complétement, en espalier du moins, notamment l'ULLIADE NOIRE du Gard ou RIBIERENC de l'Aude, que je possède depuis plus de vingt-cinq ans, à ma grande satisfaction; les SPIRANS, le *Noir* et le *Blanc*; le MAROCAIN; le GROS DAMAS, etc.; mais j'en ai parlé ou j'en parlerai en d'autres sections. C'est par la même raison que je n'ai rien dit de plusieurs sujets de la famille des *Malvoisies*, que j'aurais dû placer en tête, même avant les *Chasselas*, si leur patrie n'était pas, comme celle des *Muscats*, la région méridionale. Je dois, du moins, nommer les meilleures, qui, sous le climat de la Touraine, mûrissent très bien.

VERMENTINO (de l'île de Corse) ou MALVAZIA GROSSA (de l'île de Madère). — MALVOISIE DE LA DROME. — MALVOISIE D'ESPAGNE ou CHERÉS. — MALVASIA ROSSA (de l'Italie); elle est très hâtive. — La MALVOISIE BLANCHE DE LASSERAZ (en Savoie), ou celle du comté de Nice, qui est la même. — Enfin, la MALVOISIE BLANCHE DE BERLIN et la MALVOISIE NOIRE du même nom, qui m'ont été fournies par les frères Baumann.

TROISIÈME PARTIE.

RÉGION

ORIENTALE ET SEPTENTRIONALE,

Limitée à l'OUEST par les frontières occidentales des départements des Ardennes, de la Meuse, de la Meurthe, du Haut-Rhin, du Doubs et du Jura, tous compris dans cette région ; au MIDI par les Alpes, le Tyrol, la Save et le Danube depuis son confluent avec la Save jusqu'à la Mer-Noire.

OBSERVATIONS SUR LES VINS DE CETTE RÉGION.

Les vins de cette région sont plus communément blancs, en sorte que nous ouvrirons chaque section par des cépages à raisins blancs. Il y a bien aussi quelques vins rouges d'une certaine distinction ; mais les cépages auxquels ils sont dus sont la plupart de la famille des Pinots, que nous avons traitée avec tous les détails qu'elle méritait au chapitre de la région centrale, la Champagne et la Bourgogne devant leur grande réputation au choix que ces anciennes provinces ont fait de ces sortes de vigne.

Les vins de la partie française de la région qui fait le sujet de ce chapitre jouissaient aussi autrefois d'une bonne renommée ; car nous voyons dans les Chroniques de Froissart, année 1327, que les vins de l'Alsace étaient recherchés des Anglais à l'égal des vins de Gascogne. Mais c'était alors qu'on n'y cultivait que des *Plants Gentils*, que nous appelons *Nobles* dans le canton que j'habite, au sud de Tours ; ces plants étaient les diverses variétés du Pinot de Bourgogne.

Les qualités des vins qui ont conservé des droits à être recherchés, sont d'être légers et délicats, prompts à être mis en consommation ; mais aussi d'une assez courte conservation, défaut assez commun à tous les vins produits par les Pinots ; j'entends parler seulement des vins de la Meuse, de la Moselle et de la Meurthe, car il en est tout autrement de ceux du Rhin, qui sont d'une durée indéfinie et qui n'acquièrent même de mérite qu'en vieillissant. Tous ces vins sont bien déchus de leur ancienne réputation, au dire d'un auteur fort expert en cette matière, Julien, et aussi d'un de mes correspondants, conseiller à la cour royale de Metz, pour les vins de la Moselle. Quelle en est la cause ? la substitution aux plants fins de plants grossiers dits de grosse race, proscrits jadis par divers arrêts du parlement de Metz, et antérieurement, en 1338, par une loi de la république

Messine ; et, depuis la révolution, ou autrement depuis le progrès des lumières, l'addition du sucre de fécule ou *glucose* en grande proportion à la vendange dans la cuve pour le vin rouge et pour les vins blancs dans les poinçons, au moût qui vient d'être entonné. Quant à l'Alsace, il faut réunir à ces causes l'anéantissement de la sage institution des jurés-experts, sans l'intermédiaire desquels aucune pièce de vin ne pouvait se vendre à l'étranger.

Nous avons cependant, dans un département que j'ai placé dans cette région, quelques vins dont la réputation s'est soutenue et même mériterait de s'étendre ; ce sont les vins du Jura, particulièrement ceux d'Arbois et de Salins, et depuis un quart de siècle les vins mousseux de ces mêmes vignobles.

Je suis bien porté à croire que si Henri IV, qui avait un goût décidé pour le vin d'Arbois et qui répara si galamment la courte vengeance qu'il avait tirée de son cousin le duc de Mayenne en calmant ses esprits agités par quelques rasades de ce vin déjà renommé, eût connu les jolis vins mousseux qui se font maintenant aux Arsures, à Pupillin et autres bons vignobles des environs d'Arbois, et surtout ceux des environs de Salins, il eût poussé son innocente vengeance jusqu'à voir rouler à ses pieds ou du moins chanceler le chef des ligueurs. Je dois dire cependant que je n'en parle ici que par induction : je ne connais bien, je ne peux affirmer pertinemment que l'exquise qualité des vins mousseux de Salins, de la façon de M. Thiébaud-Colomb, qui en a expédié près de deux cents bouteilles dans ma commune.

Quant aux vins mousseux de l'Allemagne et de la Hongrie, si j'énonçais mon opinion sur eux, je craindrais de troubler les jouissances du patriotisme ingénu des rares et modestes consommateurs de ces vins, jouissances qui ne sont jamais partagées par les amateurs assez riches pour payer huit ou dix francs une bouteille de vin mousseux de France.

Toutefois ces contrées produisent d'autres sortes de vins que des mousseux et vraiment dignes d'être mentionnées, soit en vins rouges, soit en vins blancs secs, soit en vins de liqueur : de cette dernière espèce, la Hongrie peut se faire honneur d'être la productrice des plus renommés, le Tokay et le Menesch ; la Franconie et l'Alsace en fabriquent aussi qui jouissent de quelque réputation sous le nom de vins de paille ; mais le nombre des vins secs distingués est plus considérable : le célèbre vin de Johannisberg doit être placé en tête dans l'ordre de leur mérite, et presque concurremment les vins de Rudesheim, de Steinberg, de Graffenberg, de Hochheim sur le Mein et de Markbrunn au duché de Nassau ; ceux aussi du mont Kahlenberg et les autres Gebirgwein ou vins de montagne dans la basse Autriche ; en Hongrie, les vins de Bude, d'Erlau, de Neszmely, de Rust, d'Ædenburg et le Bakatór ; enfin celui de Cotnar en Moldavie, comparable aux meilleurs et les surpassant même, au goût de quelques amateurs.

CHAPITRE I.

—

MEUSE, MOSELLE, MEURTHE ET VOSGES.

CÉPAGES A RAISINS BLANCS.

AUXOIS ou AUXERROIS BLANC (Moselle). — WEISS EDLER ou GENTIL BLANC (Bords du Rhin). — EPINETTE BLANCHE de Champagne.— MORILLON BLANC de Bourgogne. — On voit par ces deux derniers noms que nous en avons déjà parlé; effectivement il y a un long article sur ce cépage au chapitre des Pinots; mais nous avons dû le rappeler ici, parce qu'il est du nombre des cépages qui concourent le plus puissamment à soutenir une vieille réputation qui est sur son déclin.

AUXOIS ou AUXERROIS GRIS. — C'est de même le Pinot gris des Bourguignons; mais il a bien fallu l'établir ici, puisque c'est principalement à sa vendange qu'est due la bonne qualité des vins de Bar (Meuse), de Dornot (Moselle) et de Thiaucour (Meurthe). — Il y a une variété d'un gris verdâtre du nom

D'AUXOIS VERT , plus productif, mais d'une moindre qualité pour le vin. Selon un observateur éclairé, M. le commandant Piérard, l'AUXERROIS DE DORNOT serait aussi une variété du *Pinot Gris* commun. Il s'en distinguerait par des grappes plus allongées, des grains moins serrés et serait supérieur aux deux précédentes.

D'autres Pinots sont assez communs dans les meilleurs vignobles, notamment celui que j'ai dénommé *Pinot Cendré*, qui est le

GRAUER TOKAYER des bords du Rhin et d'une partie de l'Allemagne.

Le vignoble de Magny, l'un des plus estimés de la Moselle, se compose, en outre des *Auxerrois* dont nous venons de parler, des cépages suivants :

AUBIN-BLANC. — Il est à propos de ne pas désunir ces deux mots, parce qu'il y a un AUBIN-VERT, plus productif, mais de moindre qualité. L'Aubin-Blanc est un plant vigoureux dont les feuilles sont très rugueuses et tourmentées, un peu cotonneuses en dessous. Les raisins sont hâtifs, très sucrés et très bons à manger ; les grains dorés, légèrement oblongs.

PATTE-DE-MOUCHE est le nom d'un raisin dont on fait aussi quelque cas. Ce nom lui vient sans doute de l'exiguité et de la disposition des pedicèles. La grappe n'est pas forte et ses grains ronds, jaunes et pleins de suc, sont très clair-semés.

PETRACINE est, sans doute, comme le précédent, un nom particulier à une localité, et je n'ai pas encore pu l'étudier suffisamment pour le synonymiser. Je sais seulement par des renseignements certains que ses raisins mûrissent plus tard que ceux des cépages précédents et qu'ils communiquent au vin dans la composition duquel ils entrent en partie notable, un goût particulier assez agréable. Ils sont aussi très bons à manger.

CÉPAGES A RAISINS NOIRS.

Outre le *Franc-Pinot* de Bourgogne, cette contrée en nourrit quelques variétés qui lui sont propres, entr'autres

Le FRANC-NOIR, appelé aussi MORILLON-NOIR ; il est plus abondant que notre Auvernat-Noir ou Franc-Pinot des Bourguignons, mais le vin que j'en ai goûté m'a paru d'une qualité médiocre. Il y a bien aussi le

VERT-NOIR, qu'on pourrait comprendre dans la famille des Pinots ; toutefois il ne concourrait pas à la maintenir dans sa suprématie pour la qualité du vin. Il est productif, à la vérité, mais les grains de ses raisins ont la peau épaisse et passent pour faire du vin médiocre.

Le cépage dont nous allons parler et qu'on cultive en assez grande proportion n'est pas de la tribu des Pinots et me semble aussi particulier à cette contrée ; c'est le

SIMORO ou GROS-BEC et aussi NOIR DE LORRAINE. Il a la grappe longue, le pédoncule rouge, les grains écartés et d'une saveur qui rappelle un peu celle de fumée. Ce cépage a eu une grande vogue, et cela s'explique par l'avantage qu'il a d'être productif et de don-

ner un vin rouge corsé et de bonne conservation ; il est moins
recherché depuis quelque temps, parce qu'il mûrit difficilement ; alors son vin est âpre, et son mélange avec la vendange
des plants plus hâtifs altère la qualité du vin qui en provient.

LIVERDUN. — ERICÉ NOIR. — GROSSE-RACE
(Moselle, Meurthe). — Ce n'est pas comme plant d'élection,
de distinction pour la qualité de ses produits que je le place
ici, quoique dans beaucoup de catalogues, non seulement
français, mais même allemands, on fasse suivre son nom de
Liverdun de ces mots *bon vin ;* mais ce plant est probablement, dans les départements où il est le plus cultivé, le
plus remarquable par sa constante fécondité ; c'est du moins
par cette propriété qu'il a conservée à la Dorée, que je lui
donne des soins particuliers, d'autant plus mérités qu'il
n'est point sujet à la coulure comme nos Côts, et qu'il est
quatre ou cinq fois plus abondant que nos plants nobles,
quoique je le fasse toujours tailler à court bois ou en sifflet,
comme on dit dans plusieurs vignobles. Cette fécondité ne
redoute presque aucune intempérie ; la grêle seule qui a fau-
ché toutes nos vignes en 1839 m'a privé complétement de
sa récolte, et même encore ses repousses ont-elles donné
de quoi faire un peu de boisson.

Ce cépage fleurit de bonne heure et secoue promptement
sa fleur ; les feuilles sont grandes, planes, d'un vert foncé
en dessus, nues en dessous. La grappe est régulière, bien
fournie de grains légèrement oblongs, moins serrés que ne
le sont ceux du Gros-Gamet, mûrissant bien plus tôt et plus
également. Ses feuilles sont aussi bien différentes de celles

du Gamet, qui a les siennes un peu jaunâtres à la face supérieure, un peu cotonneuses en dessous. Le *Liverdun* pousse
avec une grande vigueur; ce qui l'a fait comprendre dans le
nombre des plants dits de *Grosse-Race*. Le vin est d'une
belle couleur et d'un assez bon goût, surtout quand on n'a
pas égrappé; mais il est peu corsé, peu spiritueux, un peu
mou, pour me servir de l'expression figurée des marchands.
Il faut donc un peu rabattre de l'éloge qu'a fait de ce plant
M. Thomassin, curé d'Achain, et avec encore plus de raison
quand on se rappelle qu'il mêlait la vendange du Liverdun
avec celle du *Gros-Gamet*, qui mûrit plus tard et qui lui est
inférieur de tout point. Quoique j'aie dit qu'il était moins
affectable de la nature du sol et des intempéries que le Gros-
Gamet, cependant on s'est plaint de ce qu'il était sujet à cet
état anormal que j'ai appelé Brouïssure, et c'est non seulement de la Moselle que ces plaintes me sont parvenues, mais
aussi de la Côte-d'Or. Chez moi il se comporte très bien, et
je pense qu'il se répandra autour de mon vignoble. Il a
besoin plus qu'aucun autre d'être épampré, vu l'abondance
de ses grappes. J'ignore quels sont les rapports que Bosc a
pu lui trouver avec les Pinots, pour le confondre avec le
Franc-Pinot. Il a bien plus de rapport avec les Gamets ou
Lyonnaises, notamment avec celle que j'ai dénommée *Lyonnaise de Jonchay*; toutefois celle-ci est un peu plus tardive à la maturité, ou plutôt elle se soutient mieux contre
les temps humides.

CHAPITRE II.

—

VIGNOBLES DU JURA ET DÉPARTEMENTS VOISINS.

J'ai considéré le département du Doubs comme un simple attenant du Jura, parce que ses vins sont sans réputation et n'ont pas cours dans le commerce, et d'ailleurs que les plants de ses vignobles sont les mêmes que ceux des départements voisins. Il n'en est pas de même du Jura dont les vins ont une ancienne réputation, qui se soutient toujours et où l'on cultive des cépages qui lui sont propres. Les vins blancs y sont, comme le long du cours du Rhin, plus communs et d'une plus haute qualité que les rouges, et depuis un quart de siècle les propriétaires en ont perfectionné la façon ; car ils composent leurs jolis vins mousseux, en majeure partie, avec des raisins noirs, comme le font les Champenois; mais ces raisins sont, à l'exception d'un seul, très différents de ceux de la Marne. Le plus estimé et l'un des plus multipliés est le

POULSARD ou PLUSSART, ou BLUSSART ; je mets ici les différentes manières d'écrire ce nom, soit dans des lettres particulières, soit dans les divers ouvrages sur la vigne que j'ai consultés. Je l'ai vu aussi imprimé BELOSARD, du nom d'une commune du Jura, dit l'auteur allemand Sprenger. D'autres encore le nomment, à cause de sa forme, PENDOULOT et aussi RAISIN PERLE. Enfin, dans le département de l'Ain on l'appelle MÉTIE.

Le nom de RAISIN PERLE n'indique pas exactement la forme des grains; car ils sont plutôt ellipsoïdes qu'ovoïdes; ils ressemblent plus à une olive qu'à une perle. Généralement dans toutes les variétés la feuille est très découpée, les grains sont supportés par des pédicelles longs et minces, la grappe est peu fournie; mais les grains sont beaux et même un peu musqués, du moins dans une variété. Quand le raisin a acquis sa maturité complète, les grains s'en séparent facilement, soit par un grand vent, soit par une forte pluie. On dit que ce cépage est très productif en plaine et dans une terre forte; ici, dans la vigne où j'en possède une quarantaine de souches, il n'a jamais échappé aux intempéries du printemps, auxquelles il est fort exposé par la précocité de sa végétation, et même, s'il y a échappé quelquefois, je n'en ai pas été plus avancé; j'ai bien eu quelques raisins, mais en si petite quantité, que ce faible produit était bien loin d'annoncer de la fertilité. A la vérité, j'ai eu le tort de tenir le cep toujours beaucoup trop bas; mais ce n'est pas en Touraine seulement qu'il n'a pas répondu à l'espoir qu'on avait fondé sur son importation : dans quelques localités du midi cela s'est passé de même, et je crois qu'aucun cépage ne s'est plus mal comporté hors

de son pays. L'explication qu'en a donnée M. le docteur Guye-
tant, auteur d'un ouvrage sur l'agriculture du Jura, ne
me paraît pas admissible. C'est, dit-il, parce que dans le
Jura on ne sépare jamais les provins des souches-mères, et
que ces provins, renouvelant partiellement la vigne, la
maintiennent dans un état permanent de vigueur. Mais j'en
agis de même chez moi, d'autres propriétaires ont suivi la
même pratique; ce n'est pas là une explication de la récal-
citrance de ce cépage à produire ailleurs, comme il le fait
dans le Jura. Je pense qu'il faut plutôt l'attribuer au défaut de bonne direction de ce plant, à ce que nous ne l'éle-
vons pas assez de terre et à ce que nous ne choisissons pas
bien les sarments sur lesquels la taille doit être assise. Je
dois dire aussi qu'il est très sujet, dans certains sols, à donner des raisins qui n'atteignent pas un état normal de maturité; la peau des grains reste rouge, la saveur reste acide. Le
retard à vendanger n'y apporte aucun remède; enfin, il
redoute aussi, lors de la floraison, un temps froid et pluvieux qui fait couler la fleur. Mais voici les dédommage-
ments qu'il offre à ceux qui le cultivent dans les lieux où il
se plaît; c'est M. le docteur Dumont, à qui je vais emprunter l'extrait de son Mémoire inédit sur les Vignobles du
Jura, qui va nous les faire connaître.

« Cet excellent cépage se distingue par ses feuilles d'un
vert tendre, légèrement velues en dessous, plus longues
que larges, divisées en cinq lobes à dentelure aigue. Les
grappes sont grosses, ailées, allongées, pendantes, ainsi
que les baies qui sont oblongues. Ce cépage vigoureux peut
durer plus d'un siècle sans décrépitude, quand il est planté

en sol reposant sur un fonds argileux. On peut en tirer également d'excellent vin mousseux, du vin de liqueur dit *de paille*, et de très bon vin rouge. Pour parer à la propension de ce dernier à s'aigrir, on mêle sa vendange avec celle du *Savagnin*, du *Trousseau* et de l'*Enfariné.* » Il ajoute : « *La taille du Poulsard exige de l'expérience :* on doit souvent choisir le second ou troisième bourgeon pour former la courgée nouvelle qui doit être pliée en archet et être pourvue de dix à douze yeux ou boutons, et préférer, pour y asseoir la taille, le bourgeon ou sarment sur lequel les boutons sont les plus ronds et les plus rapprochés. On peut placer de deux à huit courgées par cep, selon son âge, la qualité du sol et la force de sa végétation. »

Partout où un cépage est très répandu, on doit s'attendre qu'il y en a plusieurs variétés, ce qui serait aussi facile à expliquer pour le Poulsard que pour les variétés de *Lyonnaises*, dont nous avons indiqué l'origine. Or, il y en a une que les vignerons détruisent tant qu'ils peuvent, nous dit le docteur Guyétant, parce qu'elle produit beaucoup de bois et peu de raisins; c'est probablement celle-ci que j'ai en grand nombre; car, ainsi qu'il en désigne un trait particulier, ses feuilles sont plus profondément découpées que celles du *bon Poulsard* (c'est ainsi qu'il l'écrit). Parmi les autres variétés, que je possède trop nouvellement pour rien ajouter à ce que disent les quatre auteurs que j'ai consultés, je citerai le

POULSARD NOIR MUSQUÉ ; — puis une autre avec cette désignation : POULSARD A FEUILLES BRON-

ZÉES. J'en ai aussi une quatrième, assez cultivée, à cause de son abondante production : le **POULSARD ROUGE** ou **LOMBARDIER**, du nom de la commune de Lombard, à quelques lieues de Besançon. Sa fertilité est compensée par la difficulté qu'ont les raisins à mûrir.

Il y a aussi une variété *à raisins blancs*, et même deux, si l'on comprend dans cette famille le

LIGNAN, ainsi qu'on doit le faire selon quelques viticoles. Ce dernier est introduit depuis peu de temps dans le Jura, selon M. Dumont, président du comice agricole d'Arbois ; il y est cultivé en treilles, rarement en plein vignoble. Ses feuilles sont grandes, découpées en cinq lobes, nues sur les deux faces. Les grappes sont belles, à gros grains oblongs, d'un jaune doré à leur maturité, d'une saveur sucrée, agréable, et d'une maturité précoce ; mais ce raisin, ajoute-t-il, est trop aqueux pour produire du vin généreux.

On associe souvent au **POULSARD**, soit pour le vin blanc mousseux, soit pour la composition du vin rouge, le **TROUSSEAU** (Jura), ou **TRESSEAU** ou **TROUSSÉ** (Côte-d'Or) ou **TRÉJEAU** ; au vignoble de Joigny, on le nomme **VEREAU**. — M. Dauphin, auteur d'un très bon mémoire, inséré dans les *Annales d'agriculture*, lui donne pour synonymes **GRAND PICOT**, **PLANT MODO** ; mais M. le docteur Guyétant applique ces deux derniers noms au **MALDOUX**, plant très fertile, et, ce qui arrive presque toujours, dont le vin est plat et dur en même temps ; tandis que le *Trousseau*, qui est également assez produc-

tif, donne du vin de première qualité : aussi est-il fort répandu dans les meilleurs vignobles du Jura.

Son vin est fort, d'une belle robe et d'une bonne garde;
il est meilleur quand sa vendange a été mêlée à des raisins
plus doux, tels que ceux du *Noirien* et du *Poulsard*;
alors ce vin reçoit de la délicatesse de cette alliance, et donne
en retour, au vin de ces derniers, la faculté de se conserver
longtemps et de se perfectionner en vieillissant. C'est le
même effet que produit notre vin de Côt sur notre vin
noble (vin provenu des plants fins de Bourgogne). Comme
le *Trousseau* mûrit un peu plus tard que le Noirien et le
Poulsard, il a besoin d'être mis en bonne exposition et
d'être épampré une quinzaine de jours avant l'époque des
vendanges. Il est d'ailleurs peu sensible aux intempéries,
même à la gelée du printemps, la plus destructive de toutes.
Ses raisins sont de moyenne grosseur, de forme allongée,
c'est-à-dire cylindrique, garnis de grains d'un noir affaibli
par une fleur ou pruine abondante. Il est facile à distinguer
des autres, dit M. Dumont, à ses feuilles larges, épaisses,
arrondies et rugueuses, glabres, d'un vert jaunâtre en dessus, légèrement cotonneuses en dessous. Il prend en bon
terrain un grand accroissement et réussit bien en treille,
c'est dire, en d'autres termes, qu'il a besoin d'être bien
espacé, d'environ 15 décimètres entre les souches. Sa vigueur exige qu'on lui laisse plusieurs courgées qu'il faut
courber rigoureusement, pour ne pas trop élever la tête. Je
n'ai pu découvrir par quel caractère Cels l'avait cru identique au *Morillon* et au *Petit Gamet*, comme il l'a exprimé

dans ses notes, au chapitre *Vigne* du *Théâtre d'Agriculture*.

ENFARINÉ (Arbois , Salins, Poligny). — Malgré l'indication de ressemblance qu'on pourrait tirer de son nom, ce cépage est fort différent du *Meûnier* , si commun dans notre région centrale , et même du *Fariné* du Doubs , au dire de M. le docteur Dumont , dont je vais transcrire textuellement l'article, ne possédant moi-même ce cépage que de cette année.

« On le distingue facilement à l'aspect de ses feuilles plus longues que larges , à dentelure aigue , un peu velues en dessous et particulièrement sur les nervures ; à l'aspect aussi de ses grappes courtes à baies grosses et rondes , d'un noir adouci par une abondante poussière blanche ou farine ; c'est de là que lui est venu son nom. Un dernier trait remarquable se trouve dans la dégustation : aucun raisin n'a une saveur plus acerbe , même quand celui de l'*Enfariné* est parvenu à son extrême maturité. Le vin qu'il produit a de l'âpreté les premières années , mais il acquiert en vieillissant une belle couleur rubiconde , un bouquet agréable et une saveur plus délicate. L'Enfariné est très fertile , il réussit dans tous les sols et à toutes les expositions ; cependant celle battue par les vents peut lui causer du dommage , à l'approche des vendanges , à cause du poids du raisin et de la fragilité de son pédoncule. Il doit être taillé en courgées de dix à douze nœuds , et ses sarments doivent être soutenus par de forts échalas , parce que leur poids est accru de celui de raisins abondants. »

Malgré ses excellentes qualités, il n'est encore dans les vignobles que dans la proportion de 0, 66.

PETIT BACLAN (M. Dauphin), ou BECLAN (M. Guyétant), DURAU ou DURET. — J'ai commencé par le Petit, parce qu'il donne de meilleur vin que le GROS; je me réduirai même à dire de ce dernier qu'il est, à la vérité, plus productif les années où il donne, mais qu'il est sujet à ne rapporter que de deux années l'une. La vendange du *Petit Baclan* n'entre pas dans la composition des vins blancs, mais elle fait partie des meilleures cuvées de vin rouge; car voici en quels termes M. Dauphin, auteur fort estimé d'un trop court mémoire sur les vignes du Jura, s'est exprimé au sujet du *Petit Baclan* :

« Ses raisins mûrissent bien, donnent un vin très coloré et de bonne qualité, qui prend en vieillissant un léger parfum de framboise. Il s'associe bien au Poulsard, mais il lui faut une taille beaucoup plus courte, en petite courgée de six à sept nœuds ou boutons. Il aime une terre forte et argileuse. »

Ce cépage se comporte bien aussi dans mon terrain et j'ai cherché à le multiplier; ses raisins se soutiennent longtemps contre l'humidité prolongée, d'autant mieux que les grains sont peu serrés à la grappe, dans ma vigne du moins; car M. le docteur Guyétant dit, au contraire, qu'ils sont très serrés; mais nous sommes bien d'accord sur le feuillage d'un vert très foncé et les nœuds très écartés sur le bois. Je ne devrais pas parler de la couleur de ce bois, car j'avais noté, il y a déjà deux ou trois ans, qu'il était rouge-brun, et je

viens de faire la même remarque. Or, M. le docteur Guyétant, qui doit bien connaître ce cépage, indique sa couleur
comme jaunâtre dans les vignobles de Lons-le-Saunier. Ce
qui est une nouvelle preuve que c'est un caractère auquel il
ne faut pas trop s'arrêter.

Je ne reparlerai pas du *Petit Gamet,* quoiqu'il soit très
commun dans les vignobles de cette contrée ; il a eu son
article, lorsqu'il a été question de la tribu des Gamets. Et
de même, si je n'ai pas mis en tête des cépages les plus estimés du Jura, le SAVAGNIN NOIR ou NOIRIN, c'est
parce qu'il n'est qu'une variété du Pinot de Bourgogne ; le
Noirin en diffère cependant par un peu plus de longueur
dans la grappe, et des grains un peu oblongs.

CÉPAGES A RAISINS BLANCS.

SAVAGNIN VERT ou SAVOIGNIN ou SAUVAGNUN
(je l'ai vu écrit de ces trois manières) ; — NATURÉ,
FEUILLE RONDE (Arbois, Poligny, etc.) — FRO-
MENTEAU et aussi BONBLANC (Doubs et Haute-
Saône). — J'aurais préféré le nom de *Naturé* pour nom capital, si ce Savagnin n'était pas, parmi ceux qui portent
ce nom, le premier dans l'ordre des bonnes qualités qui recommandent cette tribu. Quant au nom de *Feuille ronde,*
il est porté par d'autres cépages très différents, notamment par le *Gamet blanc* et le *Mauzac.* Le *Savagnin
vert* est très répandu dans les meilleurs vignobles du Jura,

et il concourt puissamment à la composition des vins mousseux de ce pays, qui ne le cèdent à ceux de Champagne qu'en réputation. Il préfère, comme toutes les vignes blanches un peu tardives, une terre argileuse en pente, exposée au midi. Ses grappes sont de moyenne dimension, assez bien garnies de grains oblongs, un peu au-dessous de la grosseur commune, à pellicule résistante, d'une teinte verdâtre, légèrement ambrée du côté exposé au soleil. Les feuilles sont rondes, d'un vert foncé, petites et très peu découpées, toujours cotonneuses en naissant et restant telles en dessous. Le pétiole et le commencement des nervures sont colorés d'un rouge obscur.

Il est fâcheux, pour les pays où l'on vendange de bonne heure, que les raisins de ce cépage ne soient dans toute leur bonté, pour la fabrication du vin, que vers la Toussaint, parce que ce retard rendra plus difficile son introduction dans ces localités. C'est à cette variété de Savagnin que les vins d'Arbois, de Château-Chalons et de l'Étoile doivent leur antique réputation. On mêle aussi son vin avec beaucoup d'avantage au vin rouge, qu'il rend spiritueux, et auquel il communique un goût agréable et la propriété de se conserver longtemps. Ce cépage a quelques variétés, dont une, des plus répandues dans le vignoble de Salins, est

Le BLANC-BRUN, plus productive, mais aussi plus tardive à amener ses raisins à maturité. On les taille l'un et l'autre en courgées de huit à dix nœuds.

SAVAGNIN JAUNE ou MELON (Arbois, Salins et quelques autres. (— GAMET BLANC) Lons-le-Saulnier, l'Étoile et quelques autres du Jura et même dans quel-

ques vignobles de la Champagne); dans d'autres, et notamment à Épernay, d'où il m'est venu, on le connaît sous
le nom de ÉPINETTE BLANCHE.

MESLIER JAUNE. — Aux vignobles du Loiret et de
la Nièvre.

MORILLON BLANC. — En Bourgogne, où il est fort
répandu.

ARNOISON BLANC. — En Indre et Loire, arrondissement de Tours.

AUXERROIS BLANC, BLANC DE CHAMPAGNE.
— Vers la Moselle et la Meurthe. On le nomme
WEISS KLEVENER, WEISS EDLER (sur le Rhin.)

On voit par ce grand nombre de noms, et il y en a sûrement beaucoup d'autres, que ce cépage est l'un des plus
cultivés dans les régions centrale et orientale; aussi n'ai-je
pas été retenu par la crainte de me répéter, en donnant ce
second article sur lui; car déjà, au chapitre des Pinots, il
avait eu le sien, trop court, à la vérité.

Les quatre auteurs jurassiens que j'ai consultés et auxquels je me plais à reporter tout ce qu'il y a de bon dans
ce chapitre, MM. Dauphin, Dumont, Guyétant et Poille-
vey, s'accordent sur les bonnes qualités de ce cépage; le
docteur Morelot également; il est auteur d'une Statistique
viticole de la Côte-d'Or. Je viendrai après eux pour affirmer l'estime qu'on fait de ce cépage, sous le nom d'Arnoison
blanc, dans les communes qui produisent les meilleurs vins
de mon département, celles de Joué et de Chambray;
et quand j'aurai terminé par dire qu'il est le seul cépage à
raisins blancs admis à la composition des vins de Champagne,

j'aurai complété les renseignements qu'on peut désirer sur sa valeur. Je ne dois pas dissimuler cependant que M. le docteur Guyétant accuse le vin de Gamet blanc de tourner facilement à la graisse ; mais peut-être son homonymie avec le vrai *Gamet blanc* ou Melon de Lons-le-Saulnier, est-elle la seule cause de cette accusation ; car ni M. Dauphin ni M. le docteur Dumont, président du Comice agricole d'Arbois, ne parlent de ce défaut ; les Bourguignons, les Champenois et les Tourangeaux ne s'en plaignent pas non plus. Le mémoire de M. Dumont étant inédit, c'est un acte de déférence dû à son grand âge et à sa position de président du Comice agricole d'Arbois, de citer son article de préférence à tout autre, en me permettant de l'abréger un peu.

« Les grappes sont ailées, rarement régulières, peu volumineuses, assez bien garnies de baies de moyenne grosseur, prenant une couleur jaune à leur maturité et un goût très sucré. Ce cépage est naturellement vigoureux ; aussi doit-il être taillé à plusieurs courgées de dix à douze nœuds. (Dans notre canton, où la vigne est plantée à une distance bien moindre que dans le Jura, nous ne lui laissons qu'une courgée, que nous appelons verge, et un courson ou brochette de deux nœuds). Il se plaît en terrain sec, comme celui d'un coteau. Son fruit mûrit bien, même hâtivement ; mais, au moment de sa maturité, si les pluies surviennent, il est sujet à pourrir ; du reste il est d'un bon produit, et on peut regarder qu'il est, dans les vignobles du Jura, dans la proportion de 0, 12. »

GAMET BLANC (à Dôle et dans plusieurs autres vignobles).

MELON (à Lons-le-Saulnier). — FEUILLE RONDE (en quelques lieux).

SAUVAGNIN BLANC (en quelques vignobles).

FROMENTAL , GROS AUXERROIS BLANC (Moselle).

Ce cépage, productif et d'un prompt rapport , est facile à reconnaître en toute saison , conséquemment en l'absence de son fruit ; en hiver, par son gros bois érigé, droit et noué court ; durant le cours de sa végétation , à ses feuilles amples, entières , arrondies, forme qui a fait donner à ce cépage le nom de *Feuille Ronde*, comme au Naturé , qui a les siennes beaucoup plus petites, et duquel il diffère dans toutes ses parties. Ses grappes, assez grosses , sont bien garnies de grains ronds, très serrés , d'un blanc légèrement ambré à leur maturité, qu'ils atteignent facilement ; mais ils sont sujets à pourrir et ils ont grand besoin d'être épamprés. On le taille constamment en sifflet, et c'était aussi ma manière de le tailler , avant de le connaître , car je le possédais d'abord sous le nom de *Gros Auxerrois blanc* , et en second lieu sous celui de *Sauvignon* du Jura. A ce sujet , il est important de bien faire remarquer que tous ces *Savagnins*, que Bosc a écrit *Sauvignon* , n'ont rien de commun avec les *Sauvignons* de la Gironde et de plusieurs autres départements , ni non plus avec le Sauvignon de la Nièvre, dont j'ai parlé dans la division ou région centrale. Quelque réputation qu'ait le vin de Sauternes, à la composition duquel les Sauvignons concourent en assez forte proportion , je crois les Savagnins très préférables pour la fabrication du vin ; car, pour raisins à manger, les *Sauvi-*

gnons, qui sont nos *Sûrins* d'Indre et Loire, sont supérieurs aux Savagnins.

ISÈRE ET HAUTES-ALPES.

Quoique du temps de Pline, les vins de Vienne fussent
très estimés à Rome, où ils étaient connus sous le nom de
vina picata, parce qu'on les mettait dans des vases enduits
de poix ; cependant, comme les deux derniers départements que je comprends dans la région orientale ne produisent plus du vin de quelque réputation, je m'en tiendrai
à donner une courte notice sur les cépages les plus cultivés
dans ces deux départements, d'après les renseignements que
je dois à un propriétaire, **M.** Paulin.

Je commence par les cépages à vin rouge ; mais comme
quelques-uns de ceux du Lyonnais y sont aussi communément cultivés, entre autres la Sérine noire, qui a déjà eu
un article, je ne ferai figurer dans cette revue que les cépages dont il n'a pas encore été fait mention.

Si la Sérine est plus particulièrement cultivée par les amateurs du bon vin, le **PERSAIGNE** ou la **PERSANE**, qui
s'allie du reste très bien avec elle, est surtout recherchée
des propriétaires qui ne travaillent que pour le marchand ;
parce que, si elle donne du vin de moindre qualité, ce vin
a une couleur plus foncée, et que sa rudesse même n'est
pas un défaut pour le marchand qui sait en tirer parti pour
des mélanges ; enfin parce qu'elle est plus productive. Son

raisin noir, volumineux, à grains espacés, est peu sujet à la coulure et à la pourriture. On la taille avec *pointe* et *arçon*, expressions du pays qui désignent, la première, une demi-verge de 3 à 4 décimètres, laissée à la tête du cep; la seconde ou l'arçon, une verge deux fois plus longue ployée en arc. Elle se trouve le plus souvent associée au

CORBEAU, GROS NOIR, GRENOBLOIS, SA-VOYARD, MONTELIMART, etc. — Je suis porté à croire que c'est le même que le *Savoyant* des environs de Genève, quoique M. Lullin n'indique la maturité de ce dernier que comme tardive. Ce cépage est aussi très ré-pandu et se trouve associé dans la plupart des vignobles au Petit Gamet ou Gamet noir, qui mûrit en même temps et un peu plus tôt que le Persaigne et la Sérine. Il est très pro-ductif et il se taille à pointe et à arçon, tandis que le sui-vant ne supporte ni l'un ni l'autre; c'est le

NÉRIN, qui exige d'être tenu bas et taillé à court bois. Son raisin est à grains noirs, ronds, et il donne un vin âpre et de médiocre qualité.

Je ne ferai que nommer le TACHAT ou TEINTURIER, parce que je le crois le même que celui du Jura, et bien différent, en conséquence, de celui de nos vallées du Cher, à en juger seulement par le bois, seule partie que j'en aie vue.

Je ne ferai de même que dénommer deux espèces à rai-sin rouge-clair : le CERÈSE, que je suis porté à croire iden-tique au CERASO des Italiens, et le SEPTEMBRO, dont le nom annonce l'époque de maturité; on le nomme aussi CHASSELAS ROSE, ce qui lui donne un grand air de ressemblance au FENDANT ROSE de la Suisse, qui est évidemment un Chasselas. Les cépages à raisins blancs sont, comme dans tous les vignobles, plus nombreux que ceux à raisins noirs ou rouges. Outre les *Viogniers*, que les auteurs parisiens écrivent *Vionniers*, et dont il y a trois variétés dont j'ai parlé dans la division de la région centrale, j'ai reçu le BIA, qui a droit de passer immédiatement après eux, sinon concurremment, car son raisin, qui ne pourrit pas facilement, quoiqu'il mûrisse dès la fin de septembre, se recommande en outre par une abondance suffisante, par son extrême douceur et par son goût agréablement musqué. Ces qualités le font singulièrement rechercher des guêpes, qui en font un grand dégât; ce qui est d'autant plus regrettable que le vin en est excellent. Ce cépage, conduit en vigne haute ou hautain, manière commune d'élever la vigne dans le département de l'Isère, supporte la pointe et l'arçon, car il est vigoureux.

Un cépage qui vient après celui-ci en ordre de mérite, est la ROUSSE; c'est probablement la même que la *Roussane* de l'Hermitage; cependant mon correspondant m'a écrit que le raisin de la Rousse avait des grains longs, dorés, d'un goût très fin et d'une maturité hâtive, tous caractères différents de ceux des raisins de la *Roussane* de l'Hermitage. Son vin se conserve longtemps doux, et plus tard il devient spiritueux.

Le ZENIN ne se cultive qu'en vigne basse, et on ne lui laisse ni pointe ni arçon, c'est-à-dire qu'il se taille à court bois. Son raisin est composé de petits grains, d'un goût délicat, mais de peu de résistance à l'humidité.

Le **MACLON** a besoin d'être dirigé en hautain, et d'être chargé d'une pointe et d'un arçon. Il est plus productif et plus robuste que le Zenin. Son raisin cylindrique, allongé, a des grains oblongs, très bons à manger. Il réussit à l'exposition du levant.

Tous ces cépages se vendangent dans les premiers jours d'octobre, par conséquent près d'un mois avant nos Pinots de la Loire.

———

CHAPITRE III.

ALLEMAGNE.

Quoique nous soyons près de la Suisse, et qu'il paraisse convenable de sortir de la France de ce côté, cependant, d'autres vignobles faisant la gloire de l'Allemagne viticole, il nous a semblé plus rationnel de commencer par les plants du célèbre vignoble de Johannisberg, de même que j'ai fait marcher en tête des plants de la région centrale, les Pinots.

Si j'ai débuté, pour les cépages de cette région, par ceux de la Moselle, je m'y suis décidé par cette simple considération, que cette belle rivière coule dans la plus grande partie de son cours sur le territoire français ; je pourrais ajouter que c'est aussi à cause de l'antiquité de ses vignobles, car dès le milieu du IVe siècle, temps où les coteaux du Rhin n'étaient encore couverts que de forêts ou de halliers, les vins de la Moselle étaient chantés par un poète bordelais, Ausone, qui, après avoir vanté leur délicatesse et leur parfum, les trouvait comparables aux meilleurs vins de l'Italie, d'où les plants, dit-il, avaient été apportés.

Non seulement les coteaux du Rhin sont remarquables par les vins qu'ils produisent, mais aussi ceux du Mein et du Necker. Il paraîtra sans doute surprenant que les vins de paille de la Franconie soient plus aromatiques que ceux de l'Alsace ; je crois que cela provient de ce qu'il y a quelques raisins chez lesquels la maturité, qu'on a appelée d'*expectation*, développe un arome particulier et plus ou moins prononcé. C'est ainsi que j'explique le bouquet du vin de paille que je fais avec des raisins de notre *Malvoisie* de Touraine, depuis une trentaine d'années ; car mon vin d'ordinaire pèche complétement par cette absence de bouquet.

RIESLING (cours du Rhin). — RIESLER (basse Autriche). — Quand on n'ajoute rien à son nom, il est entendu que c'est le *petit*, parce qu'il est généralement beaucoup plus cultivé que le gros. Ses bourgeons sont minces, allongés, et deviennent, après la chute des feuilles, d'un gris si franc, que cette couleur suffit pour le faire reconnaître au milieu des autres. Ses feuilles sont rugueuses, d'un vert foncé, très découpées et souvent irrégulières. La grappe est ordinairement petite et serrée ; les grains sont ronds, d'une couleur verdâtre, excepté du côté du soleil, où elle devient un peu jaune; leur goût est peu agréable, même à leur complète maturité, qui est assez tardive. Le vin qu'il produit ne flatte pas le goût par sa douceur aussitôt qu'il est fait; mais en vieillissant ses qualités se développent, et il acquiert même un bouquet très prononcé; je parle de celui des bons crûs et des bonnes années, car les vins communs ne gagnent rien au temps et ne laissent percevoir qu'une saveur acide.

Ce cépage exige un sol et une exposition qui lui conviennent; sans cela il produit très peu et j'ai eu lieu de remarquer cette fâcheuse disposition. Bosc a déclaré qu'il était de la famille des Sauvigons, je ne sais trop sur quel fondement; l'un des auteurs du *Nouveau Duhamel* a répété cette assertion sans indiquer, plus que son prédécesseur, les rapports du Riesling avec cette famille; la saveur seule suffisait bien pour établir une différence tranchée. C'est encore une plus grande erreur de croire, ainsi que l'a fait imprimer un membre de la Société d'Agriculture de l'Hérault, que le Riesling était identique avec le Muscat blanc, ou du moins qui attribue au muscat la haute qualité des vins du Rhin. Il a fallu, pour la commettre, n'avoir jamais vu un Riesling, ou n'avoir jamais goûté de vin du Rhin.

Le GROS RIESLING ou ORLEANER à Rudesheim, ou HARTHENGST dans le Rhingau, est également un cépage fort estimé; il fait le fonds du vignoble de Rudesheim, dont les vins sont aussi estimés des connaisseurs que celui de Johannisberg. Les grappes sont plus volumineuses, les grains plus gros, légèrement oblongs, serrés et d'un goût très sucré à leur parfaite maturité, qui est aussi un peu tardive. Les feuilles sont épaisses, quelquefois divisées en trois lobes, plus souvent entières, nues sur les deux faces. De même que pour le précédent, sa vendange ne se ramasse qu'à son dernier degré de maturité. Malgré l'un de ses noms qui semble indiquer son origine, je ne crois pas qu'il existe dans l'Orléanais.

OLWER (Haut et Bas-Rhin). — OBERLANDER OLWER dans quelques autres vignobles de l'Allemagne.

Il a les feuilles un peu cotonneuses en dessous, ainsi que le petit Riesling, mais elles sont plus grandes, et toutes ses autres parties ont aussi des proportions plus grandes. Sa végétation est plus vigoureuse dans les mêmes conditions d'âge et de sol. Le pétiole est rouge, ainsi que le commencement ou empatement des nervures sur les deux faces. Les grappes sont assez grosses, ailées, ce qui leur donne une forme conique ; elles sont bien garnies de grains ronds, d'un blanc jaunâtre, quand on a eu surtout le soin d'épamprer. Le vin produit par la vendange de ce cépage a la réputation d'être favorable aux personnes attaquées de la gravelle. Serait-ce le Cocolubes de Pline, qui rapporte que le vin du cépage de ce nom avait la même propriété ? Il paraît que cette vigne n'était pas inconnue d'Olivier de Serres qui en parle sous le nom de Cocolibi.

ROTH HEIMER. — RAISIN ROSE DE KONTZ, cépage vigoureux et productif ; ses grappes nombreuses sont chargées de gros grains ronds, un peu trop aqueux pour faire de bon vin. Il est fort répandu sur les coteaux de la Sarre. Il faut bien se donner de garde de le confondre

avec le **KLEIN-TRAMINER**, nom que ce cépage tire probablement du vignoble distingué de Traminer auprès de
Roth et à 6 à 7 kilomètres de Landau ; il y est très estimé,
ainsi que dans le vignoble de Weissembourg et ceux du
Palatinat ; mais ce n'est pas le Rosen-Traube des Allemands, cépage dont les raisins mûrissent beaucoup plus
tard et dont les grappes sont plus grosses et plus serrées.

Les grappes du Traminer sont plus petites, d'une nuance
rouge qui lui est particulière ; leur saveur est douce et
agréable. Les feuilles sont arrondies, d'un vert foncé à la
face supérieure, un peu pubescentes à la face inférieure
et même en dessus.

Il me parait utile aussi de faire remarquer la différence
de ce plant avec le *Grau tokayer* et le *Pinot gris* qui ont
entr'eux tant de ressemblance. Les feuilles du *Traminer*
sont plus rondes, plus lanugineuses, d'un vert glauque et
terne ; la couleur des raisins est aussi d'une nuance plus rouge
bien différente, sans qu'il soit facile de l'exprimer avec précision et exactitude, car cette nuance est également affaiblie
par une fleur abondante. Du reste, qui aura les deux espèces l'une près de l'autre ne pourra pas les confondre,
même en hiver, les sarments nuds étant très dissemblables :
ceux du *Traminer* sont plus forts, noués plus court et à
plus gros nœuds et couleur plus claire. J'ai donc commis
une erreur en mettant le Roth Klevener au nombre des
différents noms du *Pinot gris*.

Tel est l'ordre de maturité de ces raisins : le Grau-to-
kayer a une maturité simultanée avec le Pinot gris, puis
le Traminer est enfin le Raisin Rose de Kontz. La matu-

rité de ce dernier a lieu en même temps que celle du plus joli des raisins , qui est aussi à peu près de la même couleur, mais bien plus vive , ainsi que l'indique son nom :

FLEISCH ROTH VELTELINER (Coteaux du Rhin et du Necker). — FELDLINGER (Bas-Rhin). — RAISIN DE SAINT-VALENTIN (probablement à cause de l'analogie de ce mot avec Valtelin). — GUILLEMOT (département des Landes , selon le catalogue du Luxembourg). Cette espèce de vigne est commune sur les coteaux du Necker, et il me paraît probable qu'elle y aura été apportée de la Valteline, d'après les noms qu'elle porte en beaucoup de lieux.

Le raisin est d'une jolie couleur rouge clair ; ses grains diffèrent par leur écartement et leur forme ronde de ceux de la Picpouille grise, qui ont à peu près la même nuance ; ils mûrissent mieux, étant moins serrés ; toutefois la maturité est aussi un peu tardive. Le bois en diffère aussi beaucoup ; celui de Valtelin est plus mince et sans coudure, d'un rouge brun avant d'être aoûté ; il devient gris après la chute des feuilles et il est noué bien plus long. Une autre différence qu'on peut remarquer durant le cours de sa végétation , est la découpure de ses feuilles plus profonde que dans celles de la Picpouille et dépourvues de coton, leurs lobes sont plus aigus. J'ai lieu de croire que le *Velteliner* concourt à la qualité aromatique du vin de Chiavenne dans la Valteline.

Je ne ferai en ce moment que rappeler un cépage assez commun cependant sur les rives du Rhin.

Le GRAUER TOKAYER , parce qu'il en sera amplement parlé au chapitre des vignes de Hongrie , dans lequel on verra que cette appellation ne lui convient nullement.

CHAPITRE IV.

—

CÉPAGES DE LA SUISSE.

Avant de m'éloigner du Rhin, nous entrerons en Suisse. Quoique ses vignobles n'aient pas une grande réputation, elle en renferme cependant quelques-uns d'assez remarquables pour leur en mériter une, au moins locale, c'est-à-dire dans les limites de la confédération, sans affirmer que quelques uns de ses meilleurs vins ne méritent pas que leur réputation s'étende plus loin. Sans doute le

SALVAGNIN NOIR a le droit de passer le premier, puisqu'il fait le fonds des vignobles de Faverge et de Cortaillod, les plus distingués de la Suisse pour les vins rouges ; mais je le crois le même que le *Savagnin noir* du Jura, qui est bien évidemment un membre de la tribu des Pinots et dont il a été parlé dans le chapitre qui les concerne. C'est aussi l'opinion de M. Lullin de Genève, qui dit de ce raisin, que la grappe est courte, les grains petits et très serrés.

Il est un autre plant introduit depuis environ un demi-siècle aux environs du lac de Genève, d'où il s'est propagé dans le canton de Vaud et en d'autres lieux,

C'est le PLANT DE LA DOLE (Suisse).

Ce cépage est un exemple de l'avantage qu'il y a d'essayer les espèces étrangères. L'introduction de celle-ci en Suisse est due, selon M. Lullin de Genève, à la trouvaille qui fut faite par un paysan, de deux paquets de crossettes tombées de la voiture d'un voyageur sur la grande route de Nyon à Rolle, et son nom, de ce qu'elles furent plantées dans un champ du nom de la Dole. Il a ajouté qu'il les croyait provenues d'un vignoble de la Gironde, sans dire sur quelle base il fondait cette opinion. Il m'est donc permis d'en avoir une très différente : de tous les plants qui me sont parvenus des vignobles les plus renommés de la Gironde, je n'en ai jamais trouvé un seul qui fût identique à celui qui est le sujet de cet article ; tandis qu'il m'en est venu du Rhône avec cette étiquette : PLANT DE PERRACHE, dont toutes les parties m'ont fourni la preuve de l'identité de ces deux plants ; les impressions qu'ils ont produites ont été aussi les mêmes, car j'ai cherché également à les multiplier. On m'a assuré que le Plant-de-Perrache, c'est-à-dire le premier de son espèce, avait été trouvé dans une tête de saule, par conséquent qu'il était provenu d'un pépin ; ce saule était situé au faubourg de Perrache, l'un des faubourgs de Lyon. Il serait donc issu des plants du pays et probablement de celui qui est le plus cultivé, et que pour cette raison l'on a nommé Lyonnais : c'est le petit Gamet. Quoi qu'il en soit de son origine, cet excellent plant réunit beaucoup d'avantages : il est tardif à la pousse, et ses raisins sont des plus hâtifs à la maturité; le cépage est fertile, quoique son bois mince et l'aspect de sa végétation disposent à le trouver délicat. Les grappes ne sont pas grosses, mais elles sont nombreuses ; les grains sont légèrement oblongs et d'un bleu très foncé ; la maturité est très hative, et tellement, qu'on fera bien de cultiver ce cépage à part, car les oiseaux en sont très friands et ne vous en laissent guère.

Je dirai peu de chose du plant le plus cultivé en Suisse, du SAVOYANT ou GROS ROUGE, parce que s'il est très productif, le vin qu'il donne en abondance a toujours de la verdeur et une âpreté désagréable ; cependant il supporte bien le mélange de l'eau et dans cet état paraît plus rafraîchissant aux hommes de peine, qui le préfèrent même à d'autre vin plus délicat. Ses feuilles sont d'un beau vert en dessus, très cotonneuses en dessous, assez découpées; son bois est fort. Je dois ces renseignements à un mémoire de M. Lullin de Genève.

Les cépages à raisins blancs les plus cultivés dans le vignoble le plus distingué de la Suisse pour le vin blanc, celui de la Vaux, entre Lausanne et Vevay, sont les

FENDANTS, le VERT ou GROS RAUSCHLING des Allemands et le ROUX ou CHASSELAS ROSE de la Pomone française. Le *Fendant vert* est aussi connu sous le nom de GRUN SUSSLING et de GRUN GUTEDEL, qui sont aussi les noms allemands de notre Chasselas. Il est certain que tous ces Fendants, car il y en a encore un blanc et un noir, sont de la tribu des Chasselas, et, si je les en ai séparés, c'est parce que les Fendants étant proprement des raisins de vigne, je n'ai pu les retenir dans le chapitre des raisins de table. Le *Fendant Vert* n'acquiert jamais la couleur dorée de notre Chasselas commun ou de Fontainebleau ; ses grains sont aussi plus serrés, et le *Roux*, qu'on pourrait plus justement appeler Rose, est très différent de notre Chasselas rouge, auquel je le trouve préférable comme raisin de table. L'un et l'autre sont chargés de vrilles. Les feuilles du *Vert* sont très touffues et tourmentées. M. Hardy, jardinier en chef du Luxembourg et directeur intelligent de la magnifique collection de vignes qui en fait partie, donne pour synonyme au *Fendant Vert* les trois noms suivants :

OFFENBURG REBEN. — KLAPFER dans le Brisgaw. — DRESTECH dans le Palatinat.

Avant de quitter la Suisse, je ne dois pas omettre la mention au moins d'un cépage qui a reçu son nom d'un vignoble fort estimé dans le pays : il est auprès de la petite ville de Frangy ; c'est le PLANT d'ALICOC ou des ALLICOTS. (Ce dernier mot est écrit d'après M. Julien, dont j'ai souvent parlé ; l'autre d'après l'orthographe de M. Hénon, directeur du jardin public de la ville de Lyon.)

Les crossettes que j'ai reçues de M. Hénon, étaient dans un tel état de desséchement qu'aucune n'a réussi. Ainsi tout ce que je peux dire de ce cépage, c'est sur l'autorité des deux personnes que je viens de citer : ce raisin donne un vin très capiteux, spiritueux, d'un goût agréable et d'une bonne conservation.

CHAPITRE V.

AUTRICHE.

Voici quelques notes qui m'ont été transmises par un zélé ampélologue de la Côte-d'Or, M. Demermety, sur les cépages les plus répandus dans les vignobles de la basse Autriche. Je crois qu'il les tient lui-même d'un membre de la Société impériale d'agricuture de Vienne.. J'y ai ajouté quelque chose, mais aussi j'en ai retranché d'autres, par exemple les noms latins, qui sont tous de la fantaisie des auteurs allemands, comme si chaque cépage n'avait pas déjà assez de noms différents. L'auteur espagnol, D. Simon, avait aussi cette malheureuse idée, dans un but louable, du reste, celui de perpétuer le souvenir des hommes qui s'étaient occupés de la vigne. J'ai supprimé ces noms, parce qu'ils n'ont aucun rapport avec les traits caractéristiques du cépage qu'ils désignent et mieux qu'ils ne servent qu'à embrouiller la synonymie. Qui ne préférera avec moi cette dénomination toute allemande : *Früh portugieser* à celle de *Garidelia præcox* ? Je vois tout de suite par la première que c'est un raisin hâtif qui a été importé du Portugal en Allemagne, et la seconde tend à me donner une idée fausse, c'est que Garidel a connu et parlé de ce raisin ; or, je défie bien le plus savant Allemand de le découvrir dans les 46 espèces dont ce botaniste a fait de si courtes descriptions. Ajoutons pour montrer la confusion que ces nouvelles nomenclatures apportent à la synonymie de la vigne, qu'un cépage complétement différent est dénommé par D. Simon, *Garideli uva*, c'est la *Moravita* de Xérès, et d'autres vignobles de l'Andalousie.

Du reste je ne pense pas qu'on ait beaucoup à regretter la brièveté de ces notes ; car la réputation des *Gebirgwein* ou vins de montagnes, n'est guère sortie de l'Autriche. Ils ont cela de particulier qu'ils sont de couleur verte, c'est une apparence qui n'en altère pas le mérite, car ils l'ont en commun avec le vin renommé de Kotnar en Moldavie.

CHAPITRE VI.

CÉPAGES DE LA BASSE AUTRICHE.

GRUN MUSKATELLER.

Quoique ces mots veulent dire littéralement Muscat-Vert, cette vigne n'est point de la famille des Muscats, de laquelle les Allemands n'ont pas une idée bien nette, bien positive, d'après ce que j'en ai pu juger dans mon voyage à travers leur pays; car je me rappelle qu'un des membres les plus savants de la société impériale d'agriculture de Vienne, me demanda ingénument à quoi je reconnaissais un Muscat. Voici la note qui concerne le cépage *Grün Muskateller* : « produit abondant, raisins et grains gros, coule rarement et est peu sujet à pourrir ; vin promptement prêt à boire, il manque de la saveur propre aux vins de montagne. »

WEISS GROB, GROSS WEISS, WEISS STOCH, RECHT WEISS. Il n'est pas surprenant, d'après ce dernier nom qui signifie *bon blanc*, qu'il soit des plus cultivés dans ces montagnes, d'autant plus que c'est principalement à sa vendange qu'est dû le goût particulier au vin de cette contrée montagneuse. Il donne abondamment, ses raisins sont gros et jûteux, mais sujets à la coulure et à la pourriture par les pluies prolongées. Son vin est dur et ne peut se boire avant la troisième année; mais on en est dédommagé par sa longue conservation. « Je suis porté à croire qu'il est le même que l'Orleaner de Rudesheim.

WEISS (blanc).

Cete dénomination est bien vague, car il y a un grand nombre de raisins blancs. Voici ce qu'on en dit : « vin noble, estimé et d'un prix élevé. Ce cépage est très commun dans les bons climats, (climat est sans doute synonyme ici de vignoble); il y entre pour les trois quarts. Son vin est jaune, mais s'éclaircit bien; il est d'un goût et d'un bouquet agréables, propres aux vins de montagnes de la Basse Autriche. » Je pourrais me dispenser de parler du ROTH MUSKATELLER, parce que les noms qui lui sont synonymes HERRERA VELTELINA, me donnent lieu de croire que c'est le Velteliner sur lequel j'ai déjà fait un article, quoique ce qu'en j'en ai dit ne s'accorde pas très exactement avec la note. « Cépage productif très cultivé, raisin doux et assez précoce, vin de garde. » Dans mon vignoble la maturité n'est pas précoce, quoiqu'elle devienne complète en bon temps.

J'en pourrais dire davantage d'un cépage dont je connais deux variétés, le noir et le blanc; mais je les ai réservés pour le chapitre des raisins de table, sous le nom de ZIERFAHNL;

celui dont parle le corrrespondant allemand, a pour synonyme, dit-il, ROTH REISLER. Ici le mot *Roth* désigne
une couleur *rouge-clair*. Il paraît que cette variété est très
cultivée, que son produit est abondant, et son vin plutôt
prêt à boire que celui du *Grob*.

Le ROTH GIPFLER est aussi commun dans les vignes. Il coule peu, est très productif, son raisin savoureux et de grosseur moyenne. »

« Le RIESLING ou RIESLER se rencontre aussi dans
ces vignobles, mais en beaucoup moins grande quantité que
sur les côteaux du Rhin. »

Le *vin du Margrave* au duché de Bade se fait avec trois
sortes de raisins nommés

WOELSCH, ou en d'autres parties de l'Allemagne

GUTEDEL. L'auteur allemand dit que ce sont nos chasselas; mais j'ai bien des raisons de croire que ce sont plutôt
les *fendants* de la Suisse, dont le vin au vignoble de la
Vaux se vend jusqu'à 500 fr. la pièce. La note nous apprend
qu'on en mêle la vendange avec celle du MOSLER, qui
est le Furmint des Hongrois et celle du VERBOUSCHEGG
sans donner aucun détail sur ces deux plants.

Le MOERISCH se sert sur les tables dans le duché de
Bade, et sa maturité est hâtive, comme celle du *Portugieser* qui est aussi très cultivé pour la table ainsi que
pour la composition du vin. On ne dit rien de *Mœrisch*
et je ne le connais pas; mais je cultive le *Portugieser* qui
aura son article au chapitre des raisins de table.

ROYAUME DE HONGRIE.

VIGNOBLES DE L'HEGY-ALLYÀ.

Nous allons commencer par les cépages les plus estimés dans l'*Hegy-Allya*, mots qui signifient *pied des montagnes*, dont tous les vins sont vendus sous la dénomination de vin de Tokay, quoique ce dernier des monts, le plus remarquable par sa position, ne produise qu'une faible partie de ces vins, et qu'il y en ait d'autres qui non-seulement le rivalisent, mais qui en produisent même de supérieurs, tels que les monts Mada, Tarczal, où sont situés les deux meilleurs vignobles de l'empereur. Ainsi c'est une grande erreur, et que j'ai vu soutenir avec fermeté, de croire que le vin de Tokay ne doive son prix très élevé qu'à sa rareté, et que le vignoble, auquel sont dûs les vins connus sous le nom de Tokay, ne soit guère plus grand que le clos Vougeot ou le petit vignoble de Constance. Le pays qui le produit a sept à huit lieues carrées de surface, et environ le tiers de la superficie des trente-quatre monts situés dans le comitat de Zemplén, dont Tokay fait le premier chaînon.

Mais il y a beaucoup de choix à faire, même sur le mont Tokay, où la vigne appartenant en propre à l'empereur, qui en a également sur d'autres monts, ne doit sa supériorité qu'à sa bonne exposition et à sa situation intermédiaire sur le flanc du mont; de même que la vigne impériale sur le mont Tarczal, dont la qualité des produits est si parfaite, qu'elle en a reçu le nom de *Mezes-male* (rayon de miel), ne doit cette distinction qu'aux mêmes circonstances de position et aussi à la proportion bien combinée des plants qui la composent. Je crois à propos de rappeler que le mont Tokay est situé sous le 48ᵉ degré 10 minutes de latitude, et non sous le 43ᵉ, comme on le dit dans la topographie de tous les vignobles, sans doute par erreur typographique.

Quoique l'auteur hongrois Szirmai de Zirma dénomme une trentaine de ces cépages, et qu'il dise en connaître une soixantaine, cultivés dans le comitat de Zemplén, je ne parlerai que de ceux qui m'ont paru les plus dignes d'être introduits et propagés en France, par l'influence qu'ils ont sur la qualité des vins de cette partie des montagnes appelée Hegy-Allya.

LE FURMINT, dont on fait quelquefois précéder le nom des mots *nagy-szemü* (à gros grains), mérite à tous égards d'être nommé le premier; c'est le nom sous lequel il est le plus connu dans l'Hegy-Allya. Il porte celui de SZIGETHY-SZOLLO dans le comitat de Weszprim , de ZAPFNER dans les vignobles de Rust et d'OEdenburg, de MOSLER-TRAUBE en Styrie. Cette variété de noms fait qu'il est mentionné dix à douze fois dans le catalogue de M. Rupprecht de Vienne.

Le nom de Furmint, dit l'auteur hongrois déjà cité, vient de *foro Minucii* des Latins, et du mot *formi* des Italiens; la société académique de Debreczini le fait aussi dériver de la région Formienne, appuyée sans doute de ce passage d'Horace : « Mea nec falerna temperant vites, neque *formiani* pocula colles. » Malgré ces autorités, cette étymologie ne me paraît pas bien certaine, et d'autant moins que la seconde lettre n'est pas un *o*, comme il plaît aux Allemands de l'écrire, mais un *u*.

Voyons d'abord ce que Szirmai en a dit [1] : « Il produit des raisins doux, succulents, aromatiques, plus disposés qu'aucun autre à laisser opérer sans altération le dessèchement d'une partie des grains de la grappe, (changement d'état que nos compatriotes appellent passeriller); nul cépage ne convient mieux au sol de l'Hegy-Allya. » C'est une traduction libre, car son ouvrage est en latin; et comme on pourrait avec raison douter de mon habileté dans la langue latine, voici ses propres mots : *Et ideò solis ardore maximè torreri solitas, soloque Hegy-Allya optimè congruentes proferens.* » — Ce cépage précieux avait été importé au commencement de ce siècle par un Français rentré dans sa patrie, M. de Villerase, dans les vignobles de Be-

---

[1] Notitia topographica, politica, etc., inclyti comitatûs zemplinensis.

ziers où il a très bien réussi ; contemporainement ou peu de temps après, il fut envoyé dans le département de l'Hérault par le général Maureilhan. Il s'est répandu assez promptement dans plusieurs localités du midi, et depuis 1835 en Touraine, où j'en possède plus de deux cents souches, qui se réduiront l'année prochaine à un simple échantillon.

Quoique ce cépage ait été fort bien décrit il y a au moins quinze ans par le docteur D***, dont je ne veux pas rompre l'anonyme, puisqu'il lui plaît de le garder, j'ai préféré suivre la description qu'a bien voulu m'en donner épistolairement M. Baumes, du département du Gard, qui a su en obtenir une liqueur, je veux dire un vin de dessert parfait. J'aurai soin toutefois de modifier quelques traits d'après mes propres observations.

Sarments assez gros, noués court et généralement érigés, de couleur grise dans la partie inférieure, et sur le reste de jaune fauve rayé de brun ; ces remarques sont faites lorsque le bois est mûr, comme pendant tout l'hiver. L'écorce était jaune-lisse et presque lustrée sur les sarments qui me sont venus de l'Hérault ; elle était plus pâle sur ceux que j'ai apportés de l'Hegy-Allia et sur ceux des souches de l'Hérault que je cultive depuis six ans. Feuilles le plus souvent entières, quelquefois légèrement trilobées, plus larges que longues, bien étoffées, d'un vert foncé à la face supérieure, très cotonneuses à l'inférieure, avec les nervures très saillantes. Je n'ai point remarqué qu'elles fussent recourbées vers leur pétiole, comme l'a dit le baron Dumontet d'après un auteur allemand, mais bien qu'elles se contournaient en dessus après les premières gelées, trait d'autant plus facile à remarquer qu'elles sont des dernières à tomber. Les raisins sont d'une longueur moyenne, plutôt cylindriques que coniques, grains peu serrés et très inégaux, beaucoup étant avortés et les plus gros de 16 à 18 millimètres. A leur maturité ils sont pleins d'un suc très doux, mais d'une saveur peu digne de leur valoir les honneurs de la table, et je n'en ai vu nulle part en Hongrie avec cette destination. Sur ce point je diffère de M. Baumes, qui les a trouvés d'un goût fin et agréable, de M. le docteur D***, qui les dit excellents, et même de M. C***. qui s'est contenté de l'expression *assez bons*. Quelques grains sont mûrs vers la fin d'août dans l'Hérault et le Gard, et la totalité de la grappe dans les premiers jours d'octobre; cependant au pied des montagnes hongroises, on ne fait la récolte que vers la fin d'octobre et les premiers jours de novembre. La queue ou le pédoncule est frêle et fragile, et sur ce point je n'ai pas bien compris l'expression *durabili* de Szirmai, ou bien il s'est trompé; car par cet état de fragilité du pédoncule opposé au mot *durabili*, la grappe est fort exposée à être détachée du cep, même dans le Gard et l'Hérault, où la chaleur devrait durcir davantage cette partie et la rendre ligneuse. Il a le grand défaut d'être très avare de ses fruits; on ne peut pas compter sur plus de six à sept hectolitres, dix au plus à l'hectare, et cependant chaque année il promet, durant le mois qui précède l'époque de la floraison, une récolte abondante; mais nul cépage n'est plus sujet à la coulure.

M. Baumes attribue la faculté qu'ont les grains de se passeriller à la piqûre des guêpes et des abeilles, pour lesquelles cette espèce de raisin a un grand attrait. La pro-

portion des grains demi-desséchés ou *trokenbeer* des Allemands est du quart au tiers dans le canton de Saint-Gilles
(Gard); elle était bien moindre aux vendanges, où j'ai
assisté dans l'Hegy-Allia. Le même M. Baumes, aussi habile docteur en œnotechnie qu'en médecine, assigne pour
limite à la densité du moût le 19ᵉ degré au gleucomètre
de Chevalier; mais je crois que la limite inférieure peut
descendre jusqu'à 16; c'est du moins le degré du moût
avec lequel j'ai fait en 1834 un vin de dessert exquis avec
d'autres raisins. Comme c'est avec la vendange de ce seul
plant que plusieurs propriétaires viticoles, dans le midi, produisent un vin de liqueur plus ou moins semblable au vrai
vin de Tokay, dont ils lui donnent le nom, je ne dois pas
terminer cet article sans un avertissement que je me permets
de leur donner en vue de leur propre intérêt. J'ai reçu de
ce vin de Furmint de plusieurs d'entre eux, et j'ai remarqué
qu'ils laissaient acquérir un trop haut degré de maturité à
leurs raisins; peut-être même quelques-uns d'eux font-ils
cuire le moût. Toujours est-ils que leur vin a un goût sy-
rupeux et une couleur brune, qui les confond avec les autres
vins cuits obtenus d'autres raisins. Cette espèce de vin
n'atteindra la perfection qu'on peut espérer de la nature
du plant et de celle du sol, qu'en ayant soin de vendanger à l'époque où leur moût ne peut marquer au
gleucomètre de Chevalier que de 15 à 18°; alors ce vin sera
d'une jolie couleur ambrée et acquerra par l'âge une délicatesse et un bouquet propres à ce vin, qualités distinctives
du véritable vin de Tokay, dans les bonnes années.

Le Furmint a une variété moins estimée, seulement
parce qu'elle ne donne pas de grains secs;... c'est le

MADARKAS-FURMINT ou FURMINT DES OI-
SEAUX il est aussi connu sous le nom de HOLY-AGOS.

Son premier nom annonce le goût très vif des oiseaux
et surtout des grives pour cette variété; et elle est bien
justifiée par la douceur mielleuse de ses grains plus petits
que ceux de l'espèce dont nous venons de parler. On
en fait beaucoup plus de cas dans d'autres vignobles qui
ne produisent que des vins secs.

FEHÉR-GOHÉR ou FEJÉR-GOJÉR.

L'un et l'autre se prononcent *faïr-goïr* et signifient
blanc-précoce.

Il donne des raisins très doux qui tournent promptement
en pzesserilles *nobilissimas*, dit Szirmai, c'est-à-dire de
la plus haute qualité, et d'autant plus promptement que
la maturité est hâtive; cependant son bourgeonnement est
tardif. Cette propriété d'une maturité hâtive est un défaut
dans sa position, puisqu'il est presque toujours allié à des
plants tardifs, et qu'alors il ne reste que peu de chose de
ses raisins que les guêpes et les abeilles sucent avec avidité.
Aussi quelques propriétaires qui ont apprécié la qualité de
sa vendange le cultivent-ils à part pour le vendanger avant
les autres, quoiqu'ils aient reconnu qu'il était peu fertile;
son bois en hiver est gris-clair rayé de violet, et sa végétation est d'autant plus vigoureuse qu'il ne s'épuise pas en
fruits, aussi est-il à propos de lui laisser une verge ou du
moins une viette. Toutefois cette précocité n'est que rela-

tive à celle du Furmint ; car elle est postérieure de quelques jours à celle de notre côt.

HARS LEVELU et non *hachat lovolin*, comme il est écrit dans l'ouvrage de Kerner, où il est du reste très bien représenté. Ce nom, qui signifie *à feuilles de tilleul*, lui vient de la ressemblance des siennes à celles de cet arbre. Ses grappes qui sont très longues et à peu près cylindriques sont clair-semées de grains ronds; la longueur et le peu d'épaisseur de ces grappes leur donne un aspect caractéristique. Le suc en est très doux, et cette espèce donne presque autant de grains passerillés que le Furmint, en Hongrie du moins, car sous le climat où sont mes vignes, je n'en ai pas encore vus, pas plus sur ces raisins que sur tous les autres que j'ai rapportés de l'Hegy-Allia.

BALAFANT est une espèce voisine de ce dernier, selon l'auteur Szirmai; je n'ai pu saisir l'analogie qu'il a trouvée entre eux, si ce n'est que leurs raisins sont également très allongés; les raisins du Balafant ont les grains bien plus gros, ils sont de couleur jaune, très ronds, assez écartés et si transparents à leur complète maturité qu'on peut en compter les pepins. Ce cépage vigoureux a les sarments très gros, les feuilles entières, épaisses, très amples et cotonneuses en dessous, de même que celles des cépages précédents, un peu moins cependant que celles du Furmint.

FEJÉR SZOLLO, (blanc raisin.)

Est très multiplié dans les vignes de l'Hegy-Allia, peut-être trop, et cependant il ne donne pas de grains secs; mais il est très fertile et le mélange de son suc verdâtre fait bien avec celui des autres; du moins on est très porté à se le persuader. Il est très facile à reconnaître lors des vendanges à la fleur ou pruine qui couvre ses grains et les fait paraître comme poudrés de blanc. Il est prudent d'en manger avec réserve, car ce raisin est fort relâchant; du reste c'est une faible privation, étant médiocre comme raisin de table. Il a le dessous des feuilles aussi cotonneux que le Furmint, mais la feuille est moins étoffée. Ce qui me fait douter de sa qualité pour le vin, c'est que, à part les vins de liqueur dont la plupart sont excellents dans certaines années, le vin sec commun est généralement mauvais, et comme ce cépage est en plus grande quantité que tous les autres, son influence doit être plus marquée que la leur.

Il existe encore un cépage que je n'ai pu voir et qui fournit beaucoup de grains secs, c'est

Le NARANKAS.

LEANY-SZOLLO NAGY-SZEMU, et KISSEB-SZE-MU LEANY-SZOLLO. Cela veut dire *raisin des filles à gros grains*, et (idem) à *petits grains*. Ils sont aussi assez communs dans les vignes de cette contrée.Le cépage est vigoureux et donne de belles grappes à grains allongés plus gros et moins jaunes que ceux de la variété à petits grains. L'un et l'autre fournissent peu de grains secs, que les Allemands appellent *trokenbeer*; aussi sont-ils peu communs dans les vignes de cette région.

D'autres cépages d'une moindre valeur m'ont paru n'éxister que dans les vignes dont les propriétaires ne s'occupent pas avec soin et intelligence, et dont ils devraient être extirpés à cause de leur influence peu favorable, qui neutralise celle des bons cépages que j'ai mentionnés. Parmi ceux

que j'ai aperçus je citerai le PEYTRES SELYMES SZOL-
LO, PETER SILIEN TRAUBE des Allemands, ou raisin
à feuilles de persil qui est notre méprisable *ciotat* ou *raisin
d'Autriche;* le FEJER-GERSET, le KIRALY EDES
ou DOUX ROYAL, le SAR DOVANY, le DEMJENY,
le ROSZAS-SZOLLO ou raisin rose. C'est bien à tort
que les voyageurs allemands Harkenfield et Diebl les ont
rangés parmi les espèces les plus estimées sur l'Hegy-Allia ;
mais j'en ai retrouvé un dont ils ne parlent pas, quoiqu'il
soit d'un grand mérite peut-être ignoré des vignerons,
c'est le BARAT-TZIN SZOLLO (raisin couleur de moine).
A la vérité il y est très rare, parce que sa maturité est trop
hâtive; mais il est assez commun dans d'autres vignobles de
la Hongrie.

Cette connaissance m'a été d'autant plus facile que j'en
possède plus de 2 milliers de souches sous le nom de *Malvoisie*, qui est le *Pinot gris* des Bourguignons, le *Fromenté*
ou *Fromenteau* des Champenois.

Un autre raisin que j'ai considéré avec attention est celui
du MUSKATALY ou en d'autres comitats FEJER-DENKA.
Le blanc seul est cultivé dans les vignobles du comitat de
Zemplén, où il est assez commun pour que quelques propriétaires en fassent du vin à part. Voici les différences que
j'ai eu le temps de remarquer depuis que les crossettes que j'ai
rapportées de Tokay m'ont donné des raisins : il est moins
vigoureux et moindre dans toutes ses parties que notre
Muscat blanc de France; ses grains sont moins gros et moins
serrés à la grappe ; il y a aussi quelque différence de goût
pour un fin dégustateur ; aussi les vins muscats de l'Hegy-

Allia sont-ils très différents de ceux de nos départements du Midi. Il est certain du moins que dans aucun lieu, soit dans la cave de Mada que j'ai visitée, soit à celle de la société des propriétaires à Pesth, je n'en ai bu qui rappelât le velouté, le moelleux de nos bons vins Muscats du midi de la France. Dans l'un et l'autre lieu ce vin était à la vérité très parfumé, très spiritueux, mais d'une sécheresse, d'une aridité désappétente, au point que dans la cave de la société à Pesth, je laissai la moitié du petit verre qu'on m'offrit, et que j'en fis la remarque au propriétaire dans la cave de Mada, où je venais de goûter le seul vin de Tokay qui fût digne de sa réputation. Aussi le meilleur emploi qu'on puisse faire des raisins Muskataly, est d'en mettre une petite quantité avec la vendange des autres plants au vin desquels il communique un bouquet agréable; mais alors il faut le garder quelque temps sur des claies, parce qu'il serait sujet à pourrir avant la complète maturité du Furmint qui n'arrive que vers la Toussaint; du reste le parfum propre au vin du Furmint me paraît préférable.

Il y a une variété rouge de muscat, très commune dans les vignobles du Magyarath sous le nom de VOROS DENKA. Elle y produit des vins estimés; mais, ne l'ayant pas rapportée de Hongrie, j'ignore si elle est exactement la même que celle que nous cultivons en France avec la désignation de cette couleur. (*Voros* veut dire *rouge*).

D'autres vignobles que ceux de l'Hegy-Allya jouissent de quelque réputation, du moins en Hongrie même et en Allemagne, et il ne nous paraît pas sans intérêt de connaître les cépages qui y sont préférés; par exemple dans le comitat de Bihar, on fait un vin blanc qu'on trouve sur les meilleures tables de Pesth et de Vienne, sous le nom de vin Bakator, du nom du cépage BAKATOR appelé aussi ALFOLDY dans le pays d'au-delà de la Theiss (Tisza), d'où il a été tiré. Les grains du raisin sont ovales ou plutôt elliptiques ou simplement oblongs, d'un blanc jaunâtre, très charnus et cependant assez juteux. Je ne suis pas sûr qu'il existe dans nos collections; mais j'ai reçu des frères Bauman sa variété.

GRANAT TZIN BAKATOR qui est d'un rouge de grenat comme l'indique son nom. Les feuilles sont très découpées, cotoneuses à leur envers, même sur les nervures, quoique sur celles-ci ce ne soit qu'en poil épais et fin qui ressemble à du coton; le pétiole est violet et cette couleur se prolonge sur le commencement des nervures. La grappe n'est pas grosse, les grains sont ronds et écartés, leur couleur rougeâtre devient violette à la complète maturité, qui est trop tardive pour notre climat; cette couleur est ternie par une fleur ou pruine abondante. Il y en a aussi une variété noire; d'après le catalogue de la collection de Schams.

Le comitat de Komorn, où est situé le vignoble remarquable de Neszmély, à peu de distance de la rive droite du Danube, nous offre quelques espèces précieuses, en tête desquelles on doit placer le

SAR FEJER SZOLLO mots qui veulent dire : *Raisin blanc de Boue*, pour se faire entendre d'un Hongrois il faudrait prononcer ainsi *char feïr*. C'est bien certainement le Tokay du grand ouvrage qui a pour titre *le nouveau Duhamel*, ainsi que celui de la belle iconographie

de Kerner. C'est également celui que Bosc a désigné comme
le véritable plant de Tokay; mais tous ces auteurs se sont
également trompés; car je ne l'ai vu dans aucun vignoble
de l'Hegy-Allya, et s'il y en a c'est une rareté, parce qu'il
mûrit vers la fin du mois d'août, deux mois avant l'époque
des vendanges de ce vignoble, laquelle est vers la Toussaint,
tandis qu'il est très commun et cultivé même avec prédilection dans les vignobles situés près du Lac Balaton, dans
ceux de Schomlau, de Gyön-Gyös et surtout de Neszmély
au comitat de Komorn. Ses feuilles n'ont rien de caractéristique, mais ses raisins suffisent bien pour le faire reconnaître : ils sont encore moins gros que ceux de notre Malvoisie de Touraine ou Fromenteau de Champenois, Pinot
de Bourguignons, avec lesquels ils ont tant de ressemblance
que je les ai confondus ensemble à deux récoltes successives;
le raisin du Sar Fejer a les grains plus petits, oblongs, et
non ronds comme les a le raisin français, la peau plus
fine, bien plus chargée de cette fleur ou pruine qui rend
la couleur indécise; cette couleur est difficile à désigner
exactement, c'est un gris plutôt bleuâtre que rougeâtre, et
cendré par cette fleur dont je viens de parler; aussi nomme-
t-on ce raisin à Nesmély HAMVAS SZOLLO, ce qui se
traduit par *raisin gris de cendre*; c'est aussi le GRAU-
TOKAYER des Alsaciens, qui n'en font pas le cas qu'il
mérite. Je suis très porté à le regarder comme un vrai Pinot,
avec lequel il s'associe très bien, par sa précocité, toutes ses
bonnes qualités, par tous les caractères qui distinguent
cette famille, notamment par ses sarments minces et allongés;
aussi comme nous n'adopterons probablement pas les noms

hongrois, je proposerais de lui donner celui de PINOT
CENDRÉ DE HONGRIE. Son bois en hiver est plus mince
et d'un gris moins brun, plus clair que celui du Pinot
gris.

BUDAI FEJER (à Nesmély). — WEISS HONIGLER
TRAUBE (vignoble de Bude). — BELA OKRUGLA RAN-
KA (blanc rond précoce), duché de Sirmie. — FRUH
WEISS MAGDALENEN (dans plusieurs vignobles de
l'Allemagne).

Il jouit d'autant d'estime que le précédent. Ses grains
sont plutôt jaunes que blancs, presque transparents, d'une
saveur mielleuse et d'une maturité hâtive. Le vin qu'il donne
dans un sol convenable peut le disputer au vin Muscat par son
bouquet et son goût aromatique. C'est ce que je trouve
dans mes notes; car je n'ai jamais goûté de ce vin, et je
n'en possède pas de plant, quelque peine que j'aie prise
pour cela.

SZOLD SZOLLO (vert raisin). — SZEMENDRIANER.
MAGYARKA dans le Banat. — WELIKA SZELENA ou
SZELENIKA, en Sirmie.

Ses grains sont assez gros, olivoïdes, de couleur verte
qui s'éclaircit à la maturité, serrés à la grappe; le suc est
doux et abondant, mais d'un goût médiocre. Ce raisin
mûrit tard, mais on en fait cas, parce qu'il résiste aux
pluies de l'automne.

Il faut joindre à ceux-ci quelques-uns des cépages déjà
mentionnés, notamment le *Fejér Szollo* et le *Fejér Gohér*,
et quand nous aurons nommé le BELA SLAKAMENKA,
le BELA KADARKAS, le MODU ou JUH FARKA qui

est le LANGSTAENGLER des Allemands, nous pensons que les meilleurs cépages à vin blanc auront été passés en revue.

CÉPAGES A VIN ROUGE ET A RAISINS NOIRS.

Quand j'ai été sur les lieux, en Hongrie, où j'ai passé au moins quinze jours, je me suis trouvé de l'avis de ceux qui avaient fourni des renseignements à l'auteur de la *Topographie de tous les vignobles*, ouvrage qui sera longtemps ce que nous avons de plus exact et de plus instructif sur ce sujet, et j'ai préféré les vins rouges anx vins blancs, soit comme vins d'ordinaire, soit comme vins de liqueur.

Quant à leur salubrité et même à leur agrément j'ai trouvé une grande supériorité dans nos meilleurs vins de France; leurs vins d'ordinaire sont fort échauffants, ils vous infiltrent la lassitude plutôt que la gaîté et l'appétence qui excite à la consommation; aussi dans une salle à manger les buveurs d'eau sont-ils toujours en majorité. — Il n'y a du reste aucun rapport entre les vins de la Hongrie et nos vins de Bourgogne, quoique Julien, l'auteur dont je viens de parler, ait répété que ce rapport existait. Cette erreur d'un auteur si digne habituellement de confiance n'a sûrement pas été commise par lui sur dégustation préalable, mais sur le dire de ses correspondants. — Quant aux vins de liqueur on en boit si peu que leur effet sur l'économie animale est inaperçu, et que les propriétaires sont dégoûtés d'en faire par le défaut de vente.

Je ne parlerai en vin de liqueur rouge que d'un seul, le plus distingué de tous, quoique inconnu en France; c'est le vin produit dans les vigobles voisins d'une petite ville du nom de Menes (prononcez Menesch). Il est moins spiritueux que le Tokay vieux, mais plus riche en bouquet et en sève; on en fait aussi en Sirmie et dans les vignobles d'Erlau et de Gyorok. Comme ce sont les mêmes cépages qui servent à la fabrication des vins de liqueur et des vins d'ordinaire; je m'en tiendrai aux trois ou quatre les plus généralement estimés.

Le KADARKAS dont on fait souvent précéder le nom de CZERNA ou FEKETE qui l'un et l'autre se traduisent par noir, le premier dans la langue slave et le second dans la hongroise, est sans contredit le premier de tous; aussi les Allemands le nomment-ils EDEL HUNGAR TRAUBE (raisin noble de Hongrie). Il porte aussi selon Schams auteur d'un ouvrage sur les vignes et les vins de Hongrie, le nom de RAISIN NOIR DE SCUTARI. C'est le seul de cette couleur qui donne des baies sèches ou *trokenbeers* en allemand. A cette précieuse propriété se joignent d'autres qualités qui concourent à le placer au premier rang, la belle couleur qu'il communique au vin qui en provient et son arôme agréable. Le plant croît rapidement et produit dès la troisième année; et cette fécondité naturelle se soutient longtemps. Enfin, si le cep est par la précocité de sa végétation un peu sensible aux dernières gelées du printemps, sa fleur ne l'est pas autant aux variations de la température; car il ne manque guère de rapporter.

Ses raisins de forme cylindrique allongée, assez volumi-

neux, sont garnis de grains peu serrés, de moyenne grosseur, qui mûrissent de bonne heure en Hongrie; car dans
ma vigne leur maturité est à une époque moyenne, celle de
notre côt, et je n'en ai pas encore vu se passeriller, avoir
des grains secs sur le cep; peut-être cela viendra-t-il. Ses
feuilles sont d'un vert foncé à la face supérieure; bien étoffées; entières pour la plupart, car quelques-unes ont les
lobes bien marqués, cotonneuses en dessous, mais moins que
celle du suivant. La vendange du Kadarkas entre pour les
trois quarts dans la composition du vin de Menes. Ce vignoble est situé sur la partie inférieure du promontoire
d'une branche de la chaîne des Carpathes au comitat d'Arad;
le sol est de l'argile de couleur rouge-brun mêlée de gravier;
quelquefois cette couleur de l'argile est jaunâtre et alors
elle contient moins de gravier.

Un Allemand du nom de Schams, auteur de plusieurs
ouvrages, avait créé une très belle collection de vignes,
près de Bude, et il avait eu l'idée judicieuse de semer beaucoup de pépins de Kadarkas et avec succès; car j'en ai vu
près d'une centaine issus de ces semis. Malheureusement
pour l'industrie viticole cet homme si dévoué nous a été
enlevé au commencement de 1839. Il serait digne d'une
société d'agriculture de quelque département viticole de faire
venir une centaine de crossettes de Kadarkas et une couple
de celles de chacun des ceps du semis dont je viens de parler.
La première partie de cette demande serait d'autant plus
utile qu'il y a plusieurs variétés de cette espèce, ainsi qu'il
arrive à tous les plants communs cultivés dans un pays;
c'est ainsi que j'en possède un de semis, blanc et fort singu-

lier par la couleur brune du pétiole des feuilles, du pédoncule et de pédicelles de la grappe.

TOROK - GOHER. — NAGY SZEMU FEKETE. — FRUH TURKISCH.— Le premier nom qui est hongrois, est traduit par le dernier qui est allemand, et veut dire *Turc précoce*. Les mots qui forment le second nom, signifient *Noir à gros grains*. Il est aprés le Kadarkas le plus estimé dans les vignobles à vin rouge les plus renommés de la Hongrie, notamment dans celui de Gyon-Gyös. Ses feuilles sont plus amples, plus arrondies dans leur limbe ou perimètre, dessiné aussi par des dents plus obtuses, et leur étoffe est aussi plus moelleuse que ne le sont ceux de Kadarkas ; ses jeunes pousses dans les premiers mois ont une teinte rouge-brun qui suffit pour faire reconnaître cette espèce, la vigueur de leur végétation peut y contribuer aussi. La grappe est conique, rameuse et lâche, moins allongée que celle du Kadarkas, mais les grains, de forme ronde sont bien plus gros. La chair assez succulente ne m'a pas paru très fine. La grappe peinte dans l'ouvrage de Kerner est un peu trop petite, quoique ce ne soit pas son habitude de réduire les proportions. La production de ce vigoureux cépage a toujours été abondante depuis qu'il a commencé à fructifier.

PURSCIN (Haute Hongrie). — FEKETE VILAGOS (comitat de Szalader). — KLEIN SCHWARTZ D'OFEN qui, pour les Allemands, est le nom allemand de Bude, où il porte aussi le nom de SCHLEHEN TRAUBE.

Les feuilles sont presque entières, c'est à-dire que les lobes sont peu marqués, elles sont cotonneuses en dessous et leur pétiole est vert. La grappe est ordinairement composée de grapillons cylindriques à la partie supérieure , ce qui lui donne une forme conique , elle est garnie de petits grains bien ronds , d'un franc noir ; le suc est vineux et colore bien quand le raisin est bien mûr ; ce qui lui arrive chaque année , quoique un peu tard. Ce cépage est fort estimé dans tous les vignobles à vin rouge de ce pays, et je crois que c'est avec raison.

CZERNA-OKRUGLA-RANKA (noir rond précoce). — NOIR DE VERSÉCS dans le Banat de Temeswar, (prononcez Verchitch.) NOIR DE FRANCONIE.

Il est surtout cultivé dans les vignobles de Sirmie et dans le Banat. Les vins rouges du duché de Sirmie ont passé pour les meilleurs de la Hongrie jusqu'à la moitié du XVIIᵉ siècle, époque o ù sa réputation à cédé peu à peu à celle du vin de Tockai.—On expliquera facilement sa haute qualité , quand on saura que le plant, dont il est ici question, n'est autre que le Pinot de Bourgogne ; je peux l'attester, car , en ayant apporté des crossettes de la Hongrie ; et en ayant vu le fruit , mes vignerons et moi sommes tombés d'accord que c'était ce que nous appelons ici du *plant noble*, du petit *Auvernat noir* (Pinot *ou* Noirien des Bourgnignons).

Il y a encore en cépages à vin rouge, qui méritent d'être cultivés, le BLAUER-AUGSTER , qui a la grappe lâche, c'est-à-dire à grains très écartés , de la forme d'une petite olive, d'un bleu-noir, et dont les pédicelles sont longs, minces et rouge-vineux.

Je réserve quelques autres cépages pour le chapitre des raisins de table. Mais j'en possède quelques autres sur lesquels je ne peux faire d'article qui offre quelqu'intérêt, parce que j'ignore leur inflence sur la qualité des vins de ce pays ; je n'en mentionnerai que deux dont je connais le nom et qui sont depuis sept à huit ans dans ma vigne. L'un et l'autre poussent avec vigueur.

Le **FEKETE KIRCSOSA** a de beaux grains oblongs, peu serrés à la grappe, d'un goût agréable ; ses feuilles sont amples, bien étoffées et cotonneuses en-dessous, comme celles du Furmint blanc de l'Hegy-Allya ; l'autre raisin, également noir, est

Le **OKOR SZEMU SZOLLO**, ce qui veut dire raisin à grains ressemblant à des yeux de bœuf ; effectivement ils sont très gros, mais un peu âpres, et ils mûrissent moins bien que les raisins du précédent.

Quelques mots sur la taille des cépages hongrois.

Je n'ai pas parlé à l'article de chacun de ces plants de la taille qui lui convient, parce que les vignerons hongrois ont une taille uniforme pour tous, du moins dans les vignobles à vin rouge que j'ai visités près de Bude et dans ceux de l'Hegy-Allya, qui sont tous à vin blanc. — Cette méthode est très simple ; elle consiste à laisser au cep deux têtes près de terre, et à tailler le sarment que l'on garde sur chacune, très court à deux yeux. L'application qu'on en fait à toutes les sortes de cépages, remplit parfaitement les conditions que

demandait un savant [1] que je respecte trop pour le nommer
en cette occasion, et qui, de même que bien d'autres, aurait voulu tout apprendre dans son fauteuil. Je dois ajouter
cependant que dans les vignobles de Rusth et d'OEdem-
burg, les vignerons font preuve de plus d'intelligence et de
raisonnement, comme on peut le voir à l'article *Taille* de
mon ouvrage sur la culture de la vigne et sur la vinification.
J'ai donné depuis, pour la seconde édition de cet ouvrage,
sinon des règles précises et invariables, comme en demandait
ce savant, du moins des indications suffisantes pour appro-
prier la taille à chaque sorte de cépage selon ses dispositions
naturelles ; et l'on verra alors que les motifs qui nous décident
à appliquer à chaque cep la taille que nous croyons lui convenir, n'est point de la part des vignerons une imitation
servile de l'usage, comme on les en accuse ; mais bien le résultat du raisonnement d'hommes éclairés et d'un sens
droit.

[1] Dictionnaire d'histoire naturelle, article *Vigne* ; (édition de Deter-
ville.)

CHAPITRE VII.

—

VALACHIE, MOLDAVIE, CRIMÉE

JUSQU'A L'EMBOUCHURE DU TANAIS OU DON.

Je n'aurai rien à dire sur les cépages de la Valachie, qui
produisent cependant quelques bons vins qui s'exportent en
Pologne et en Russie, et notamment ceux de la Piatra.
J'ai bien rapporté de la collection de Schams un plant de
la Servie ; il s'est trouvé parfaitement identique avec l'*Alicante* du Lot et du Tarn ou *Barbaroux* du Var. Il en sera
parlé au chapitre des raisins de table. — Sur ceux de la
Moldavie, je n'aurai qu'un regret à exprimer, celui de ne
pas connaître le cépage auquel est dû plus particulièrement
l'excellent vin de Kotnar, d'une belle couleur verte qui se
fonce en vieillissant. Il peut figurer, au rapport de Julien,
auteur de la topographie de tous les vignobles, parmi les
meilleurs vins du globe, quoiqu'on lui reproche d'être capiteux, et cependant il paraît que ce plant est productif.

J'aurai plus de détails à donner sur ceux de la Crimée et de cette partie de la Russie qui s'étend de la Crimée à la mer Caspienne, limite orientale que je me suis tracée pour les vignobles de cette région, qui comprend, ainsi que nous l'avons annoncé, tous ceux qui sont au Nord de la Save, du Danube et de la mer Noire.

CÉPAGES DE LA CRIMÉE.

On sait que ce n'est que depuis que cette Péninsule a été annexée à la Russie et en est devenue une province qu'on y fait du vin, parce qu'elle était, avant cette époque, occupée par des Tartares mahométans auxquels l'usage de cette liqueur était défendu. Je parlerai cependant d'un ancien plant du pays dont la tradition a conservé la réputation, et dont une expérience demi-séculaire a renouvelé les titres qu'il avait eus à l'estime des cultivateurs. C'est

Le KOKUR (orthographe de M. Artwisch) prononcez ce dernier nom Kakour. — KAKURA ISJUM (orthographe de Pallas). Comme il était, des anciens cépages de la Tauride, aujourd'hui la Crimée, le plus estimé de tous, d'après les renseignements que j'ai obtenus et selon tous les auteurs que j'ai consultés, en plaçant en tête le savant auteur russe du *Voyage en Crimée*, Pallas, et même, comme depuis qu'on s'est remis à faire du vin dans ce pays, c'est encore avec ce raisin qu'on fait le vin de Sudagh, le meilleur du pays, il m'a paru convenable de commencer par lui ce chapitre.

Toutes les bonnes qualités de ce cépage, qu'avait très bien décrites Pallas, m'ont été confirmées par ces lignes d'une lettre de M. Artwisch, directeur du jardin impérial de Nikita: « Le *Kokur* est le raisin par excellence pour faire du vin, et non-seulement il est le premier de tous sous ce rapport, mais il est aussi excellent à manger. Les grains sont un peu allongés, d'un jaune d'ambre (Pallas dit d'un blanc pâle) ; ils mûrissent vers la mi-octobre. » J'ai peu de chose à ajouter à ces traits suffisamment caractéristiques que j'aurais pu tracer *ex-professo*, car je possède depuis quelques années ce cépage. Il a des feuilles moyennes, très découpées, cotonneuses au-dessous; les sinus sont très grands, arrondis, fermés à l'exception du sinus pétiolaire qui est très ouvert et qui, ayant pour base les nervures, c'est-à-dire des lignes droites, est plutôt anguleux qu'arrondi. Sa végétation n'annonce pas une grande vigueur, non que je pense que cette délicatesse provienne du nombre de degrés de longitude qu'on lui a fait parcourir, mais qu'elle est inhérente à sa nature ; car Pallas le dit aussi implicitement à la vérité, comme on le voit à l'article suivant. Ses raisins mûrissent vers la moitié ou fin d'octobre en Touraine; ainsi, il y a peu de différence avec l'époque indiquée pour la Crimée. — Comme sa multiplication ne m'avait pas très bien réussi par le provignage, je me suis adressé, pour en avoir d'autres, à M. Reynier, directeur de la pépinière départementale de Vaucluse, homme d'une complaisance inépuisable; il a eu la bonté de m'en faire venir de la Crimée, et j'en ai planté cette année une douzaine. J'avais eu les premiers de la belle collection des frères Baumann, dans le Haut-Rhin.

Je possède deux autres variétés de Kakur, plus productives, mais probablement moins fines pour la saveur et d'un moindre prix pour la fabrication du vin; ce sont

Le BIGASSE-KAKUR et le BOS-KAKUR, tous les deux à raisins blancs.

Il me paraît probable que l'une d'elles est le SURWA-ISJUM des Tartares.

Voici ce que le savant voyageur Pallas en a dit : Cette variété a des grappes plus grandes, dont les grains ont une peau épaisse. La souche est plus vigoureuse et les feuilles ne sont pas cotonneuses en dessous. Le vin qu'on en tire est plus abondant, mais d'une qualité médiocre. Le *Bigasse* a conservé sa fertilité dans mon vignoble de la Dorée. On joint aussi aux Kakura quelques autres raisins, dont on fait presque autant de cas; entr'autres

Le SCHIRA-ISJUM (ces mots veulent dire raisin de grains, c'est-à-dire de pépins).

Ses feuilless ont larges, cotonneuses en dessous; ses grains sont serrés, gros et allongés, demi-transparents, recouverts d'une peau mince d'un blanc verdâtre, et leur suc, abondant et aigrelet, est d'un goût très agréable. Il est de bon rapport, et la maturité est assez hâtive; le vin est léger, mais de peu de durée. A la vérité, les Tartares n'apportent pas un grand soin à la fabrication de cette liqueur.

Le TER GULMECK des Tartares ou FEGHIRI des Hongrois. Sa souche est forte, ses feuilles sont peu découpées, réticulaires et cotonneuses en dessous; les grains petits, d'un blanc sale, un peu pointillés de brun, ont une peau très mince et une douceur extraordinaire ; ils se détachent facilement de la grappe.

Le troisième que j'ai remarqué est

Le MYSCHKET , dont la grappe est à grains peu serrés, petits, durs et ronds ; ils prennent une couleur brune, lors de leur maturité. Dans un bon terroir , ces grains sont musqués ; mais ce goût se perd après la fermentation. A ce goût se joint une douceur telle qu'on peut à peine en manger à leur parfaite maturité, et leur suc a presque la même consistance que le miel. Ses feuilles sont grandes , à veines saillantes, cotonneuses en dessous. Quoique ce raisin mûrisse de bonne heure , il se conserve longtemps sur la souche sans se gâter.

Comme les vins rouges sont généralement beaucoup moins bons que les blancs , je ne fais mention du cépage suivant que parce que sa couleur claire ne pouvant tacher le vin blanc , ses bonnes qualités permettent de le réunir aux précédents ; c'est

Le FODSCHA ou BACHSIA. Ses feuilles, d'un vert foncé en dessus et cotonneuses en dessous , deviennent brunes au moment des vendanges. La grappe est de médiocre grosseur et garnie de grains petits , ronds , peu serrés , d'un rose vif, demi-transparents , et ont , par conséquent , une peau mince. Ce raisin , déjà doux au commencement d'août, au moment où il se colore , se conserve sur la souche jusqu'en octobre.

Je terminerai cet extrait du chapitre des vignes de la Crimée du voyage de Pallas, par son article 22 , concernant une sorte de vigne, qu'il me paraîtrait intéressant d'introduire en France; c'est

Le RAISIN ROSE à gros grains. Ses grappes ne sont pas fortes, mais les grains sont très gros; ils ont une peau fine, d'un vert jaunâtre, qui disparaît sous des raies serrées, d'un rouge vif, et en outre ils mûrissent de bonne heure. Il n'est pas de raisin, dit-il, qui flatte plus agréablement la vue d'abord et le palais ensuite.

PINOT DE NIKITA. — Je doute que ce cépage ait traversé, ainsi que le Kakur, la domination des Tartares; du moins son nom ne l'annonce pas; puis il est moins agréable à manger. S'il est propre à faire de bon vin, c'était une qualité sans importance pour eux, puisqu'ils étaient Mahométans. D'ailleurs son nom de *Pinot* annonce les relations nombreuses qui ont eu lieu avec la France depuis une trentaine d'années, et de *Nikita*, qu'il a été trouvé ou créé dans cet établissement viticole ou plutôt jardin impérial, si bien dirigé par M. Hartwis. Ses feuilles amples donnent beaucoup de facilité à reconnaître cette espèce ou sorte de vigne par leur ton jaunâtre, l'aspect luisant, presque huileux de la page supérieure, la nudité complète de celle inférieure, et surtout par le sinus pétiolaire en forme de vale très ouvert, d'environ 160°. La grappe est allongée, les grains, un peu oblongs, sont d'un jaune-clair à leur complète maturité, qui arrive en temps moyen. J'en ai bien une vingtaine de souches d'une grande vigueur.

Il paraît que depuis qu'on fait du vin en Crimée, c'est-à-dire depuis que la Russie s'en est emparée, on a remarqué, comme cépages dignes d'être recherchés, les suivants, qu'on trouve dans la collection des frères Baumann du Haut-Rhin, d'où je les ai tirés :

Le ZANTE BLANC, qui a les grappes très volumineuses et les feuilles très cotonneuses en dessous et très découpées, mais dont les superbes grappes de 2 à 3 centimètres de long, ne mûrissent pas à la Dorée.

Le ZANTE ROUGE, à très longue queue, et aussi à feuilles cotonneuses, très profondément découpées, et à très gros grains, caractères suffisants, particulièrement son long pédoncule, pour le reconnaître. Il en sera parlé au chapitre des cépages de l'Archipel, où il est très répandu.

Le ZANTE NOIR, dont le bois gros et coudé est encore remarquable par ses nœuds très prononcés et par ses belles grappes coniques à grains oblongs, mûrissant très bien et d'une saveur relevée.

Les cultivateurs de vigne ont aussi pris le soin de multiplier la MALVOISIE VERTE de l'île de Chypre : je ne peux rien en dire, ne l'ayant que de cette année.

En voici encore trois autres, qui sont probablement destinés pour la table :

Le MUSCAT ADJEME, dont les feuilles ne ressemblent pas à celles de nos muscats de France. Je n'en ai pas vu le fruit.

Le MARDJENY, dont les raisins sont d'un rouge clair, et la SANTA MORENA, dont le raisin est noir et qu'un amateur aura sans doute tiré d'Espagne, quoiqu'il ne figure sous ce nom dans aucun des catalogues que je connais, ni dans l'ouvrage de D. Simon.

Enfin je possède aussi, de cette année, avec la Malvoisie verte,

Le NOIR DE GIMRAH, comme cépage venu de la Crimée ; toutefois il m'est impossible de dire où est situé Gimrah, car je ne l'ai trouvé sur aucune carte et dans aucun dictionnaire de géographie, et même un employé de la Bibliothèque royale de Paris, auquel je m'étais adressé, a cherché inutilement ce nom à mon intention.

Pallas, dont le voyage scientifique s'effectuait dans les dernières années du siècle dernier, ne parle d'aucun de ces cépages, quoique son article sur les vignes de la Crimée ait quelqu'étendue.

CHAPITRE VIII.

—

RAISINS DE TABLE.

OBSERVATIONS PRÉLIMINAIRES.

Quoique nos Muscats et nos Chasselas ne soient pas in-
connus en Allemagne, cependant j'ai lieu de croire qu'ils
n'y sont pas communs et qu'ils n'y sont pas estimés généralement ; les premiers, parce qu'ils n'y mûrissent pas ; les
seconds, parce qu'ils n'y sont pas cultivés avec ces soins et
cette intelligence qui en doublent la valeur. Déjà même dans
nos départements du Rhin, à Strasbourg du moins, ces
deux espèces de raisins sont remplacées par le Frankenthal,
et on le retrouve à la table de tous les hôtels depuis cette
ville française jusqu'à Vienne inclusivement. On en sert
bien quelquefois d'autres, mais celui-ci est si habituellement offert, que je suis porté à le croire le raisin national

17

de l'Allemagne, y compris la Belgique et la Hollande où on le cultive en serre. Je pourrais en dire autant du Ketsket-setsu pour la Hongrie, d'où il a sans doute pénétré en Allemagne, où il est connu sous le nom de *Geisdutten*.

Je ne comprendrai pas dans le nombre des raisins dont je vais parler, le *Ciotat* ou *Raisin d'Autriche*, ou *Petersilien traube* des Allemands; parce qu'il a déjà comparu comme membre de la famille des Chasselas dans la section de la région centrale, et qu'il ne mérite pas l'honneur d'une seconde mention. Je crois bien qu'un amateur qui passerait quelques moments de la saison des raisins à étudier une collection, située en terrain convenable, ferait indubitablement quelque bonne découverte : je citerai à l'appui de cette probabilité, celle que j'ai faite d'un raisin dont j'ai rapporté une crossette étiquetée KLITZER, de la belle collection de feu Schams près de Bude; cette espèce, dont le raisin a des grains blancs oblongs, m'a paru mériter d'être multipliée.

FRANKEN THAL (depuis Strasbourg jusqu'au-delà de Vienne.)

KNEVET'S BLACK HAMBURG (chez les Anglais.)

C'est seulement comme raisin de table qu'il est cultivé; car je n'ai vu nulle part qu'il fût propre à faire de bon vin. Ce cépage a des feuilles amples, d'un vert peu foncé, de superbes grappes qui mûrissent mieux à Carbonieux près de Bordeaux qu'à la Dorée près de Tours; cependant j'en ai vu d'admirables dans cette dernière ville, en serre chaude, chez M. Cohen, amateur d'horticulture aussi intelligent que zélé. Les grappes de ce raisin sont bien garnies de très beaux grains noirs, ronds, chez M. Cohen et chez moi, un peu oblongs à Carbonieux; ces grains sont doux et sucrés à leur parfaite maturité, mais leur suc abondant est peu relevé.

Il n'est pas inutile de remarquer que le seul cep que j'en possède est greffé sur une souche de Muscat blanc, en espalier et dans un sol où les Muscats et les Chasselas sont les meilleurs que j'aie connus de ma vie. Cependant le raisin du Franken Thal est du goût des frèlons et des guêpes, peut-être à cause du peu de résistance de la peau qui est très mince. Les grains sont soutenus par des pédicelles herbacés, très sensibles aux premières gelées, ce qui expose les raisins à tomber à l'état de brouïssure. Au total, il m'a paru partout un raisin de qualité médiocre; mais les Allemands sont moins difficiles que nous.

FRUH-PORTUGIESER.--BLAUER-OPORTO(Vienne, Pesth, et Catalogue de M. Rupprecht).

Quoique ce cépage vigoureux et productif ne soit pas très commun en Allemagne, parce que son importation n'y est peut-être pas très ancienne, cependant on trouve fréquemment son raisin sur la table des fruitières des deux villes que j'ai citées. D'après ses deux dénominations, on pourrait demander pourquoi je ne l'ai pas réservé pour le chapitre des vignes de Portugal; je réponds que c'est par ignorance du nom qu'il y porte, tandis je l'ai trouvé désigné par les deux noms mis en tête de cet article dans tous les catalogues allemands. Du reste, d'après la maturité facile de son fruit, ce cépage n'est pas déplacé en compagnie de ceux cette région. Son bois est droit et noué très long; ses feuilles sont très amples, entières, planes, nues sur les deux faces et même luisantes à la face supérieure; le raisin est ailé, bien garni de grains ronds, d'un noir assez prononcé, de grosseur moyenne, peu serrés; d'un goût sucré et agréable au moment de la maturité qui n'est pas aussi précoce que le mot *früh* l'annonce, mais qui vient en bon temps. Son goût ne m'a pas paru assez fin pour élever ce raisin au rang de nos raisins de table; mais il se pourrait qu'il fût une bonne acquisition comme raisin de pressoir; du moins j'ai appris que ce cépage était cultivé avec cette destination dans le duché de Baden, et que le vin qu'il produisait était fort recherché.

GRUN-SZIRIFANDL ou ZIERFAHNL (Vienne, Pesth, basse Autriche).

SILVANER ou SALVINER et aussi SCHWABLER (bords du Rhin).

Il y en a deux variétés, le noir et le blanc. Ce dernier est le meilleur et le plus communément offert : ses feuilles sont entières, sans coton ou glabres, comme disent les botanistes. Le bois du sarment est gros, assez facile à distinguer à ses taches rouge-brun, sur un fond gris jaunâtre et à ses nœuds rapprochés. Les grappes sont assez bien garnies de grains serrés, légèrement oblongs, très doux, d'un goût agréable et d'une maturité hâtive. Leur couleur verte ne fait que s'éclaircir à leur complète maturité. Je ne sais rien de leur valeur comme raisin de pressoir.

KETSKETSETSU, ou selon l'orthographe de Szirmay KECSESECSU, et pour les Allemands GEISS DUTTE.

Dans l'une et l'autre langue ces mots veulent dire *pis de chèvre*. On sert communement ce raisin sur les tables, et je l'ai même trouvé dans l'Hégy-Allia, dont le mont Tokay fait partie. Je ne parlerai ici que de la variété blanche; car la noire m'a semblé lui être fort inférieure. Les grains sont plus qu'oblongs, ils sont allongés, et c'est ce caractère qui lui a donné le nom qu'il porte en hongrois, car je ne suis pas aussi sûr du nom allemand. Ils sont très doux et très sucrés à leur parfaite maturité; le bois durant l'hiver est d'un franc gris, qui le fait facilement distinguer. Jusqu'à ce moment il m'a paru peu productif. Mais ces dernières années ont été très peu favorables à la vigne.

La variété blanche n'est point identique avec la *Panse commune* des Bouches-du-Rhône, comme je l'avais cru il y quelques années : les raisins de celle-ci sont beaucoup plus tardifs à mûrir, et ils sont moins allongés; le goût de la Panse est moins agréable que celui du raisin hongrois. On explique plus difficilement la dénomination de *Gouais* que l'ampélographe allemand Kerner, a donné au Ketsketset-su, car ces deux raisins n'ont aucun caractère commun.

Je possède aussi un cépage que j'ai rapporté de la Haute-Hongrie sous le nom de ROSZAS SZOLLO, dont la couleur est rouge claire, il a une végétation vigoureuse; mais je ne l'ai pas assez étudié pour en dire davantage.

Je dois rappeler aussi les quatre espèces de raisins qui sont principalement cultivées comme raisins de table; mais que je ne ferai que nommer comme quelques autres, parce que j'en ai parlé ailleurs; ce sont le RAISIN ROSE A GROS GRAINS, le MUSCAT ADJEME, la SANTA MORENA, tous trois cultivés en Crimée, et le CHADYM-BARMAK d'Astracan qui est notre *raisin Cornichon*.

Quant au **KAKURA**, j'en ai dit assez à son article pour établir son rang de primauté dans ce chapitre; mais je n'ai pas voulu me répéter. Les **KECHMISCH** de la Perse y sont aussi connus et assez communement cultivés pour la table.

———

OBSERVATION

Sur le nombre des cépages dont il a été fait mention.

Quoique quelques catalogues allemands contiennent de mille à deux mille noms de sortes de vignes, il ne s'en suit pas que ces noms désignent autant d'espèces distinctes : il y a de ces catalogues où j'ai reconnu la même espèce sous dix à douze noms différents, et puis nos cépages de France composent la majeure partie de ces catalogues sous les noms souvent défigurés. Je pourrai citer, entre autres cépages français, le *noir de Versecs* (Versitch), que j'ai obtenu de la collection de la Société des propriétaires de vignes et commerçans de vin, située près de Bude. Ce cépage connu dans le vignoble de Versitch (Hongrie) sous le nom de *Czerna Okrugla Ranka* s'est trouvé, comme je l'ai dit à son article, parfaitement identique avec le Pinot ou Noirien de Bourgogne. Ainsi donc en comprenant, dans l'état que je viens de donner, les cépages de France tels que les Chasselas, Muscats, Pinots, etc., en y joignant les raisins de table dont nous venons de parler, j'ai la conviction que je n'aurai commis que très peu d'omissions importantes.

RÉGION MÉRIDIONALE,

Comprise à L'OUEST et au MIDI entre les deux mers et bornée au NORD par une ligne qui, partant du bassin d'Arcachon, suivrait les limites Nord du département de la Haute-Garonne, remonterait le cours du Tarn, laisserait au Nord les montagnes du Vivarais, couperait le Rhône à son confluent avec la Drôme, l'Isère qu'elle remonterait également, irait joindre le Pô à quelques lieues au-dessous de Turin jusqu'au Golfe de Venise, puis la Save jusqu'à son confluent avec le Danube dont elle suivrait le cours jusqu'à la mer Noire, et se terminerait aux frontières NORD et EST du royaume de Perse.

Cette région abonde en vins de nature très diverse. Cette diversité ne peut manquer d'avoir lieu, les cépages qui les fournissent étant en bien plus grand nombre que dans les autres régions. Les meilleurs vins de celle-ci ont généralement des qualités qui leur sont communes : ils sont riches de couleur, corsés, spiritueux, capables de supporter les voyages de long cours et très propres au mélange avec quelques-uns de nos vins du nord de médiocre qualité, qui sont plus légers et quelquefois acidules. Les défauts de ceux du midi sont tout différents de ceux qui affectent les nôtres dans les mauvaises années : ils sont douceâtres, sirupeux, pâteux ; puis ils se gâtent ou bien deviennent violents et d'un goût plus désagréable que ne le sont jamais les nôtres.

C'est aussi dans cette région que l'on fait les meilleurs vins de liqueur, dont les plus communs, ce qui ne veut pas dire ici ceux d'une qualité inférieure, sont les vins *Muscats*. D'autres cependant leurs sont préférés, tels que le Granache, le Maccabeo de Salces, le vin de Paille de l'Hermitage, le Pedro-Ximènes de l'Espagne, l'Aleatico de l'Italie, la Malvoisie de Lipari et des îles Ioniennes, le vin d'Or du Mont-Liban, etc. Il y aura bien peu de ces vins qui ne soient réprésentés dans le travail qui va suivre, par les cépages auxquels ils doivent leur nom et leur renommée. J'aurais pu ajouter le Tokay du Gard et de l''Hérault, comparable à tout ce que l'Hegy-Allya produit de meilleur ; vin pour lequel je proposerai un nom plus rationnel, en ce qu'il cesserait de constituer un faux, le nom de vin de *Furmint*, du nom du plant qui le produit.

Du grand nombre d'espèces cultivées dans la région méridionale, M. Lenoir, auteur d'un ouvrage fort estimable sur la culture de la vigne et la vinification, conclut que ces vignobles ont plus de moyens que ceux du nord d'améliorer leurs vins ; je ne veux pas contredire absolument cette conclusion, et je n'entamerai pas de discussion à ce sujet ; toutefois je ne peux pas faire abnégation de ma conviction, qu'en joignant à ceux déjà connus dans la région centrale et dans celle septentrionale quelques-uns des cépages du midi qui pourraient parvenir à une complète maturité dans ces régions, nous en aurions bien assez pour maintenir notre rang et obtenir toutes les améliorations désirables, qui ne consisteraient, du reste, que dans une plus grande variété de nos vins. Je crois même avoir demontré, non pas par des phrases artistement combinées, mais physiquement, matériellement, que nous pouvions faire des vins de liqueur, dignes de rivaliser avec les meilleurs vins de cette nature , auxquels la température du midi est si favorable.

CHAPITRE I.

—

CÉPAGES DE LA FRANCE MÉRIDIONALE.

CÉPAGES A RAISINS NOIRS.

MOURVEDÉ, MOURVEDON, MOURVÉS, MOUR-VEGUÉ(ancienne Provence).—**MATARO** (Pyrenées Orientales). — **BALZAC** (ancien Poitou). — **ESPAR** (Gard, Hérault, Ardèche).— **BENI CARLO** (Dordogne). **TINTO** de la Nerthe (Vaucluse).

Il doit sans doute son premier nom et ceux qui en dérivent, ainsi que celui de Mataro, à son extraction des vignobles de Murviedro et Mataro en Espagne (Valence et Catalogne. Il m'en est aussi venu d'Italie une variété fort précieuse, dans un paquet de Brachets; je crois qu'elle y porte le nom de **PIGNOLO**.

Ses feuilles à nervures violettes sont d'un vert un peu terne à la face supérieure, très cotonneuses en dessous au point d'en être blanches; elles sont planes, presque toujours entières ou du moins peu découpées. Ses sarments sont en hiver de couleur rouge et les nœuds violets; cette dernière couleur bien prononcée les fait facilement reconnaître, pendant leur végétation; leur direction verticale est un autre caractère facile à saisir. Les grappes sont assez grosses, bien faites dans leur forme conique, bien garnies de grains ronds, de médiocre grosseur, et d'un bleu azuré, d'une saveur peu agréable; le suc est un peu coloré lors de la parfaite maturité du raisin, que nous obtenons difficilement ou du moins tardivement sous le ciel de la Touraine. La peau du grain, un peu épaisse, le défend bien contre l'humidité prolongée. Il a aussi le mérite d'entrer très tard en végétation, ce qui le préserve souvent des gelées printanières. Dans le département du Var c'est le raisin de vigne le plus estimé; il donne, selon MM. Laure et Canolle, un vin bien coloré, sain, moelleux et agréable, quand il a passé sa première jeunesse, durant laquelle il est un peu austère. Il est également estimé dans les Pyrénées sous le nom de Mataro, ainsi que dans l'ancien Poitou, selon un propriétaire fort éclairé, M. Creuzé-Latouche; voici les termes dont il s'est servi : « Le Balzac produit abondamment, donne un vin dur dans sa jeunesse, mais généreux et de garde. » Son mérite est également apprécié en Saintonge, d'après M. Brunet qui fait l'éloge du vin qu'il produit, et cela sans aucune restriction. L'auteur du chapitre vigne du *Nouveau Duhamel*, a donc eu tort de dire que ce plant n'était cultivé que par ceux qui préféraient l'abondance à la qualité. Je dois dire cependant qu'on accuse ce plant de ne pas durer longtemps; ce qui s'expliquerait par sa constante fertilité; mais s'il donne autant en vingt années qu'un autre en cent, je ne vois pas qu'on soit très fondé à se plaindre; ce serait du reste un défaut qu'il aurait de commun avec un excellent cépage, dans le midi du moins, le Granache. On ne conçoit pas que l'abbé Rozier, et Bosc d'après lui, aient dit que le Mourvédé était identique avec le Pinot de Bourgogne; je ne connais pas de cépages qui présentent plus de différences. Ce n'est pas à lui seul qu'est due la qualité du vin des Mées (Basses-Alpes); Bosc avait encore reçu dans cette circonstance des informations erronées; c'est surtout aux Bouteillants dont nous allons parler. L'auteur d'un mémoire estimé sur la vigne et la vinification, M. Bergasse, ainsi que feu Sinety dans son *Agriculteur du Midi*, ont reconnu que la meilleure composition d'une vigne, dans l'ancienne Provence, était de trois quarts de Mourvedé et d'un quart de Brun-fourca.

En conséquence nous allons passer naturellement à ce dernier cépage.

BRUN-FOURCA (ancienne Provence). — **MOULAN** (Hérault).

Je ne rapporte pas la description latine du professeur Gouffé, parce que je la crois peu exacte; par exemple il a mis *acinis rotundis*, et il m'est impossible de ne pas y substituer *oblongis*. Je ne parlerai donc que d'après mes propres observations. Ses feuilles sont à peines moyennes, d'un vert jaunâtre, luisantes, très tourmentées, recoquillées en dessous, surtout vers le temps de la maturité du raisin où elles se panachent de rouge sur les bords. La grappe est belle, son pédoncule et ses pédicelles sont d'un violet foncé ou en viné ; les grains oblongs, noirs, assez gros, d'un goût acidule sucré et agréable. Ce cépage a le défaut d'être précoce au débourrement et de donner du fruit difficile à mûrir, sous le climat de la Touraine du moins, car dans le midi on lui reproche de s'égrainer facilement à la maturité. Nonobstant ce défaut, dit M. Laure, auteur d'un cours complet d'agriculture pour le midi de la France, il est encore l'un des cépages du meilleur produit. L'auteur du chapitre de la vigne dans le *Nouveau Duhamel*, dit que c'est le plant dominant dans les vignobles de la Gironde ; mais c'est évidemment une grosse erreur : j'ai fait venir bien des fois les plants les plus estimés de la Gironde et jamais il ne s'y est trouvé. M. Sinety et Bergasse, œnologues qui m'inspirent une égale confiance, conseillent de préférer le Brun-fourca au Mourvedé dans les sols secs et élevés, parce que disent-ils, ce dernier ne prospère pas dans un sol pareil ; mais je dois dire que tous les deux sont chez moi dans un terrain de cette nature, et que le Mourvedé s'y comporte mieux que le Brun-fourca.

BOUTEILLAN. — CAYAU. — CARGO-MUOU (Basses-Alpes et Bouches-du-Rhône). Quoique ce cépage soit le plus commun dans les vignobles des Mées (Basses-Alpes), dont le vin a quelque réputation, nous sommes portés à croire que c'est principalement du sol que ce vin tire sa bonne qualité ; car les trois cépages connus sous ce nom, produisent trop abondamment pour qu'on puisse attendre d'eux du vin d'une haute qualité ; du moins c'est là l'opinion de M. Laure, auteur déjà cité. A la vérité il ne parle que de la variété à grosses grappes et à gros grains, d'un noir rougeâtre, et d'un goût un peu acerbe ; il ne connaissait pas celle à petits grains, qui est préférable. Voici ce que m'a écrit à ce sujet M. le baron Salamon, propriétaire d'une vigne située dans le vignoble des Mées : « Ces deux variétés donnent énormément dans un sol riche; mais pour en obtenir du vin de qualité, il faut les planter sur un coteau exposé au soleil couchant. De la nature du sol dépendent la saveur, le moëlleux et le goût particulier du vin des Mées. Et cela est si vrai que dans la commune d'Oraison, qui est contigue à celle des Mées, et dont la plupart des vignes sont plantées avec des crossettes prises dans ce vignoble distingué, on est loin de récolter d'aussi bon vin qu'au vignoble des Mées. » L'auteur du chapitre *Vigne* dans le *Nouveau Duhamel*, reconnait aussi le mérite du Bouteillan pour la fabrication du vin et même pour la table, ce qui ne s'accorde guère avec le goût acerbe dont a parlé M. Laure, auteur qui a écrit sur les lieux où ce cépage est cultivé.

Les Bouteillans noirs, qui sont les seuls dont j'ai parlé, ont une variété, le BOUTEILLAN A RAISINS BLANCS avec laquelle on fait aussi de bon vin, plutôt potable même que le vin rouge, mais qui cependant ne se vend jamais aussi cher.

CATALAN (littoral de la Méditerranée).

Comme ce cépage n'a pas encore donné de fruit chez moi, j'ai cru licite de prendre l'article qui le concerne dans le bel ouvrage qui a pour titre le *Nouveau Duhamel*, et dont l'auteur du chapitre *Vigne* est M. Michel. Je ne me suis permis qu'un petit nombre d'observations, dont la plus

18

importante est celle que j'ai faite au sujet de sa prétendue ressemblance avec une variété du Pinot de Bourgogne, connue généralement sous le nom de *Meûnier*.

Vitis acino subrotundo, nigro, molli. (Garidel.)

Ce cépage, très commun en Provence, donne son fruit à la même époque que le Mourvède. Les feuilles et le bois de l'un et l'autre sont assez ressemblants; mais il y a une grande différence dans les fruits. Le Catalan a la queue ligneuse, la grappe ailée, les grains sont assez gros et le suc en est très doux; le Mourvède, au contraire, a la queue herbacée et n'a pas de grappillons ou ailes (c'est une erreur, les grappillons sont même très apparents, mais ils sont serrés contre la grappe); les raisins sont petits (ils sont beaux, ce sont les grains qui sont petits et serrés), le goût peu relevé. M. Antoine David, qui avait reçu des sarments ou crossettes directement d'Alicante, a reconnu l'idendité des ceps qu'ils ont donnés avec l'espèce déjà connue sous le nom de Catalan. Il produit encore plus que le Mourvède; mais le vin de ce dernier est plus couvert et plus généreux; du reste leur vendange fait bien ensemble. L'auteur de l'article *Catalan* dit que ce cépage a beaucoup de rapports avec le Meûnier, mais il aurait eu bien de la peine à désigner un seul de ses rapports, si ce n'est l'épais coton qui couvre la face inférieure des feuilles.

TEOULIER et MANOSQUIN ou PLANT DE MANOSQUE (Var et Bouches-du-Rhône).

Ce cépage passe pour donner de très bon vin et nous conviendra mieux que le précédent, pour la bonne et facile maturité de ses raisins. Le seul défaut que je lui connaisse est d'être un peu trop pressé de répondre aux excitations des rayons du soleil du mois d'avril ; aussi, qu'il vienne une gelée, nul cépage ne se présente dans un état plus vulnérable. C'est regrettable, car les grappes sont belles, régulières, bien garnies de grains noirs, d'une grosseur et d'une maturité égales, légèrement oblongs et d'une saveur agréable. Quoique leur peau soit épaisse, ils mûrissent parfaitement, et comme, avec cette pellicule ferme, ces grains ne sont pas très serrés, ils se maintiennent bien contre les pluies. La vendange donne, selon plusieurs auteurs ou correspondants, un vin moelleux, bien couvert et propre au transport. Les feuilles sont presqu'entières, c'est à dire que les lobes sont peu marqués, elles sont plutôt dentées que divisées, nues en-dessus, sans coton ni même de poils. C'est bien à tort que Chaptal, Bosc et bien d'autres qui sont leurs copistes, ont cru ce cépage identique avec le Morillon de Bourgogne, et, sans doute à cause des mots *succo nigro* de Garidel, lui ont trouvé beaucoup de rapport avec notre *Gros-noir* ou *Teinturier* ; car ce n'est que dans le midi que ce suc est noir, tandis que celui de teinturier est noir partout. Les bourgeons étant d'une égale grosseur, d'un bout à l'autre, ne tardent pas à être traînants, et nécessitent le secours d'échalas.

ARAMON, PLANT RICHE (Gard, Hérault).

UGNI NOIR (Var, Bouches-du-Rhône).

REVALLAIRE (Haute-Garonne).

Quoique mon intention n'ait pas été de parler de cépages grossiers tels que celui-ci, cependant mon plan a dû subir quelque modification, quand l'opinion d'hommes respec-

tables s'est trouvée en contradiction avec ma conviction. Or,
l'*Aramon* est non-seulement mis au nombre des cépages
les plus méritants par Bosc , auteur d'un cours complet
d'agriculture , il est également traité par un Provençal , auteur d'un autre cours d'agriculture pour le midi de la
France, M. Laure, de Toulon, et par un grand propriétaire
de vigne dans l'Hérault, M. Cazelis-Allut. A la vérité ce cépage est en grande proportion dans le clos de Bernis, dont le
vin est assez estimé dans le pays , mais qui est encore plus
remarquable pour l'abondance de ses produits. C'est donc
là le grand mérite de ce plant , d'être extraordinairement
fertile en certains sols , dans ceux surtout qui ne sont pas
sujets à la gelée, et il y est d'autant plus sensible qu'il est
des premiers à bourgeonner. Si M. Laure, auteur cité plus
haut , a affirmé qu'il donnait du vin de bonne qualité et
qu'il faisait le fonds des vignobles de Draguignan et de Bri-
gnoles ; d'un autre côté, Cavoleau, dont la statistique œnologique a été jugée digne d'un prix par l'Institut , nous apprend dans cet ouvrage que ces vins-là sont des plus mauvais de la France, et ne se vendent en prix moyen que
10 fr. l'hectolitre. Julien , le plus éclairé et le plus expert
de nos œnologues , dit aussi qu'ils sont faibles de couleur,
d'un goût peu agréable et , quoique durs , qu'ils ne supportent ni la chaleur ni les voyages. M. le docteur Touchy ,
de Montpellier , confirme l'opinion de la médiocrité du vin
qui en provient : « Si la qualité pouvait s'allier à l'abondance , l'Aramon serait impayable , dit-il ; mais il n'en est
pas ainsi. » Enfin un riche propriétaire des Pyrénées-Orientales , M. Jaubert de Passa , membre correspondant de

l'Institut , déclare qu'il n'est propre, ainsi que le *Terret-bourret*, qu'à faire des vins de chaudière , et il déplore son introduction dans le département qu'il habite. Maintenant on doit savoir à quoi s'en tenir sur la valeur de ce plant. Il a des feuilles nues ; d'un vert un peu jaunâtre ; quoique dépourvues de coton à leur face inférieure, on peut remarquer quelques poils courts sur leurs nervures , les lobes sont plutôt indiqués que bien prononcés. Les grappes , supportées par un long pédoncule plus herbacé que ligneux , sont cylindriques , allongées , garnies de gros grains noirs , bien ronds et écartés. Quand je les dis *noirs*, j'ai entendu parler de leur état normal , tels qu'ils sont sans doute à leur maturité dans le midi ; car , sous le climat de la Touraine, une partie des grains restent rouges ; ce qui indique une maturité difficile et inégale. C'est aussi de même qu'il s'est comporté dans la Vendée chez un propriétaire qui passe ses hivers à Tours.

Quoiqu'en procédant par réunion de cépages en famille , la place de l'UGNI BLANC paraisse devoir être ici, je crois devoir le garder pour la section des vignes de l'Italie où il a été mieux apprécié et cela depuis plusieurs siècles. Il me paraît cependant nécessaire de rappeler que sa vendange concourt à la composition de l'excellent vin de *Cassis* près de Marseille, et au département du Var dans celle du vin appelé *Clarette de Trans.*

FER, FER-SERVADOU, (Tarn , Garonne.) — PETIT FER (Dordogne.) SCARCIT , des vignerons bordelais.

La description que m'en a donnée M. Isarn de Montauban , m'a paru si complète que je n'ai pas cru devoir y rien

changer : « Le surnom de *Servadou*, qui veut dire *se conserver*, lui a été donné par nos vignerons à cause de la qualité qu'il a de se maintenir en bon état et de se dessécher
plutôt que de pourrir. Ce cépape est très vigoureux ; ses
crossettes sont d'une réussite admirable et donnent souvent
dès la première année des pousses de plus d'un mètre de
long. Les feuilles sont d'un vert pâle, mat, à cinq lobes
peu profonds, couvertes à la page inférieure d'un léger duvet
blanc ; les sommités des jeunes bourgeons sont d'un jaune
verdâtre. Les grappes sont ailées, à queue courte et bien
garnies de grains petits, très noirs, ronds, inégaux et très
serrés (d'où lui est venu son nom de Scarcit, qui veut dire
serré en patois gascon). Son bois est très reconnaissable en
hiver à sa couleur rouge-canelle foncé. Ses raisins donnent
une bonne qualité de vin, d'une longue conservation et
d'une amélioration progressive ; ce vin acquiert par l'âge un
bouquet comparable à celui du vin de Bordeaux ; il est
léger, agréable et d'une couleur brillante. Son côté peu
favorable est son défaut de fertilité, ne donnant guères que
de deux années l'une ; aussi est-il peu recherché dans les
nouvelles plantations. Comme il a plusieurs variétés, il est
important de ne multiplier que la meilleure. » Je dois ajouter qu'ayant pu goûter une grappe de *Fer* quelques jours
avant de livrer ce cahier à l'impression, je lui ai trouvé une
saveur qui rappelait singulièrement celle du Carmenet. Son
défaut de fertilité et la vigueur de sa végétation donnent
une indication suffisante de la taille qui lui convient ; c'est-
à-dire qu'il faut, comme l'a recommandé **M. J. Bergis**,
habitant du pays où il est le plus cultivé, élever la souche

et coucher en treille les verges qu'on lui laisse. Ce dernier œnologue fait le plus grand cas du Fer-Servadou et a beaucoup contribué à le réhabiliter dans l'esprit des propriétaires.

TRIBU DES PICPOUILLES.

PICPOUILLE (Var , Bouches-du-Rhône, Gard, Hérault.)

PICAPULLA (Pyrénées et Espagne); prononcez Picapouya.)

Je commence par la noire, quoiqu'elle soit peu estimée aux Pyrénées-Orientales, où elle est cependant très commune, sans doute à cause de son abondante production ; mais ce qui est en sa faveur, c'est qu'elle fait le fond d'un des vignobles les plus renommés du midi, le clos de la Nerthe (Vaucluse.)

C'est à son fruit surtout qu'on peut la reconnaître, à ses grappes nombreuses et bien fleuries, à leurs grains oblongs, serrés, dont la couleur est longtemps rougeâtre, et à leur tardive maturité, qui en rend la culture peu profitable sous notre climat. Son bois est noué court et n'annonce pas une végétation vigoureuse ; aussi fera-t-on bien de le tailler à court bois. Cette variété de vigne est d'autant plus commune dans les vignobles du midi , que non-seulement elle est très fertile , mais qu'elle passe pour donner un vin coloré et spiritueux , d'une moindre qualité cependant que celui de la

PETITE PICPOUILLE NOIRE , presqu'aussi fertile , et fort estimée sur les coteaux de la Dordogne. La grappe de celle-ci est courte , à grains petits, légèrement oblongs, plus agréables au goût que ceux de la précédente et d'une maturité plus facile. Sa vendange donne dans les bonnes années un vin généreux ; et de plus ce plant n'est pas difficile sur le terrain ; aussi est il fort répandu dans les vignobles de la Dordogne. Toutefois les deux variétés , dont il me reste à parler , me semblent les plus précieuses.

PICPOUILLE GRISE ou ROSE.

Cette dernière dénomination de couleur me paraît mieux exprimer la nuance de la sienne.

On fait beaucoup de cas de cette variété dans le département de l'Aude , où elle concourt pour une forte proportion à la composition de la Blanquette de Limoux ; il en est de même aux Pyrénées-Orientales, où l'on fait de sa vendange exclusivement , un vin sec, très spiritueux et très agréable. Il est aussi de bonne garde et j'en parle pertinemment ; car j'en ai fait venir un barril d'un hectolitre, il y a une dixaine d'années. On dit qu'on peut le rendre mousseux, en le mettant en bouteilles au printemps ; mais je me défie un peu des vins mousseux du midi. Les grappes sont belles , ailées , bien garnies de grains trop serrés , oblongs, grisâtres d'abord , puis roses ou rouge-clair. Le bois est noué court , et presque blanc au temps de la végétation ; les feuilles sont un peu cotonneuses en dessous ; la couleur rose du commencement des nervures et de leur point de départ forme, ou plutôt a souvent formé pour moi, un caractère distinctif. Il est fâcheux d'être forcé d'ajouter que son fruit parvient difficilement à une complète maturité, et c'est vraiment regre-

table ; mais on pourrait rendre cette maturité plus facile ,
en traitant ses raisins comme le font les vignerons du Jura
pour certaines espèces très productives : retrancher le tiers
inférieur de la grappe aussitôt après la floraison. J'ai le projet même de faire mieux en retranchant ce tiers longitudinalement au lieu de faire cette opération transversalement
ou horizontalement.

La PICPOUILLE BLANCHE est la source des eaux-de-
vie d'Armagnac, eaux-de-vie presqu'aussi renommées que
celle de Cognac. Je ne suis pas certain de l'avoir dans ma
collection , quoique j'aie cru la reconnaître ; c'est pourquoi
je n'en dirai pas autre chose.

Je crois utile de reparler d'un cépage assez répandu dans
les vignobles du midi , dans ceux aussi du Tarn , de la Garonne et de la Dordogne, quoiqu'il ait déjà eu son article
dans la première partie ou région occidentale au chapitre des
Vignes de la Charente. C'est le

MAROCAIN.

Je connais peu de sortes de vigne dont les raisins pré-
viennent plus en leur faveur : ses belles grappes à gros grains
oblongs, bien fleuris et peu serrés , sont supportées par un
long pédoncule, et elles parent aussi bien un dessert qu'elles
ont de mérite pour la cuve. Son feuillage est facile à distinguer à la petitesse des feuilles des surbourgeons, à leur
profonde découpure et à leurs dents aigues ; elles sont si
abondantes qu'elles cachent les premières feuilles qui sont
généralement d'une grandeur moyenne. Son seul défaut
pour nous est que la maturité du fruit est un peu tardive ,
guères plus cependant que celle de l'*Ouilliade* avec les rai-

sins de laquelle les siens ont beaucoup de ressemblance ; toutefois ceux du Marocain sont d'une plus longue conservation, et ont la peau plus épaisse.

AGUDET NOIR, (Tarn et Garonne.)

Quoiqu'il ne soit pas venu à ma connaissance que la vendange de ce cépage entrât dans la composition d'un vin de quelque renom, cependant l'aspect de ses raisins, leur forme particulière et leur abondance, me portent à l'établir ici comme un cépage qui mérite l'attention d'un amateur. Un œnologue de Montauban en fait à la vérité peu de cas ; mais un grand propriétaire de vignes, M. Ayral, qui a souvent publié de judicieuses observations sur ses cultures, a fait celle-ci : que le vin d'Agudet était spiritueux et d'un bon goût. Les grappes sont belles, bien garnies de grains plus qu'oblongs, ressemblant beaucoup à ceux du Donzelinho du Portugal, mais le goût est différent. Les feuilles présentent aussi quelque différence. La maturité du raisin n'est complète qu'une dizaine de jours après celle de notre Côt, Côt rouge, Pied-de-Perdrix, etc.

TRIBU DES MAUZACS.

MAUZAC (en plusieurs départements traversés par le Tarn et la Garonne.)

FEUILLE RONDE (id. mais particulièrement en Tarn et Garonne.)

Quoique ce cépage soit connu dans le département de la Côte-d'Or, et même qu'il y en ait un de ce nom dans le

département des Ardennes, nous le plaçons dans cette
région, parce que son principal campement est sur les coteaux du Tarn et ceux de la Garonne, où il est fort estimé,
tant pour la qualité que pour l'abondance de son produit.
Ce n'est pas à la couleur de son fruit que la variété, sujet de
cet article, doit sa valeur ; car elle éclaircit plutôt la nuance
du vin rouge qu'elle ne la fonce, le raisin étant d'un rouge
clair.

Il y a cependant un MAUZAC NOIR, dans le département du Lot et même dans celui des Ardennes ; mais il est
moins cultivé et sans doute moindre en qualité que celui-ci
et les deux autres blancs. Toutefois il est seul porté sur les
catalogues que j'ai reçues des frères Baumann et des frères
Audibert.

Le second nom du Mauzac dont il est question, *Feuille
ronde*, s'applique également au Mauzac rouge et aux blancs,
et ce caractère, qui leur est commun, est d'un facile usage
pour les faire reconnaître, en outre de leur rondeur. Les
feuilles sont peu découpées et des plus petites que je connaisse, leur face inférieure est un peu cotonneuse et d'un vert
terne à leur page supérieure. Les grappes, dont le support
ou pédoncule est court, sont ailées, coniques, garnies de
grains ronds de médiocre grosseur, trop serrés, de couleur
rouge–clair un peu cendrée, c'est-à-dire ternie par une fine
poussière que nous appelons fleur. Le raisin est d'un goût
sucré, très relevé, se soutient bien contre l'humidité et se
conserve longtemps. Ses rameaux étalés laissent voir de nombreuses grappes réunies en couronne près de la souche, ce
qui rend ce cépage d'un aspect agréable au moment des ven-

danges et indique en même temps qu'il faut le tailler court
sur les deux ou trois sarments les plus rapprochés de la
souche. Un léger défaut du fruit c'est que les pépins sont un
peu gros en raison du petit volume des grains, et la chair de
ceux-ci un peu consistante, peu abondante en suc.

La vendange du Mauzac rouge fait très bien avec celle des
raisins noirs, particulièrement avec celle de l'Auxerrois du
Lot et du Tarn ; aussi quelques propriétaires s'en tiennent-
ils à ces deux cépages ; cependant le raisin du Mauzac mûrit
plus tard que celui de l'autre, qui est notre bon Côt ; je
compte néanmoins le multiplier. Ces raisins du Mauzac entrent aussi avec avantage dans la vendange des raisins blancs
et communiquent au vin qui en est composé, un goût
sucré fort agréable et qui se soutient longtemps ; aussi est-
ce au mélange du Mauzac et de la Blanquette qu'on attribue
la haute qualité du vin blanc d'Aussac.

M. Isarn, de Montauban, duquel je tiens la plupart de ses
renseignements, m'en a envoyé une variété de ce Mauzac, à
grains plus écartés et plus petits et à queue plus longue ;
mais un membre de cette famille, encore plus répandu que
le Mauzac rouge est le

MAUZAC BLANC, qui porte aussi le nom de BLAN-
QUETTE dans les départements de l'Ariége et de l'Aude.
Dans ce dernier, elle concourt avec la Clarette, dont nous
allons parler, à la composition de l'agréable Blanquette de
Limoux. C'est un cépage robuste qui prospère dans presque
tous les sols. Son seul défaut, qui en est un grand pour nous,
est la maturité tardive de ses nombreux raisins, dont il est
à propos de modérer l'abondance par une taille courte.

CLAIRETTE et aussi BLANQUETTE (département du Gard , de l'Aude , de l'Hérault , des Pyrénées-Orientales).

CLARETTA (comté de Nice) — COTTICOUR (Tarn et Garonne.)

MALVOISIE (improprement dans les départements de la Gironde , Lot et Garonne.)

Son bois est en hiver d'un gris rougeâtre à sa partie infé-rieure , le rouge est plus intense sur les gros sarments , le gris sur les petits ; ces couleurs tournent au fauve en s'éloi-gnant du point de départ des bourgeons , qui sont rayés de lignes brunes. Ses feuilles , un peu tourmentées , sont très cotonneuses en dessous, et le vert foncé de la page supérieure fait ressortir la blancheur du coton abondant et épais de son envers. La grappe est ailée, allongée, assez régulière dans sa forme conique , bien garnie de grains oblongs, peu pressés , demi-transparens, fermes, plutôt pulpeux que juteux, d'une douceur agréable et relevée. Ces raisins sont en outre d'une bonne conservation; ce qui les rend précieux pour les habi-tants du midi, d'autant plus qu'ils font la base d'un vin assez recherché dans les lieux où on le produit , mais peu connu ailleurs. Pour nous ce cépage a beaucoup moins de valeur , à cause de la tardive maturité de ses raisins , et en cela elle est très différente de la vraie *Blanquette* du Gard et de la Dordogne, dont les raisins mûrissent au moins six semaines avant ceux de la Clarette, mais ne se conservent pas. On m'a fait l'honneur de m'envoyer quelques bouteilles de ce vin ; mais je ne le jugerai pas sur cet échantillon ; j'aime mieux m'en rapporter au jugement des auteurs que j'ai consultés ou aux renseignements que j'ai obtenus moi-

même et je dirai, qu'à Rivesaltes et dans les vignobles de
Limoux, après avoir cueilli les raisins, on les laisse exposés
au soleil pendant une huitaine ; on en tire un vin qui devient bientôt sec, spiritueux et mousseux même; mais, je
le repète, d'une qualité différemment appéciée par les amateurs et qui me paraît être comparable à celle du vin de Champagne dans la proportion de leur prix respectif sur les lieux ;
un franc et trois francs. C'est du moins l'opinion d'un auteur
justement estimé, M. Julien, qui, par goût comme par état,
était en position de bien connaître et de bien juger le mérite
de tous les vins renommés, puisqu'il en faisait le commerce.
Il reconnaît les Blanquettes de Limoux, de Calvisson etc.,
comme des vins légers et agréables; mais il ne les place
cependant qu'au quatrième rang des vins de cette espèce.
Sinety, auteur d'un ouvrage recommandable, *l'Agriculteur
du midi*, et M. Laure, auteur d'un ouvrage pareil, mais
plus complet, recommandent également la réunion de la
vendange de la Clarette avec celle de l'*Ugni blanc*, pour la
composition de la meilleur Blanquette que le sol peut produire. J'ai appris que la Clairette avait été substituée au Picardan pour faire le vin qui était et qui est encore connu
sous ce même nom de Picardan. Ce cépage s'accommode
très-bien, selon M. le docteur Touchy, d'être conduit en
en treille, dans le département de l'Hérault du moins. Il
a une jolie variété ;

La CLARETTE VIOLETTE, qui n'en diffère guères que
par la couleur : elle est également productive, et ses raisins
d'une maturité difficile; mais la blanche est plus généralement cultivée.

Il est un autre cépage que je ne crois pas de la même famille, quoiqu'il porte le nom de

GROSSE CLAIRETTE, dans les départements de la Gironde et peut-être quelques départements voisins; j'en parlerai en détail sous le nom qui me paraît lui convenir davantage de *Malvazia grossa*.

COULOUMBAOU (ancienne Provence.) — COLOMBA
et aussi CHALOSSE dans p'usieurs départements du midi
et vers la Charente.

MELLENC (Tarn-et-Garonne).

Je ne crois pas que ce cépage soit le même que la Chalosse
de la Gironde; toutefois il est vigoureux et productif; ses
raisins sont d'un très bon goût et mûrs de bonne heure,
mais pourrissent très promptement. Sa vendange, dit
M. Laure, produit un vin doux et pétillant, et passe pour
être nécessaire à la composition de tout vin blanc auquel on
désire donner de la qualité. Elle s'associe bien avec celle du
suivant :

PASCAOU ou PLANT PASCAL (Var et Bouches-du-
Rhône).

Voici la phrase latine qui forme la description qu'en a
faite un botaniste : « *Vitis fertilissima, uvâ peramplâ et
preciâ, acinis rotundis, albo viridibus, densis et dulcis-
simis, cuto tenui, foliis maximis subtùs glabris, infrà
tumentosis.* » Je crois inutile de traduire ce latin, tant il est
facile à comprendre. On dit que le mélange de ses raisins,
ainsi que ceux du Columba avec ceux de la Clairette, est
indispensable à la composition d'un vin de bonne qualité,

cependant les deux premiers mùrissent un mois plus tôt que la Clairette; ils devraient être entièrement passés, quand celle-ci, qui est très tardive, est à peine mûre. Les nœuds sont très rapprochés, et les grains les plus exposés au soleil prennent une teinte roussâtre.

Il y a encore beaucoup de plants assez répandus dans les vignobles de cette région; je ne nommerai que ceux que j'y crois les plus communs.

PLANT D'ARLES.—PETIT BRUN.—AUBIER.

C'est avec ce dernier que se fait le vin de Riez, qui est fort estimé à Marseille. Le MANSEINC, le PAMPÉGA, le BOURBOULENC, les OULIVEN ou OLIVETTES, les TERRETS, les GRECS ou BARBAROUX, l'énorme RAISIN DE NOTRE-DAME; les UGNES, la FINE et la LOMBARDE; le PICARDAN et sa variété, le BICOLORE; le CALITOR très abondant, mais aussi mauvais à manger qu'à faire du vin; le PLANT DE SALÈS que mes vignerons et moi avons reconnu pour être le même que le *Gros Pinot* des coteaux de la Loire ou *Chenin* de la Vienne; les ON-DENCS, les BOUILLENCS, les AGUDETS, le TÉNÉRON des Basses-Alpes. Je laisse aux propriétaires méridionaux le soin d'augmenter cette liste.

CHAPITRE II.

DÉPARTEMENTS DES PYRÉNÉES.

OBSERVATION.

Les vins du Roussillon étant généralement d'une qualité supérieure à celle des vins des départements du littoral
méditerranéen, ou du moins différente, si cette supériorité
était contestée, j'ai cru devoir faire un chapitre des cépages
cultivés dans cette ancienne province ou plutôt dans les trois
départements des Pyrénées. La qualité particulière aux vins
du Roussillon est la spirituosité, qualité qui serait de médiocre valeur, si elle n'était réunie à une saveur agréable
et à beaucoup de corps, et c'est de cette réunion qu'ils
tirent leur propriété de bien faire en mélange, avec quelques
vins qui se recommandent par d'autres qualités; mais aussi
dans leur état de pureté est-on forcé de les attendre longtemps pour les consommer dans toute leur perfection.

19

Plusieurs des cépages, qui y sont les plus cultivés, vont être seulement mentionnés sans avoir d'article particulier ; ces cépages nous étant venus d'Espagne, il m'a paru plus naturel de les réserver pour la section de la Péninsule ibérique. Tels sont les Picpouilles dont je viens de parler, le Granache, le Mataro, le Mourastel ; la Crignane même, dont il va être question, est évidemment venue aussi de l'Espagne, et cependant j'ai nommé tous les cépages qui sont les plus répandus dans cette contrée et en même temps les plus estimés.

SAN-ANTONI (Pyrénées-Orientales, Catalogne).

Ses jeunes bourgeons et les feuilles, au moment de leur développement, sont d'un rouge vif, assez longtemps persistant pour que ce caractère offre un signe facile de reconnaissance, pendant les premiers mois de son cours de végétation. Quand ce signe s'affaiblit, ses feuilles minces, profondément découpées, recoquillées en dessous et d'un vert terne, en offrent un autre également bien tranché. Enfin l'aspect du raisin, à sa maturité, ne laisse pas la possibilité d'aucun doute : la grappe, assez belle, est alors garnie de gros grains ellipsoïdes dont la peau noire, épaisse et bien fleurie, recouvre une chair ferme et croquante ; aussi ce beau raisin est-il servi sur les tables en Roussillon. Il fournit, au dire de M. Jaubert de Passa, du vin plus agréable que le vin de Rotta, avec lequel il a quelque rapport. C'est aussi l'opinion d'un auteur qui mérite toute confiance, M. Julien, il était connaisseur par état. On doit attribuer au défaut de fécondité de ce cépage sa rareté dans les nouvelles plantations ; car, dit encore M. Jaubert, dans les renseignements qu'il a bien voulu me fournir, sa culture a presque disparu depuis la suppression des couvents. La couleur de son bois est rouge, rayé de brun; souvent quelques parties sont grises, et alors les rayures sont plus apparentes. Il a besoin d'être allongé à la taille. C'est un cépage qui mérite les soins d'un amateur, d'autant plus qu'il est vigoureux et que la maturité de ses raisins est facile sous notre climat.

TANAT (Hautes et Basses-Pyrénées.)

Tel est le cépage dominant dans le vignoble de Madiran, le plus en réputation de tous ceux des Hautes-Pyrénées. Le vin qu'il produit se distingue par une riche couleur, et quand il a vieilli par des qualités plus précieuses, du corps, du spiritueux et un goût agréable. Ce cépage est facile à reconnaître à son feuillage; ses feuilles rugueuses en dessus, cotonneuses en dessous, ont leur bord en volute, c'est-à-dire recourbé en dessous, ce qui leur donne l'air arrondi; souvent elles sont entières, et quand elles sont divisées, c'est peu profondément. La grappe est ailée, bien fournie de grains noirs, serrés et très ronds, de grosseur à peine moyenne. La pellicule est mince, ce qui les expose à la pourriture par les temps pluvieux. Il paraîtrait cependant qu'au vignoble de Madiran, les raisins de Tanat, à cause de leur association à des cépages plus tardifs, se trouvent avoir acquis une maturité excessive, lorsqu'on les vendange; mais la température y est sans doute plus sèche qu'en Touraine.

Dans cette contrée, l'un des plants les plus estimés de la Gironde, le Carbenet, prend le nom de

ARROUYA; il me suffit en conséquence de le désigner sous ce nom. Je ne fais non plus que nommer le Muscat

CAILLABA le plus hâtif de cette nombreuse tribu dont je parlerai au chapitre des raisins de table, de même que du BOUDALÈS, autre raisin de table, que l'auteur de la *Pomone française* a judicieusement décoré d'un *astérique* et qui se trouvera aussi sous le nom capital de *Ulliade* dans le chapitre des meilleurs raisins propres à cette région.

CRIGNANE (Pyrénées-Orientales) où il est venu de l'Espagne sous le nom de CRINANA, nom qu'il porte également en-deçà comme au-delà des Pyrénées. Sur le littoral de la Méditerranée on l'appelle souvent CALIGNAN et aussi CARIGNAN, mais improprement.

Voilà une de ces espèces ou sortes de vignes pourvues de toute la vigueur d'une création récente, quoique celle-ci soit cultivée depuis des siècles. Ses feuilles sont amples, profondément divisées, cotonneuses en dessous ; le support ou pétiole très fort ainsi que le pédoncule de la grappe ; c'est à propos, car cette grappe est volumineuse et bien garnie de gros grains, qui, malheureusement, n'atteignent que bien rarement, sous notre climat, une maturité suffisante pour tirer de bon vin de ces raisins. Ce cépage est productif, et de sa vendange on obtient du vin, un peu rude à la vérité, mais spiritueux et d'une riche couleur noire qui supporte avec avantage les voyages de long cours.

RAISIN DE SAINT-JACQUES.

Celui-ci fait, presque en toutes ses habitudes de végétation, contraste au précédent : il produit peu, mais il est très hâtif. Je l'aurais peut-être passé sous silence si un auteur estimable, M. Cavoleau, n'avait pas dit que ce raisin faisait partie de la vendange dont on tirait les vins Muscats de de Rives-Altes ; ce qui ne me paraît pas très probable, ce raisin étant noir, et les Muscats et autres raisins qui servent à la composition de ce vin étant tous blancs; puis aussi, sa précocité fait disparate avec l'époque de la maturité complète du Muscat. Ce cépage est vigoureux et a besoin d'être chargé à la taille. Les feuilles sont entières, légèrement cotonneuses à la face supérieure, et d'un tissu serré et comme ratiné en-dessous. Les grappes sont moyennes, les grains de médiocre grosseur et d'un noir bleuâtre très fleuri; leur saveur est sucrée et agréable.

QUILLARD (vignobles de Gan et de Juranson).

QUILLAT (Catalogne).

NOTRE-DAME-DE-QUILLAN (Lot-et-Garonne).

JURANSON BLANC (Tarn, Garonne et Dordogne).

BLANQUETTE DU FAU (arrondissement de Moissac).

BRACHET BLANC (comté de Nice et Savoie).

Ce cépage n'a pas besoin d'être vu plus d'une fois pour être bien connu : ses traits caractéristiques les plus frappants sont l'amoncèlement de ses grappes, la direction verticale de ses bourgeons qui lui a fait donner son nom de Quillard, c'est-à-dire qui a ses bourgeons comme des quilles. Ils sont noués très court, et tellement, qu'il me paraît probable que cette considération l'a fait prendre dans le Comté de Nice pour une variété du Brachet Noir qui a également ce caractère très prononcé. Les feuilles sont très découpées, de moyenne grandeur, d'une nuance un peu terne à leur partie supérieure, très cotonneuses à l'envers. Les grappes nombreuses sont assez belles, et bien garnies de grains ronds qui restent longtemps verts; comme ils sont très serrés, cette disposition en amène une autre, celle de pourrir très facilement, aussi l'épamprement lui est-il plus nécesaire qu'à tout autre cépage. Il est très fécond et cependant il a une bonne réputation pour la qualité ; aussi sa culture s'est-elle fort étendue, avec d'autant plus de raison qu'il concourt à la haute qualité des vins de Gan et de Juranson qui sont les plus renommés du midi. Il est nécessaire de le tailler à court bois, tant à cause de l'abondance de sa production que parce que son bois est noué court.

Il y en a encore beaucoup d'autres d'une culture commune; mais je ne peux faire plus que de les dénommer, ne possédant pas ces cépages, ou du moins n'en possédant quelques-uns que depuis peu de temps, et ne connaissant rien sur aucun d'eux, à l'exception du Morrastel, que j'ai gardé pour le chapitre de la Péninsule ibérique. Quelques-uns peuvent avoir de la valeur ; il est donc à propos de les signaler à ceux des amateurs de la vigne qui font des collections pour se livrer à l'étude des cépages étrangers et non pour satisfaire une fantaisie. Je commence par quelques-uns de l'Ariège : le CANARI ou CARCASSÈS, le MANREGUE, le DU-RAZÉ, qu'on se gardera bien de confondre avec le Liverdun de la Meurthe et de la Moselle, pas plus que le MOURASTEL avec le Morillon Noir, quoiqu'en ait dit un professeur d'agriculture : il y a près de deux mois de différence entre l'époque de maturité des Ariégeois et celle des cépages qu'on leur compare, sans parler de bien d'autres différences. Ces trois cépages sont à raisins noirs; mais les trois suivants, communs au département de l'Ariège et aux trois départements Pyrénéens, se composent chacun de deux variétés,

l'une blanche et l'autre noire : les COURBUS, les CAMA-
ROS, les CLAVERIES. Il y a aussi en grande culture beaucoup de Muscats ; ceux de Rives-Altes sont connus partout,
et aussi une assez grande quantité de Malvoisies; mais ces deux
tribus trouveront leur place ailleurs. Je pourrais ajouter les
DOULSANELLES, l'un à grains ronds et l'autre à grains
oblongs, les CILLA et MORVILLA, les ASCTATES, le
CAUSSIS, le PETIT et le GROS CRUCHEN, le RAFIAC
ou REFFIAT. Je pense que la collection de Carbonieux,
près de Bordeaux, les possède tous, et l'on peut se procurer
son catalogue en s'adressant à M. Bouchereau, qui en dispose généreusement, ainsi que des plants de sa collection.

CHAPITRE III.

—

ESPAGNE ET ILES BALÉARES.

Ce pays, qui du temps de Pline, fournissait des vins que l'on estimait beaucoup à Rome, a longtemps occupé le premier rang parmi les contrées viticoles, et il le conserve encore pour une partie de ses produits. La chaîne de montagnes qui commande ses côtes étendues et ses principales rivières, offre les expositions les plus heureuses et les sols de la meilleure nature pour la culture de la vigne; la chaleur du climat, qui assure la maturité parfaite de toutes les espèces de raisins, permet de choisir celles auxquelles on a reconnu de la supériorité pour la qualité du vin.

Les vins fins d'ordinaire en rouge y sont rares, et ont une infériorité incontestable sur ceux de première qualité que nous faisons en France; mais l'Espagne fournit d'excellents vins blancs secs et surtout des vins de liqueur pour lesquels elle n'a pas de rivale (Julien, *Topog. de tous les vignobles connus*), et j'ajoute : d'autant moins qu'une nouvelle réputation, même méritée, est très difficile à établir. Aussi, quoique la plupart de leurs meilleurs cépages soient cultivés dans quelques-uns de nos départements méridionaux ; quoique j'aie la conviction, en communauté avec l'auteur que je viens de citer, qu'on fait d'aussi bons vins de liqueur chez quelques propriétaires du Gard, de l'Hérault et des Pyrénées-Orientales que les meilleurs de l'Espagne, je crains bien que cette industrie, ou plutôt cette culture, disparaisse du sol français, par le défaut de placement de leurs vins d'une part, et par la fabrication industrielle de ces mêmes vins ; je veux dire par des procédés, au moyen desquels on en opère une imitation grossière qui ne peut abuser que des amateurs vulgaires et sans délicatesse de goût.

Quoique D. S. R. Clemente, auteur du meilleur ouvrage d'ampélographie que je connaisse, ait donné la description de cent vingt espèces ou variétés de vignes, je pense qu'il n'y en a vraiment qu'une douzaine qui nous intéressent ; par exemple, je ne parlerai d'aucun des sujets d'une tribu dont l'un est très communément cultivé, le *Jaën blanc*, pour sa propriété de donner du vin propre à être converti en eau-de-vie ; parce que nos eaux-de-vie sont reconnues supérieures à celles de l'Espagne, et comme c'est principalement en vue du perfectionnement de l'industrie œnologique que j'ai entrepris cet ouvrage, j'ai omis aussi toute la famille des Muscats, suffisamment connue en France, et que j'ai portée du reste au chapitre des Raisins de table.

CÉPAGES A RAISINS BLANCS.

PEDRO-XIMÈNES est le seul nom que porte ce cépage dans tout le midi de l'Espagne, où il est le plus estimé pour la qualité du vin qu'il donne soit seul, soit mêlé à la vendange de quelques autres. Les sarments sont droits, c'est-à-dire se soutenant bien, courts, de moyenne grosseur, et l'hiver, de couleur jaune canelle, d'une consistance molle ; mais les yeux ou boutons, qui sont gros et aigus, étant assez rapprochés, cette disposition des boutons soutient le bois. Les feuilles, avant leur entier développement, sont d'un vert jaunâtre et d'un luisant gras en dessus ; elles sont quelquefois velues à leur face inférieure, mais non cotonneuses. Plus souvent cette même surface est unie ou glabre ; dans le premier cas, c'est particulièrement sur les nervures que les poils sont plus apparents et plus nombreux. Vers le temps de la maturité du raisin et jusqu'à la chute des feuilles, ces nervures, ainsi que le limbe ou pourtour des feuilles, deviennent jaunes. Ce caractère est assez saillant pour faire reconnaître ce cépage au milieu d'une foule d'autres après l'enlèvement de la récolte.

Les grappes sont longues, ailées, de forme conique, et très belles, mais peu nombreuses; les grains sont oblongs, de 14 à 15 millimètres, sur 10 à 11 de grosseur; ils mûrissent bien, et alors ils sont légèrement dorés du côté du soleil, et se détachent facilement de la grappe qui, elle-même, est attachée au sarment par un pédoncule fragile et très long, en sorte que la grappe et son pédoncule forment de 30 à 35 centimètres. Leur pellicule très fine les dispose à passer à la pourriture dans les temps et les lieux humides, et les expose facilement aux piqûres des guêpes et des abeilles, qui sont très avides du suc extrêmement doux que ces grains contiennent ; cependant ils sont peu serrés à la grappe, et d'autant moins qu'une grande partie de ces grains restent à la moitié de leur volume, et ceux qui sont ainsi comme avortés, sont les premiers à mûrir et ne tardent pas à se dessécher, à se passeriller, comme disent les méridionaux. Je ne les ai pas vu arriver dans cet état dans ma vigne ; mais, en Andalousie, on a soin de les trier pour les vendre comme raisins de Corinthe auxquels on les dit préférables.

Nul cépage ne prouve mieux que tous les yeux ou boutons ne renferment pas l'embryon d'un raisin : quoique je laisse toujours une verge à chaque souche, il arrive souvent qu'il n'y a qu'une grappe, superbe à la vérité ; tous les autres bourgeons sont dépourvus de fruit. C'est néanmoins de cette manière que je conseille de tailler les Ximènes ; on aura plus de chance d'avoir une récolte, et si, comme il arrive rarement, tous les yeux ou bourgeons qui en proviennent sont fructifères, on est libre d'ôter quelques raisins.

Cette espèce est la plus estimée en Espagne pour faire les vins doux ou de liqueur et même les vins secs ; elle concourt puissamment à l'exquise qualité des meilleurs vins de Malaga, puis qu'elle y entre dans la proportion des 5/6.

Elle compose seule le vin renommé, dit de son nom *Pero-Ximen.* C'est non-seulement en Andalousie, mais aussi en Biscaye, que ce cépage est réputé produire le meilleur vin. Il est aussi cultivé dans quelques localités de nos départements du midi, notamment dans ceux du Gard et de l'Hérault, mais en petite quantité, parce qu'il est peu fertile et que sa vendange ne s'y vend pas dix fois autant que la vendange commune, comme en Espagne d'après le rapport de D. S.-R. Clemente, en sorte que sa culture, au lieu de s'étendre, se réduira encore; c'est d'autant plus probable que les soins qu'il faut prendre pour sa récolte augmentent beaucoup les frais de fabrication du vin.

Ce fut, je crois, le docteur Sachs, de Breslau, qui raconta le premier, dans son *Ampélographia* (publiée en 1661), que le Pedro-Ximènes était originaire des Canaries, d'où il était venu s'établir sur les bords du Rhin et sur ceux de la Moselle, et qu'un Espagnol, du nom de Pedro-Ximen, l'avait transporté à Malaga. Sans doute il emporta tout, car depuis longtemps il n'en reste plus dans les vignobles de ces deux fleuves, et personne ne se souvient de l'avoir vu; ce qui n'a pas empêché que ce conte n'ait été répété par Berkenmeyer, par Valcarcel et même par Clemente.

Il serait intéressant d'introduire en France le Ximènes-Zumbon qui est bien plus fertile, et qui est préjugé d'une aussi bonne nature pour la qualité du vin par D. S.-R. Clemente.

LISTAN (San Lucar), TEMPRANAS BLANCAS ou TEMPRANO, à Malaga,

TEMPRANILLA, à Rota et à Grenade.

De gros et longs sarments annoncent la vigueur, la forte nature de ce cépage; ils ont beaucoup de moëlle, des vrilles rameuses et un bourgeonnement très hâtif. Les feuilles grandes, profondément divisées en cinq lobes, dont les sinus latéraux sont cordiformes et le sinus pétiolaire très souvent en forme de V, sont d'un vert foncé en dessus, très cotonneuses en dessous et festonnées de dents très aiguës. Le pétiole, où l'on peut remarquer quelques poils, est d'un rouge violet, qui s'étend jusqu'au point de son insertion sur la feuille. — La grappe est belle, très allongée, mais non cylindrique, car la partie supérieure est enflée par plusieurs grappillons; son pédoncule est gros et court. Les grains sont beaux, de la grosseur de ceux du Chasselas, de la forme d'un globe applati sur ses pôles, d'un blanc verdâtre, charnus, conservant souvent leur stigmate. C'est l'espèce la plus estimée en Andalousie, selon l'auteur espagnol Clemente, tant par l'abondance de son produit que par la qualité du vin qui en provient. Elle peuple exclusivement plusieurs vignobles aux environs de San Lucar et fait la base de beaucoup d'autres. Elle a encore une autre destination que la fabrication du vin, c'est d'être recherchée comme raisin de table; car elle est la première à paraître sur les marchés, et elle y est longtemps la plus abondante.

En Touraine, ses raisins ne mûrissent pas dès la fin de mai, comme il arrive en Espagne, selon D. Salvador, mais à la mi-septembre; ils ont la peau dure, et le suc, quoique doux, est peu délicat, en sorte qu'ils sont inférieurs à beaucoup d'autres pour cet usage. Si l'on ajoute à ce désavantage le tort grave que fait éprouver pour la récolte la facilité

qu'ont ses bourgeons, au printemps, à s'ouvrir, à se débourrer et à s'allonger aux premièress douceur de la température,
ce qui expose les jeunes pousses à en subir aussi chaque année les rigueurs, on ne formera aucun espoir d'utilité de sa
propagation, dans notre région centrale du moins ; car nos
côtes de la Méditerranée pourront être plus heureuses,
d'après l'expérience qu'en a déjà faite M. Cazalis-Allut, qui
l'a trouvé aussi bon à manger que notre Chassellas.

On ne peut pas oublier une excellente variété du Listan,
la COLGADERA, à laquelle est due la réputation des vins
blancs de Peralta dans la Navarre.

PERRUNO COMMUN (en Andalousie).

Comme je ne possède pas ce cépage qui aurait, du reste,
peu d'avenir dans ma vigne, parce que ses raisins n'y mû-
riraient pas, je suis obligé d'emprunter à D. Simon l'article
qu'il en a donné dans son ampélographie, ce cépage étant
un des plus cultivés et des plus estimés des beaux vignobles
de cette province. Son rang vient, dit-il, après le Ximènes,
le Listan et les Muscats. « Cep très gros, bourgeonnement
précoce ; sarments presque droits, courts, gros, point
ondés, entre-nœuds longs ; feuilles moyennes, presque
entières, plus luisantes au-dessus que toute autre, velues à
l'envers, pétiole gros ; raisins en quantité très variable, pédoncule très tendre ; grains gros, oblongs, jaunes, transparents, âpres au goût, et très tardifs. » Il a une belle variété qui n'en diffère que par ses sarments plus longs et
moins cassants, par ses grappes plus longues et plus serrées,
d'un noir rougeâtre, d'une saveur plus agréable ; elle est
connue sous ces divers noms :

PERRUNO NOIR, MORAVITA, GRANADINA (Andaloúsie.)

JAMI NOIR (vignoble de Grenade et de Murcie) et aussi ROJAL ainsi qu'à Madrid.

Feuilles d'un vert jaunâtre, souvent entières, lisses en dessus, nues en dessous. Raisins beaucoup, presque cylindriques, ordinairement très serrés, pédoncule très court; grains assez gros, un peu durs et charnus, d'une saveur douce et très agréable, peau un peu épaisse.

Le MACCABEO est cultivé dans quelques parties de l'Espagne, d'où il a probablement été introduit aux Pyrénées - Orientales, quoiqu'un homme d'un grand savoir, M. Jaubert de Passa, affirme qu'il y a été importé de l'Asie Mineure. Ses feuilles sont amples et boursoufflées à la manière de celles du Mûrier multicaule; leur étoffe est moëlleuse à l'œil et à la main, d'une nuance un peu jaune en dessus, mais blanche en dessous par le duvet cotonneux, fin et épais qui le garnit; le limbe ou pourtour est peu découpé. Les grappes sont de forme cylindrique, allongées, médiocrement fournies de beaux grains oblongs, jaunes, avec une teinte de bistre du côté du soleil; ils sont entremêlés de petits grains ronds. Ils n'atteignent pas une bonne maturité sous le climat de la Touraine, du moins suffisante pour que la vendange produise du vin de quelque prix. Ces raisins donnent, en Espagne et aux Pyrénées, un vin de liqueur d'un goût particulier fort agréable, prenant, en vieillissant, une teinte de vieux Malaga, qui est surtout apparente sur les bords du verre; l'échantillon que j'en ai reçu, et qui, à la vérité, avait plus de vingt ans, était ce que j'ai goûté de meilleur en vins de liqueur du midi; il avait un goût aromatique le plus suave et le plus admirablement fondu avec toutes les autres qualités qui constituent un vin de liqueur digne de la table la plus somptueuse. Ce goût et parfum qui l'annoncent sont d'une nature qui rend ce vin très difficile à imiter par les *œnurgistes ;* j'entends, par ce mot, les fabricateurs de vins de tous les pays , au moyen de la cuisson du moût et de l'addition de matière sucrée , d'eau-de-vie et d'autres ingrédiens , sans se soucier de cultiver les cépages qui les produisent:

GRANAXA (Aragon);—LLADONER (Catalogne); — ARAGONAIS (aux vignobles de Madrid); — GRENACHE ou mieux GRANACHE (Pyrénées-Orientales , Hérault , Gard); — RIVOS-ALTOS, ROUSSILLON, ALICANTE (Var et Bouches-du-Rhône); — REDONDAL (Haute-Garonne).

C'est lui qui a fait la réputation de l'excellent vin rouge du Camp de Carinena en Aragon, d'où il a été tiré originairement il n'y a guère plus de soixante ans, et il s'est répandu d'autant plus vite de ce côté-ci des Pyrénées et sur le littoral de la Méditerranée, qu'il réunit le double avantage de la fertilité et de la qualité, dans les sols du moins qui lui conviennent et sous les climats plus chauds que celui de la Touraine. Ses raisins mis en quantité notable dans une cuve, telle que le quart de la vendange, communiquent au vin qui en provient un parfum et une finesse remarquables, une belle couleur aussi, mais qui ne se soutient pas, de rouge elle devient orangée ; voilà des avantages qui sont importants sans doute et dont la réunion est extrêmement rare.

20

Voyons ses défauts : Il est difficile sur la nature du sol et sa situation surtout, car il est fort sensible aux gelées du printemps, même dans le Var, et d'autant plus qu'il est des premiers à bourgeonner; il arrive même que, dans les hivers rigoureux, la bourre ou enveloppe des boutons ne les préserve pas de la gelée. Pour notre région eentrale, rarement, on peut même dire jamais, les raisins n'atteignent une maturité suffisante; en sorte que j'ai été obligé de me servir des 150 souches que j'avais pour en faire des sujets de greffes. En outre, dans nos départements méridionaux, sa fécondité abrège sa durée : s'il produit très promptement dès la troisième année, on s'aperçoit dès la huitième de son dépérissement, et il est très précipité dans les terrains maigres. Tous ces défauts ont amené le dégoût d'en continuer ou d'en renouveler les plantations. C'est du reste l'un des cépages les plus faciles à reconnaître : son bois est très gros à sa partie inférieure, et comme il n'est pas très long, il n'y en a pas qui paraisse aller plus promptement en diminuant; aussi se soutient-il bien, d'autant mieux qu'il est noué court. Uue grande partie du sarment ne mûrit pas, ne s'aoûte pas, comme l'on dit, et reste verte. Ses feuilles sont très lisses sur leurs deux faces; leur nuance est remarquable, elle contribue, avec le port du cep, à le différencier de tous les autres. Les grappes sont assez belles, coniques, d'une forme régulière; les grains peu serrés, légèrement oblongs, d'un noir un peu bleu. Le goût en est médiocre, à la différence d'un Alicante de Tarn et Garonne dont les raisins sont très bons à manger et qui diffère de celui dont il est question de bien d'autres manières. Il donne dans quelques localités du midi un vin de liqueur aussi parfait que celui d'Espagne; mais pour s'en procurer il ne faut pas s'adresser aux fabricateurs de vins de tous les pays.

Il a une variété à *raisins blancs* ou plutôt verts , qui est beaucoup plus rare, plus difficile encore à mûrir, même dans le département du Gard. La grappe et les grains sont plus gros. Elle est particulièrement cultivée dans un canton des Pyrénées-Orientales, aux environs de Rodès-en-Conflans, encore n'est-ce que par un très petit nombre de propriétaires, parce qu'il faut attendre le vin trop longtemps pour qu'il soit à son point de perfection ; mais alors il est comparable à tout ce qu'il y a de meilleur dans les vins de liqueur les plus renommés.

Ces deux variétés de Granache étant également productives et difficiles à mûrir, il est indispensable de les tailler à court bois, même dans nos départements du midi ; quant au nombre des coursons ou brochettes, il sera en raison de a fertilité du sol et de la vigueur du cep ; mais je ne pense pas qu'il doive jamais passer quatre.

Sans doute ces deux Granaches, le noir et le blanc, sont peu cultivés en Andalousie; car il m'a été impossible de les reconnaître dans les cent-vingt descriptions de D. Simon. Avant de terminer cet article je dois, autant que cela est en mon pouvoir, arrêter la propagation d'une erreur qui se répandrait promptement parmi les amateurs, prenant sa source dans la collection d'une société très distinguée parmi les sociétés d'agriculture du royaume, celle, d'Angers. Ce devoir est d'autant plus impérieux qu'un des organes les plus honorables de cette société, un horticulteur-marchand, d'une grande réputation, livre sous ce nom de *Granache*, à ceux qui lui en font la demande, un cépage à fruit très hâtif, venu de la Ligurie. Je possède aussi ce cépage, et je peux affirmer qu'il est difficile d'en citer un, plus différent dans toutes ses parties des deux Granaches, que ne l'est le *Raisin hâtif de Gênes*, dénomination sous laquelle il est aussi connu dans la collection d'Angers.

Il me paraît indispensable de mentionner au moins deux sortes de vigne qui doivent nous offrir quelque intérêt, puisque le vin de Rota leur doit son cachet particulier et qu'elles sont aussi très communes dans les vignobles d'Alicante. La plus estimée est la

TINTILLA connue sous ce nom à Rota, Xerès, etc.; sous celui de

ALICANTE à Xerès, Malaga et autres localités, et

TINTO aussi à Malaga; quoique ce même nom soit aussi porté par une autre espèce dans les vignobles de Grenade, laquelle est la seconde dont nous voulons parler, connue aussi sous le nom de TINTILLO dans quelques autres localités.

J'ai bien des raisons de croire que ces deux plants sont identiques à nos Teinturiers ou Gros-Noirs, et je n'en suis pas complétement dissuadé par la description qu'en a faite D. Simon et qui ne s'accorde guère en quelques points avec celle que j'en ai donnée dans la section de la Région centrale: par exemple je trouve dans la description de la première que les grains sont clair-semés sur la grappe et leur maturité un peu tardive; en Touraine les grappes sont serrées et leur

maturité aussi hâtive que celle des Pinots de Bourgogne.
La teinte qu'il donne aux feuilles d'un *vert un peu obscur, qui rougit avant la chûte des feuilles*, ne serait pas
non plus un trait exactement exprimé dans son application
aux nôtres, dont les feuilles rougissent longtemps avant la
maturité du raisin, lequel raisin lui-même prend une couleur rouge dès le commencement d'août. Cependant le docteur Baumes, de Nismes, qui a fait du vin avec du raisin de
Gros-Noir dont il avait reçu de moi des crossettes, ayant eu
la bonté de m'en envoyer un échantillon, j'ai trouvé à ce
vin beaucoup de rapport avec celui de Rota, du moins d'a-
près ce qu'en a dit Julien, et d'après la connaissance que j'en
ai eu moi-même une fois ou deux dans ma vie.

Je dois ajouter, pour jeter sur cette question toutes les
lumières qui sont à ma disposition, que, possédant quelques
plants de *Tinto* du vignoble de la Nerthe, le plus renommé
du département de Vaucluse, plant incontestablement originaire de l'Espagne, d'après l'assurance que m'en a donnée
il y a 30 ans, feu M. Astier, propriétaire très éclairé; ce
plant, que possède aussi un ampelonome de Dijon, M. Demermety, a été trouvé par lui, comme par moi, identique
à l'*Espar* ou *Mourvéde*, très commun dans nos départements du midi, et évidemment tiré de l'Espagne, puisqu'il
porte le nom de *Mataro* au département des Pyrénées-
Orientales.

Quant au *Tinto* des vignobles de Grenade, si l'auteur
espagnol ne lui donnait pas des feuilles palmées et des grains
très mous, il se rapporterait assez bien à notre *Gros-Noir*

femelle dont il a été question dans la section de la Région centrale.

MORRASTEL et **MONASTREL** (Espagne). — **MO-NESTEL** et **MONESTAOU** (littoral de la Méditerranée). — En Tarn et Garonne **MARASTEL**.

Quoique je possède ce cépage, qui n'a du reste que peu d'avenir dans ma vigne, par la difficulté que ses raisins ont à y mûrir, je préfère emprunter à l'auteur espagnol D. Simon l'article qu'il en a donné dans son ampélographie de l'Andalousie, d'autant plus que ce cépage est l'un des plus cultivés et le plus estimé, dit-il, après le Ximènes ; le Listan et les Muscats. Voici donc ce qu'il en dit : « Bourgeons et entre-nœuds très courts, feuilles d'un vert foncé, assez cotonneuses, pétiole rouge-clair ; raisins de moyenne grosseur, grains petits, très noirs, se séparant facilement du pédicelle ; la peau un peu épaisse. » Comme c'est un devoir pour celui qui voit publier des erreurs par des hommes qui acceptent la mission de répandre la lumière, de les faire remarquer, je suis forcé d'assurer qu'il n'y a aucune espèce de communauté de caractère entre le Morrastel et le Morillon noir du Jura, comme l'a dit un professeur d'agriculture. Le Morrastel est très tardif partout, même en Espagne, d'après D. Simon, le Morillon est au contraire un des cépages les plus hâtifs, dans le Jura comme en Touraine, et à plus forte raison dans l'Ariège, où le professeur donne ses leçons.

TEMPRANILLO. — D. Simon le fait synonyme du **MAIOLO** de l'Italie, dont un auteur agronomique du XIIIe siècle, Petrus de Crescensiis, a parlé dans son ouvrage intitulé : *Opus ruralium commodorum*; cependant je ne l'ai trouvé sur aucun catalogue de plants italiens envoyés en France; c'est donc l'auteur espagnol qui me fournira les caractères de ce cépage : ses feuilles sont lobées et ont des dents aiguës; les grains sont durs et charnus avec un suc très noir, d'un goût bien prononcé; leur maturité est plus hâtive que celle du Listan; aussi les abeilles n'en ont-elles souvent laissé que la pellicule, quand viennent les vendanges. Cette espèce est très estimée, ajoute D. Simon, à Logrono et à Peralta, où elle donne une grande qualité aux fameux vins rouges qui sont produits par les vignobles voisins de chacune de ces villes.

Je crois avoir donné suffisamment de descriptions des cépages de l'Espagne, si on veut bien y comprendre les Malvoisies et les Muscats qui ont eu un long article ailleurs, et en rendant également communs à l'Espagne la plupart de nos cépages des Pyrénées et du littoral de la Méditerranée. On en trouvera encore quelques-uns dans le chapitre des raisins de table. Cependant, comme il peut être agréable à quelques amateurs de connaître un plus grand nombre de noms des cépages espagnols, je vais en dénommer encore une vingtaine que je prendrai dans l'ouvrage de D. Simon et dans le catalogue du Luxembourg, parmi ceux que je crois les plus méritants.

VIGIRIEGO, l'un noir et l'autre blanc; JAEN, l'un noir et l'autre blanc. COLGADÉRA; ALBAN RÉAL; MELCOCHA ou PERCOCHA (ce nom lui a été donné pour sa saveur de miel, par conséquent très douce, mais point insipide, d'ailleurs extraordinairement précoce).

MANTUO, DE PILAS et LAYREN, tous les trois très répandus dans plusieurs bons vignobles, notamment dans celui de Paxarète ; mais ils sont d'une maturité trop tardive pour être essayés ailleurs que sur le littoral de la Méditerranée.

Des plants envoyés au Luxembourg, voici ceux qui m'ont paru mériter le plus de fixer l'attention : LEGITIMO DE VINO, CRUIXEN noir, CRUJIDERO, l'un noir et l'autre blanc, MACCABEO noir (on en cultive de ce côté-ci des Pyrénées, un à raisins blancs qui donne un vin de liqueur exquis), PAMPAL GIRA , CUENTA DE HERMITANI , LAYREN, DORADILLA, BENI-SALEM de Majorque , VALENCY SUPERIOR DE ALHAMA , MANTUO CAS-TELLANO , etc.

CHAPITRE IV.

—

PORTUGAL ET SES DÉPENDANCES.

La contrée du Haut-Douro, dans la province du Beira, produit les vins les plus renommés du Portugal, ceux connus sous le nom de vins de Porto, qui est le port où on les embarque. En conséquence, c'est de cette contrée que je me suis occupé d'avoir les meilleurs cépages, et deux expéditions m'en ont été faites par l'obligeant habitant de Porto, M. Silveiro Pereira; mais le premier né m'est pas parvenu et le second m'est arrivé en si mauvais état, que trois espèces seules ont réussi. Dans le nombre de ces dernières était un Muscat blanc parfaitement identique avec celui de France; une autre ne m'a pas encore donné de fruit; mais la troisième, que j'ai reconnue, malgré son étiquette vicieuse, m'a paru précieuse; il va en être question en détail à son ordre alphabétique.

CÉPAGES A RAISINS NOIRS.

ALVARILHAO ; son jus est sucré avec un goût un peu acide qui plaît ; maturité très précoce. Il a peu de tendance à pourrir ; mais ce qui vaut beaucoup mieux, il en a beaucoup à se passeriller.

BASTARDO ; bon vin, d'un goût particulier, léger, peu coloré et d'un goût agréable.

DONZELINHO DO CASTELLO; de bon rapport, vin délicat, mais peu coloré. Je peux ajouter, car j'en possède une douzaine de souches, que ses grappes sont bien garnies, que ses grains sont oblongs ou elliptiques et rappellent beaucoup l'*Agudet* du Tarn et de la Garonne. Sa maturité a été contemporaine de celle de notre Côt, dans ma vigne, dont le sol ne se recommande par aucune qualité. Ses feuilles sont épaisses, un peu cotonneuses en dessous et d'un vert glauque un peu terne en dessus, presque toujours arrondies et plus larges que longues, rarement découpées et, quand elles le sont, c'est peu profondément. Ce cépage, que j'ai beaucoup multiplié, convient beaucoup à notre climat ; c'est vraiment une bonne acquisition.

MOURISCO PRETO. Plant de grand rapport, donnant de très bon vin ; son raisin est précoce, comme l'indique le mot *Preto*.

MUSETO PRÉTO. Très bon vin.

TOURIGA. Bon vin, très fort en couleur ; il lui faut un terrain fort.

TINTA DA MINHA. Très bon vin.

TINTA FRANCISCA. Bon vin, presque aussi coloré que celui du Touriga.

TINTO CAO. Bon vin, un peu dur, a besoin de vieillir.

CÉPAGES A RAISINS BLANCS.

MALVAZIA GROSSA. Bon vin, raisin très bon à manger.

MALVAZIA FINA. Vin encore meilleur.

GOUVEIO. Raisin très sucré, très bon vin, plant de grand rapport.

RABO D'OVELHA.

MUSCATEL. C'est notre Muscat blanc.

ÎLE DE MADÈRE.

Cette île ayant une grande célébrité pour la quantité et la qualité de ses vins, c'est le lieu de parler des cépages qui peuplent ses vignobles. Quoique le commodore Basile Hall ait énoncé dans le récit de ses voyages, que l'on cultivait dans cette île une cinquantaine d'espèces de vigne, ce que je suis loin de mettre en doute, cependant l'auteur de la topographie de tous les vignobles connus, Julien, aux informations duquel on doit avoir le plus grand égard, n'en désigne que neuf, six à raisins blancs et trois à raisins noirs, sans doute comme étant ceux les plus cultivés. Il ne mentionne qu'une Malvoisie, et c'est probablement la MALVAZIA GROSSA, mais on y cultive aussi la MALVAZIA FINA, car elle est arrivée de Madère même à la collection du Luxembourg, où j'en ai obtenu deux crossettes.

Le VIDUNO, dont l'auteur Julien a fait *Vidogne*. Ce raisin a beaucoup de ressemblance, dit-il, avec notre Chasselas. C'est le cépage le plus généralement cultivé et avec raison, car c'est à lui qu'est dû le meilleur vin sec dans les lieux où le *Sercial* n'est pas cultivé. Je ne crois pas qu'il soit dans aucune collection française.

Le BAGOUAL fournit plus que le *Viduno*; le vin en est plus doux, mais moins spiritueux.

Le SERCIAL ou ESGANACAO est rare dans les vignes, quoiqu'il produise d'excellent vin. Quelques viticoles, dans nos départements du midi, ont un cépage sous ce nom; mais je n'assurerais pas qu'il fût le vrai *Sercial* de Madère; cependant le feuillage du Sercial de nos départements du midi a beaucoup de ressemblance à celui du Sercial que M. Hardy a reçu directement de l'île de Madère pour la collection du Luxembourg, et dont il a bien voulu me donner quelques crossettes.

L'ALICANTE que l'on n'emploie que pour la table. Est-ce le *Largo*, le *Temprano*, le *Marbelli* ou le *Verdionas*, très cultivés aux environs d'Alicante avec cette destination ?

Le MUSCATEL est notre Muscat blanc.

. Les cépages noirs sont les suivants :

Le BASTARDO dont nous avons déjà parlé. Le beau cep que je possède sous ce nom n'a pas encore donné de raisins.

TINTA ou NEGRAMOL. On en fait de très bon vin rouge qui sert à colorer d'autres vins.

Le FERRAL, qui est probablement le Ferral de l'Andalousie où il est destiné, comme il l'est à Madère, à être consommé en nature. Les raisins sont très beaux et les grains très gros; mais ces raisins sont plus propres à parer un dessert qu'à satisfaire un goût délicat, car D. Simon dit qu'ils sont aigres-doux et très tardifs ; deux manières d'être qui ne concourront pas à nous faire désirer ce cépage.

Les autres espèces que M. Hardy, jardinier en chef du

Luxembourg, a reçu directement de Madère, outre le *Sercial*, la *Malvazia Fina* et la *Tinta* , sont :

Le BUAL que je crois être le même que le *Bagoual*.

Le VERDEILLIO et le CARAO de MORCA sur lesquels je n'ai aucune notion.

ITALIE

ET LES ILES ENVIRONNANTES.

———

On ne peut nier que l'Italie n'ait perdu ses anciennes réputations. Le Massique, le Falerne, le vin de Pucinum dont faisait usage l'impératrice Livie, sont des noms historiques et ne sont plus connus autrement. Cependant il est incontestable qu'il s'en est élevé de nouvelles qui sont bien méritées, quoique privées de l'éclat que les vers d'Horace avaient jeté sur les autres, ou de la sanction que l'autorité de Pline y avait ajoutée. Ses diverses sortes de vins, ceux de liqueur surtout, connaissent peu de rivaux; mais ils ne sont guères appréciés que par les riches gourmets, qui sont partout en petit nombre. La plupart de ces vins portent les noms des cépages qui les produisent, tels que les *Moscatels* de Syracuse, la *Malvasia* de Lipari, le *Naseo* de la Sardaigne, l'*Aleatico* de la Toscane, le *Trebbiano* du même pays, etc., d'autres tels que le *Lacryma-Christi*, le *Vino Santo*, tirent leur nom de leur exquise qualité qui les rapproche de la divinité, comme idéal de la perfection. Quoique les vins supérieurs d'ordinaire ne soient pas de la qualité qu'on devrait attendre d'un climat aussi favorisé et des nombreuses expositions de choix que fournissent les Apennins, il est cependant quelques-uns de ces vins d'une qualité remarquable : tels que le vin rouge de Monte-Pulciano, les rouges et les blancs d'Albano dans la campagne de Rome, le vin blanc d'Arcetri près de Florence, le jaune de Marsalla et le rouge de Mascoli en Sicile. — Cependant l'auteur de la Topographie de tous les vignobles, M. Julien, assure qu'aucun n'est comparable à nos grands vins d'ordinaire, tels que les vins de choix de Bordeaux et de la Bourgogne, et les motifs qu'il donne de la mauvaise qualité de la généralité de ces vins me paraissent solides et véritables : il l'attribue à la disposition des ceps en hautains, soutenus par des arbres plantés de distance en distance, disposition au moyen de laquelle la vigne rapporte abondamment à la vérité, mais toujours aux dépens de la qualité ; il y ajoute le défaut de soins dans la fabrication.

CHAPITRE V.

COMTÉ DE NICE ET SAVOIE.

Avant d'entrer en pleine Italie, je commencerai par la partie de ce pays, où si l'on ne parle plus généralement français, notre longue domination et la proximité de la France ont fait prendre aux habitants des habitudes françaises; je veux parler du comté de Nice, connu pendant trente ans sous le nom de département des Alpes Maritimes. Son vignoble de *Bellet* produit un vin rouge d'ordinaire de première qualité, selon Julien, le plus juste appréciateur de la qualité des vins, par l'exercice fréquent et la finesse naturelle de son goût, et l'œnologue de l'autorité la plus sûre parmi tous ceux qui ont écrit sur cette matière.

Je n'entrerai dans quelques détails que sur ceux des cépages les plus cultivés dans ces vignobles, parce que je les cultive depuis quelques années.

BRACHETTO ou BRACHET (prononcez Braquet).

Il y a peu de cépage dont les nœuds soient plus rapprochés, ou comme on dit communément, qui soit noué plus
court. La grappe est longue, plutôt cylindrique que conique,
bien garnie de gros grains ronds, d'un rouge violacé particulier à cette espèce, terni par une pruine ou fleur abondante. Ses feuilles, dont le pétiole est rond et un peu rouge,
sont très cotonneuses en-dessous. J'ai exprimé la nuance de
la couleur des grains comme elle s'est présentée sur mon sol,
car le docteur Fodéré la qualifie de rousse ; feu M. de
Canclaux, notre consul à Nice, m'écrivait qu'elle était
rouge; enfin le savant auteur du Dictionnaire du Commerce,
M. Blanqui, né dans le pays où ce cépage est le plus cultivé,
a rendu assez exactement cette nuance par le mot violette.
Ceux qui connaissent un cépage provençal du nom de Tibouren s'en feront une juste idée. La pellicule des grains a
assez de consistance pour résister aux pluies prolongées; mais
le raisin parvient tardivement à une complète maturité, surtout dans les terres froides. Il n'est pas très bon à manger ;
en revanche, il donne bien et fait de bon vin. Il faudra avoir
soin de le tailler à court bois.

Il y a une variété extrèmement productive, qui porte le
nom de

BRACHETTO BIANCO et en Roussillon celui de QUIL-
LARD, qui est fort estimé partout où il a pénétré. Il m'est
parvenu des bords du Tarn, et il est connu aussi dans le
département de Lot et Garonne sous le nom de JURANÇON
BLANC. C'est son concours aux vins renommés de ce vignoble de Jurançon qui m'a fait porter cet article au rang
des cépages les plus estimés du midi de la France.

TRINCHIERA...

Ce cépage est avec le précédent, le Brachet noir, le plus cultivé dans les meilleurs vignobles du comté de Nice : ses feuilles sont rugueuses et d'un vert foncé à sa face supérieure, cotonneuses en-dessous, mais moins que ne le sont les feuilles du Brachet violet ; leur profonde découpure aide aussi à les faire remarquer : les cinq lobes sont très aigus et les sinus très ouverts, à l'exception du sinus pétiolaire qui est peu apparent, les lobes contigus se recouvrant réciproquement ; le pétiole est gros, un peu aplati et vert. Les raisins sont coniques et d'un beau noir, quand ils sont bien mûrs, ce qui n'arrive que trop difficilement sous notre climat ; les grains sont ronds et serrés. D'après ce que je viens de dire de sa fertilité et de la difficulté de son fruit à mûrir, on s'attend bien au conseil de le planter en terre chaude, à bonne exposition, et de le tailler à court bois.

Quoiqu'il y ait en Savoie quelques vignobles assez distingués, notamment ceux des environs de Montmélian, de Saint-Jean-de-la-Porte et celui de Mont-Termino, les noms des cépages dont ils sont peuplés ne sont pas parvenus à ma connaissance avec des renseignements sur leur valeur propre. Cependant pour les vins blancs, je rappellerai la *Malvoisie* de Lasseraz, qui a son article au chapitre de cette famille ou tribu, et pour le vignoble du coteau d'Altesse, situé près du Bourget, je possède un cépage de ce même nom, qu'on dit originaire de l'île de Chypre, et apporté jadis par un prince de la maison de Savoie ; mais ce cépage vigoureux, et qui a fructifié dès sa première année de greffe, est trop nouvellement dans ma collection pour que je puisse en rien dire.

Voici les noms de ceux qui sont cultivés dans quelques collections, mais ainsi que je viens de le dire, sans aucune donnée sur le concours que chacun peut avoir dans la qualité des vins de ces deux pays, la Savoie et le comté de Nice :

ESPAGNOU le NOIR et le BLANC.

VARLENTIN   *id.*

CARONEGA   *id.*

BROMES   *id.*

FUOLA   *id.*

SALERNA NOIR.

MALIVER   *id.*

TRIPIERA   *id.*

NEGRO ou NORETTO

Et en blanc, outre les Muscats, la Claretta et la Malvasia qui ont leur article ailleurs, on trouve encore les suivants :

SANAGET.

PIGNAROU.

BLANCONA.

GIONEA.

AIGA PASSERA, qui, ainsi que la

PASSOLINA, du centre de l'Italie, est notre raisin de Corinthe.

CHAPITRE VI.

—

SARDAIGNE ET CORSE, PIÉMONT, LOMBARDIE, ÉTAT VÉNITIEN, TOSCANE.

Je commencerai ce chapitre par le *Trebbiano*, comme l'aurait fait sans doute le professeur D. Milano, dans sa Notice sur les vignobles de Biella, s'il n'avait été dominé par son système de classification, car on ne voit aucune autre raison d'avoir fait précéder ce cépage par les Muscats, qui, ne donnant que des vins de liqueur, c'est-à-dire une sorte de vin d'une faible consommation, n'avaient aucun droit à cette place d'honneur. J'ai donc pensé qu'elle revenait au *Trebbiano*, qui passe depuis des siècles, comme on va le voir, pour un des cépages les plus méritants pour la production des vins fins. Je m'y suis décidé, peut être aussi par l'entraînement de la connaissance parfaite que j'ai de ce cépage; ce qui m'a rendu ce début plus facile.

TREBBIANO BIANCO, (Toscane.) — **TREBBIANO VERO, ERBALUS,** (vignobles du Piémont.)

TREBBIANO FIN, (vignobles du Piémont, selon **D.** Milano.)

UGNI BLANC , (ancienne Provence) et aussi, mais à tort, **CLARETTE** aux environs de Draguignan.

Les jeunes bourgeons de ce cépage acquièrent promptement de fortes dimensions, et comme les amples feuilles qu'ils supportent ajoutent encore à leurs poids, ils sont fort exposés à être éliobés. Ses feuilles sont généralement trilobées, quelquefois quinquelobées, et cependant j'en ai souvent vu d'entières, en sorte que je n'en fais pas un trait caractéristique , autant que de celui qu'elles présentent par leurs taches jaunes répandues sur leur surface supérieure et sur leur limbe ou pourtour, quand elles sont parvenues à leur entier développement; le dessous des feuilles est cotonneux, mais cet état est si commun, qu'il est à peine notable. Un autre caractère qui l'est bien d'avantage est la forme allongée et cylindrique des lames, (nom que nous donnons à la future grappe avant la fleur) dont l'extrême longueur est accrue ou du moins plus apparente par celle du pédoncule commun ou queue; quelquefois l'extrémité est bifurquée , en sorte que de la réunion de ces traits il résulte que peu de cépages sont plus faciles à reconnaître. Les raisins, dont la maturité est un peu tardive dans notre région, se maintiennent bien contre les pluies et ne manquent guères de s'offrir chaque année à la coupe du vendangeur. Voyons ce qu'en a dit un auteur du moyen âge, Petrus de Crescensiis, sénateur de Bologne, dans son livre *Opus ruralium commodorum :*

nous nous servirons du langage de son traducteur : « Il est à grains ronds, blancs, quelquefois roses et clair-semés, brébaigne en sa jeunesse, mais porte largement en sa viellesse; il fait moult noble vin qui bien se garde et est grandement renommé dans toute la Marche. »

Ajoutons que le vin auquel le Trebbiano avait donné son nom n'avait rien perdu de sa réputation au siècle suivant, sous le pontificat de Paul III ; car cet auguste amateur l'admettait de préférence sur sa table, trouvant ce vin stomachique, savoureux et moëlleux, ainsi que nous l'apprend l'auteur d'un mémoire sur les vins qui étaient alors consommés à Rome. C'est encore de même aujourd'hui ; car l'abbé Milano nous dit que le vin que produit ce cépage, est vif, brillant, spiritueux et d'une longue conservation. Ses bonnes qualités se sont soutenues en France, car sous le nom d'*Ugni blanc*, sa réunion à la Clarette est recommandée par Sinety, l'auteur de l'*Agriculteur du midi*, pour faire de bon vin blanc, et M. Laure, auteur d'un dictionnaire d'agriculture tout nouveau, nous affirme aussi que la vendange de ces deux plants compose l'excellente *Clarette de Trans*. Le produit de ce même cépage fournit aussi, selon Julien auteur de la Topographie de tous les vignobles, le vin de Cassis, près de Marseille, lequel est, nous dit-il, liquoreux, corsé, spiritueux et d'un goût fort agréable. L'identité du *Trebbiano* et de l'*Ugni blanc* m'a été démontrée par la culture que je fais depuis dix ans de plants venus de la Toscane et de la Provence, sous chacun de ces deux noms.

Il paraîtrait, d'après un catalogue que j'ai sous les yeux,

qu'il y aurait aussi un Erbalus rouge; peut-être est-ce le même, car j'ai dit que quelques ceps donnaient des grappes dont les grains étaient roses.

Il y a aussi en Toscane un cépage qui n'a rien de commun avec le précédent, quoiqu'il porte le nom de

TREBIANO PERRUGINO. Son vrai nom est
PIZZUTELLO DI ROMA.

A Marseille on l'appelle CROCHU.

Ces deux derniers noms valent mieux, parce qu'ils expriment bien son trait caractéristique d'avoir des grains courbes, menus, allongés et même pointus. Ces raisins sont meilleurs à manger qu'à faire du vin, dont il doit donner fort peu, si j'en juge par les souches de cette espèce que je cultive depuis assez longtemps pour avoir sur ce cépage une opinion bien établie, qui ne lui est pas favorable pour notre climat. — Il gèle tous les ans, et quand il échappe à la gelée, il est peu productif; mais ses raisins sont jolis et fort agréables à manger. On fait aussi assez grand cas dans les vignobles de Biella du

TREBBIANO FALSO (Toscane.) — BIANCA NATURAL (Saluces.) — ERBALUS DI 2ᵉ QUALITA (Piémont.)

On me permettra de prendre ce que je peux en dire dans le mémoire de D. Milano : car je ne possède pas ce cépage.

Le résumé de son article est que cette variété est plus abondante, moins sujette aux intempéries, mais aussi moins propre à faire du vin de haute qualité que le *Trebbiano Vero*. J'ai quelque raison de croire qu'il est le même que le

TRIBBIAN VERDE des vignobles d'Albano.

NEBBIOLO BIANCO. — **MELASCA BIANCA** (Piémont et particulièrement les vignobles de Biella.)

C'est un cépage aussi précieux que le *Trebbiano Vero*, quand il peut amener ses raisins à maturité, ce qui ne lui arrive pas toujours, dit le professeur D. Milano; et c'est d'autant plus regrettable qu'il est moins sujet à manquer que le Trebbiano. Ses bourgeons sont courts et les entrenœuds aussi, les feuilles d'un vert jaunâtre, cotonneuses en dessous, presque toujours quinquelobées. Sa grappe est composée de grappillons, elle est éparse et cependant de forme régulière; les grains sont ronds, de grosseur moyenne et d'un vert qui se lave de jaune à la maturité. — La pulpe est pleine d'un suc doux, un peu austère s'il n'est pas bien mûr, mais d'une douceur suave quand le raisin parvient à une maturité complète. Alors il donne un vin sec, délicat, généreux. Un autre caractère constant et suffisant pour reconnaître tous les individus de cette famille, est le peu d'adhérence de la partie de la pulpe qui entoure les pepins au reste du grain, quand on coupe ce grain transversalement.

Cette très intéressante famille, dit l'abbé Milano, au moment de parler des Nebbiolo de couleur, mérite une mention particulière; car elle comprend les meilleurs raisins, peut-être, qui soient cultivés à la surface du globe, pour la qualité supérieure des vins qu'elle produit. Bien que dans chaque pays ils prennent un nom différent, ils sont toujours reconnaissables par un aspect particulier; c'est une espèce de pruïne ou neige, d'où l'on a tiré le nom de *Nebbiolo* (nebbia, neige), qui couvre toujours les grains, lors de leur parfaite maturité. Un autre caractère constant dans cette famille est celui dont nous avons parlé à l'article du Neb blanc; le peu d'adhérence de la pulpe qui entoure les pépins au reste du grain. Quant à la subdivision de cette famille en trois, les Nebbiolo proprement dits, les Fresia et les Mostera, la prétendue analogie dans leurs produits ne me paraît pas un motif suffisant pour l'adopter.

NEBBIOLO , proprement dit (Biella.)

NEBBIEUL MASCHIO (Piémont.)

MELASCA — SPANNA — PICOUTENER (en diverses parties de l'Italie.)

Les raisins de ce cépage sont la base des meilleurs vins de luxe, et l'estime que l'on en fait en Italie remonte déjà bien haut, car Petrus de Crescensiis, auteur agronomique du xiiie siècle, qui a écrit en latin, en parle sous le nom de *Nubiolon*, comme d'un cépage précieux, mais dont les raisins ne sont pas bons à manger. Et ici je regrette que l'abbé Milano n'ait pas eu connaissance de l'ouvrage si estimé de son compatriote, ou du moins qu'il ne le manifeste pas; nous saurions positivement si le Nebbiolo actuel est bien le même que le Nubiolon. On pourrait en douter, car, après avoir dit que les grains sont ronds et de grosseur moyenne, pleins de suc, d'un doux piquant propre à cette espèce, il ajoute qu'ils sont d'un goût suave et délicat, ce qui les rendrait très bons à manger, contrairement à l'opinion que nous venons de citer, de l'auteur ancien.

Le peu de connaissance qu'il a de nos cépages se démontre par cette opinion qui est évidemment erronée; car dans une lettre que j'ai reçue de lui, il les fait identiques avec le

Moustardier du Gard et avec nos Pinots de Bourgogne dont ils diffèrent essentiellement.

La pellicule des grains est d'un violet très intense, approchant du noir, mais affaiblie par cette fine fleur ou pruïne dont nous avons parlé ; toutefois, malgré l'intensité de cette couleur, le suc n'est pas du tout coloré. Les sarments longs et durs sont striés longitudinalement et bien garnis de vrilles. Les feuilles sont d'un vert peu foncé et profondément divisées en trois ou cinq lobes, quelquefois subdivisés eux-mêmes. Aux approches de la vendange, leur limbe se colore en rouge et quelques-unes de taches de la même couleur, en même temps qu'elles prennent une teinte jaunâtre. Les bonnes qualités de ce cépage sont compensées par un grand défaut, celui de produire très peu, d'autant plus qu'il est très sensible aux intempéries ; mais partout où il est cultivé, bien que le vin qu'il produit ne soit pas toujours également bon, il maintient toujours sa *légitimité*, dit l'auteur italien.

Le NEBBIOLO ou NEBBIEUL GROSSO du Piémont. MELASCONE de Biella. — SPANNA GROSSA du Novarèse, est plus robuste, et toutes ses parties l'annoncent: ses grappes sont plus volumineuses, leurs grains plus gros et d'une couleur plus foncée. Moins sensible aux intempéries, son rapport est plus certain et plus abondant ; mais aussi son vin est d'une moindre qualité, quoique encore assez bon, et il est même d'une longue garde. Enfin le plus délicat de la famille est le

NEBBIOLO GENTILE, NEBBIEUL PCIT ou FUMELA du Piémont, MELASCHETTO ou SPANNA PICOLA du Biellese.

Cette variété est moins sarmenteuse que son type, les
entre-nœuds sont de médiocre longueur, les pétioles courts
et colorés, les feuilles presque toujours entières, ou du
moins les lobes sont peu marquées, elles sont d'un jaune
rougeâtre à la vendange. Toute la charpente de la grappe est
ligneuse, et la partie des pédicelles la plus rapprochée du
grain prend une couleur rouge-brun à la maturité du
raisin, lequel est petit, de forme régulière, quoique les
grains soient clair-semés, quand la jeunesse du cep est
passée. Maintenant il me faudrait signaler les caractères
ou traits caractéristiques du *Melaschetto*, que jai reçu de
Turin sous ce nom, et que je dois à l'obligeance de M. le
docteur Bonafous, directeur du jardin royal de cette même
ville. Ce n'est pas une chose très facile, car aucun de ces
traits n'est remarquable. Les feuilles sont bien comme elles
ont été décrites, en ajoutant cependant qu'elles sont d'un
vert foncé en dessus et légèrement cotonneuses en dessous,
non d'un coton uni, mais par points. Sur les quatre ceps
que je possède et qui sont provenus d'un provin à quatre
brins, les grappes sont très belles et bien fournies de grains
serrés, sinon gros, du moins plus que moyens, pas exactement ronds, mais très faiblement oblongs, dont la maturité
devient complète en même temps que celle de notre Côt.
Peut-être le vert foncé des feuilles et le riche aspect de ces
ceps est-il dû à leur grande vigueur produite par les soins
de culture la plus soignée; peut-être aussi est-ce le *Melascone*, et c'est cette dernière opinion qui l'emporte dans mon
esprit.

BALSAMEA. — (Piémont et duché de Gènes.)

Quoique l'abbé Milano ne lui accorde que le mérite
d'être le premier des cépages pour la production des
vins rouges communs ou plutôt d'ordinaire et aussi des
vins clarets d'une qualité supérieure, un autre ampélologue de son pays, le comte Benedetti la place au premier rang, du moins pour les vignobles de la Ligurie.
Le savant professeur ne me paraît pas très conséquent lorsque, après avoir dit que les vins produits par la vendange
de ce cépage sont de peu de garde, il nous raconte un peu
plus loin qu'il en a bu de trente-deux ans en vin claret,
qu'il proclame supérieur à tous les vins de même nature
que la vanité piémontaise, dit-il, fait venir à grands frais
de l'étranger. Il m'est impossible aussi d'être de son avis
sur la prétendue identité de la *Balsamea*, avec la *Marge-
mina* des Toscans, et la *Bonarda* des Piémontais. Je possède ces trois variétés venues d'Italie ; la différence de chacune avec l'autre saute aux yeux. Une qualité qui leur est
commune est de donner des raisins d'un goût agréable et
abondants en matière colorante. Les sarments de la Balsamea que je possède et que je dois à l'obligeant docteur
Bonafous, sont minces et durs, ils ne se soutiennent pas
bien, sont contournés, mais ils ne cassent pas facilement,
sont très résistants aux grands vents et sont très chargés de
vrilles minces et ligneuses ; ces deux caractères m'ont toujours suffi pour la reconnaître au milieu d'une foule d'autres
espèces. Les feuilles, de médiocre grandeur, sont d'un vert
clair au-dessus, et cotonneuses en dessous. La grappe, garnie de grains ronds assez gros, est irrégulière, c'est-à-dire
de forme variée ; la pellicule est d'un noir intense et le suc

un peu coloré de rouge, qui est sans doute plus foncé en Italie.

MARZEMINA (vignobles napolitains). — **MARGE-MINA** (Toscane). — **UVA TEDESCA** (Piémont).

J'ai dit que ce cépage, tiré de Naples, et que j'ai dû à l'obligeance du célèbre horticulteur Vilmorin, avait des différences frappantes avec le précédent ; en effet ses bourgeons, au lieu d'être minces et contournés, sont forts et très droits et de couleur violette ; la grappe est belle, régulière et a la forme d'un cône très allongé, au lieu d'être raccourcie, variée et difficile à définir ; les grains de la Marzemina sont plus serrés, plus petits et plus bleus ; ils résistent également bien aux pluies prolongées, à quoi contribue sans doute la poussière ou pruïne abondante dont les grains sont couverts ; enfin les feuilles sont grandes, d'une forte étoffe, planes, et non petites et recoquillées comme celles de l'autre ; leur pétiole est d'un violet foncé, et il est vert aux feuilles de la Balsamea. — Le nom de *Uva Tedesca* (raisin germanique), annoncerait que son premier nom lui viendrait des vignobles de Mazzemin, l'un des meileurs vignobles de la Carniole.

BARBERA VERA et aussi **BARBERA** d'ASTI a tous les éléments nécessaires à la composition d'un vin de bonne qualité, selon l'abbé Milano, surtout pour ceux qui considèrent la couleur comme une qualité. Le vin qu'elle fournit a de la plénitude, un bon goût et est assez spiritueux. Ce cépage a aussi le mérite d'être productif. Il en fait d'autant plus de cas que l'année qu'il en a essayé ou pesé le moût, il a donné au gleucomètre de Chevalier

13 degrés, sorte d'appréciation de la valeur d'un raisin qui ne m'inspire pas autant de confiance qu'à lui; car, l'induction naturelle qu'on devrait en tirer, serait que tous les vins d'Italie et d'Espagne sont meilleurs que nos vins de Champagne et de Bourgogne; ce qui serait une proposition insoutenable. Il fait, en conséquence, de cet instrument, le régulateur de son opinion; ce qui est excusable chez un professeur de physique, mais ce que ne peut admettre aucun consommateur des vins que j'ai mentionnés. — Ce cépage est vigoureux, son bois est un peu tendre; ses nœuds sont fort distants les uns des autres, ce que nous appelons *noué long*; les feuilles sont d'un vert intense au-dessus, cotonneuses sur leur envers. La grappe est composée de grains peu serrés, oblongs, d'une bonne grosseur dans ma terre aride, quoique M. Milano ait dit que cette grosseur était médiocre. La pulpe est pleine d'un suc un peu âpre et piquant, la peau ferme et d'un bleu intense bien fleuri, quand il est bien mûr; autrement elle est d'un violet cendré. Dans mon vignoble, sa maturité est satisfaisante; aussi ai-je eu soin de marquer les deux souches que je possède de cette espèce pour la multiplier, d'autant plus qu'elles sont ornées en ce moment de très belles grappes.

J'en ai obtenu une bonne variété de M. le docteur Bonafous, directeur du jardin royal de Turin, et auteur agronomique bien connu; elle m'est arrivée avec l'étiquette de **BARBERA FINA** : ses feuilles petites et épaisses, sont nues à leur face supérieure, d'un aspect particulier qui ne permet pas de confondre ce cépage avec d'autres, quand on

22

l'a vu une fois. Un de ses traits les plus caractéristiques est
la forme du sinus pétiolaire : les deux côtés du V sont si
ouverts qu'ils approchent quelquefois de la ligne droite, mais
ordinairement l'angle qu'ils font est de 150 à 160 degrés.
La grappe est allongée, peu serrée, garnie de grains égaux,
oblongs, d'un bleu foncé approchant du noir; son pédoncule est mince et très long. Je ne sais pourquoi cette bonne
variété n'a pas été décrite pour M. l'abbé Milano, qui ne
l'a même pas mentionnée.

VESPOLINO (dans le Biellese et le Novarese). Les deux
ceps de ce nom que j'ai reçus il y a deux ans, n'ayant pas
encore donné de fruit, je suis forcé, pour le faire connaître, de reproduire ce qu'en ont dit Miller et l'abbé Milano.

Selon Miller, cette vigne a des grappes irrrégulières et
peu serrées, à grains petits, oblongs, noirs, cendrés, d'un
suc doux et relevé, très coloré (je ne sais si les mots *ad-
modùm colorato* se rapportent à *acino* ou à *succo*), feuille
lobée, cotonneuse en dessous.

Etranger à cette province, dit l'abbé Milano, professeur
de physique à Turin, le *Vespolino* y réussit admirablement. Son nom semble indiquer ses ennemis, les guêpes
et autres insectes semblables. Quoiqu'il soit précoce, il
est rare dans les vignobles où la température trop froide
l'empêcherait de bien mûrir. L'auteur dit qu'il est peu
sarmenteux, *è poco sarmentoso*, ce qui veut dire, je le
crois du moins, que ses bourgeons sont peu vigoureux et
alors ces mots : « *i suoi tralci sono che mediocri* » seraient une répétition ou du moins une confirmation de

la même idée ; ce qu'il y a de plus intéressant, c'est qu'il est assez productif; aussi en conseille-t-il la culture aux habitants des Apennins. Ses feuilles sont lobées avec une denture lancéolée, c'est-à-dire qu'elles ont des dents aigues; le dessus dans la haute saison est marqué de taches rouges, le dessous est cotonneux. La grappe est composée de grains irrégulièrement épars avec des grappillons bien détachés. La pulpe est pleine de suc d'une saveur douce; la pellicule d'un bleu très intense, un peu cendré, c'est-à-dire fleuri, comme nous disons en France.

En général, le *Vespolino* résiste bien aux intempéries de la saison ; son vin est très coloré et ne tarde pas à atteindre son plus haut point de perfection ; mais aussi il n'est pas de longue garde. Il fait néanmoins un bon vin d'ordinaire.

PIGNOLO ou PRUGNOLO des Toscanes. — UVA PIGNOLA des Milanais.

PIGNEUL ou PIGNOLA des Piémontais.

Quoique cette vigne me soit venue de Toscane au nombre des plants du vignoble de Monte-Pulciano, et que j'aie pu l'observer, je préfère me servir de la description, que j'ai trouvée dans un mémoire que m'a envoyé l'abbé Milano, à celle que je pourrais en donner moi-même, d'autant plus qu'elles ne s'accorderaient pas ensemble. Il me paraît certain que le cépage que j'ai reçu de Monte-Pulciano sous le nom de Prugnolo, n'est pas le même que celui que je vais décrire avec l'aide de Miller et de l'abbé Milano. Leur Pignolo a une végétation médiocre, des bourgeons courts et ligneux, les entre-nœuds de moyenne longueur ; quelquefois les feuilles sont cotonneuses en dessous, irrégulièrement lobées. La grappe, dans son état normal, est de la forme d'une pomme de pin un peu allongée ; et c'est de cette forme qu'il tire son nom. Les grains sont tellement serrés qu'ils en prennent à leur maturité une forme polyèdre dans la partie tournée vers le point d'attache ; ils sont d'une moyenne grosseur, d'une pulpe ferme légèrement âpre, d'un doux piquant. La peau est un peu dure, d'un noir rougeâtre affaibli par cette légère poussière que nous appelons *fleur*, et que les Italiens nomment *pruine*. Il n'a aucune ressemblance avec le Pinot de Bourgogne, malgré la presque similitude de nom, pas davantage avec mon *Prugnolo*, qui a des grappes lâches, des grains gros et oblongs, d'un très-bon goût... Celui dont je viens de présenter la description me paraît identique avec le petit Mourvède de la Provence.

Je pourrais me dispenser de parler du

PIGNOLO MELASCA du Biellese ou NEBIOLO PIGNOLATO d'autres lieux ; parce que, de même que le précédent, il n'est pas très cultivé, quoique le vin de l'un et de l'autre se conserve bien, et prenne, dit-il, du brillant et du spiritueux ; mais j'ai voulu en finir avec cette famille. La grappe est de la forme de la précédente, un peu moins serrée ; ses grains sont noirs et ronds, d'un doux piquant ; la peau est dure, d'un violet très-intense et couverte aussi de fleur ou pruine.

FAMILLE OU TRIBU DES GRECS OU BARBAROUX.

UVA BARBAROSSA. — VERNAZZA ou VERNACCIA (Piémont).

BRIZZOLA (vignobles de la Ligurie).

BARBAROUX et aussi GREC ROUGE (en plusieurs départements du littoral de la Méditerranée).

Ce cépage est sinon le plus remarquable, du moins le plus répandu et le plus estimé de cette tribu dans le midi de la France, ainsi qu'en Italie; ses raisins sont également recherchés pour la table, à cause de leur bon goût, leur jolie couleur et leur longue conservation, et pour le pressoir par la qualité du vin qu'ils produisent. C'est surtout en Italie où ils sont appréciés pour cette destination; car on en tire dans ce pays un vin de quelque renom, appelé *Vernaccia*, comme le raisin lui-même. L'auteur d'un Cours complet d'Agriculture pour le midi de la France, a aussi publié le mérite de cette espèce pour la vinification : « Le Grec rouge ou Barbaroux, dit-il, donne un vin léger, pétillant et de bon goût; le cépage est de plus très productif. » Dans un article fort détaillé, dont l'auteur est certainement Italien, quoiqu'il ne l'ait pas signé, le mérite de ce cépage est encore plus exalté : « On obtient de sa vendange, dit-il, une boisson légère, agréable, rafraîchissante et en même temps spiritueuse, dans l'année même où elle est faite; mais, pour être pourvu de toutes ses bonnes qualités, il faut que ce vin provienne d'une vendange bien mûre. » Cette maturité, indispensable à la qualité de toute sorte de vin, est facile à obtenir, même sous notre climat. « C'est le roi des raisins de table, ajoute le même auteur, il réunit tout ce qui fait rechercher les raisins les plus estimés pour cet usage, et aucune de ces espèces ne peut se comparer à la Barbarossa; ni l'*Uva Regina* et le *Santo Colombano* des Toscans, ni la *Cattanalesca* des Napolitains, ni la *Paradisa* des Bolonais, ni le *Pizzutello* ou la *Galletta* des Romains, ni le *Vennentino* et le *Verdepolla* des Génois, ni le *Chasselas* des Français. » Il est bien à regretter que l'auteur Italien qui a fait un article de près de quatre grandes pages sur ce cépage, et qui convient lui-même qu'il y a bien des sortes de raisins sous ce nom de *Barbarossa*, n'ait pas indiqué un caractère particulier qui distinguât le cépage qu'il a eu en vue; j'en possède moi-même quatre variétés, dont deux à feuilles nues et deux à feuilles cotonneuses en dessous; toutes quatre ont des raisins à peu près de la même nuance. L'un des traits signalé par l'auteur de l'article, *feuilles d'une nuance rose qui indique celle du vin*, n'a pas été retrouvé sur aucune des variétés que je possède. Je m'en tiendrai donc à ajouter, d'après l'auteur, que les rameaux à nœuds rapprochés de la Barbarossa portent de larges feuilles à lobes obtus et qui semblent glacées; de plus, que les grappes sont de moyenne grosseur, pas trop serrées, et que les raisins, le plus souvent coniques, ont des grains ronds, couverts d'une peau mince et rose, d'après Micheli Trinci, ampélologue italien fort estimé, qui dit, en parlant de la Barbarossa : *acinis roseo colore fulgentibus*. Je crains de n'avoir pas cette variété. Cels, dans

ses notes au Théâtre d'Agriculture, donne bien à tort pour
synonyme, au Barbarossa, le Marocain, dont les grains sont
noirs, allongés, et n'ont aucun rapport avec les raisins du
premier. — Je regarde comme identique au *Barbaroux* le
cépage nommé

ALICANTE, sur les bords du Tarn. Je crois avoir d'autant plus de raison de le ranger dans la tribu des Grecs,
que des crossettes que j'ai rapportées de la riche collection
de feu Schams, près de Bude, sous le nom de VIGNE DE
SERVIE, ont produit également ce raisin dit d'*Alicante*.
Or, il est bien probable que la Servie a tiré jadis ses plants
de vigne de la Grèce. Ses grappes magnifiques rappellent
les raisins de la Terre-Promise ; les siens sont bons à manger
à leur parfaite maturité ; mais je ne les crois pas doués de la
qualité de se conserver longtemps, parce que le raisin est
très gros et ses grains trop serrés et trop aqueux, au moins
dans la jeunesse du cep. Une autre belle variété que je possède m'est venue sous le nom de

GRECA GROSSA, de la Toscane. Ses feuilles ne sont
ni grandes, ni glacées en dessus, ce qui me fait douter
qu'elle soit identique avec la première dont j'ai parlé ;
elles sont un peu cotonneuses en dessous, et ses grappes
ont une belle apparence. Une autre, qui m'est venue de la
Corse il y a une douzaine d'années, ne m'a jamais donné
que quelques grains ; aussi vais-je en faire greffer toutes les
souches le printemps prochain. Il s'en est trouvé une
blanche dans l'envoi qui m'a été fait de Florence, et je
pense que c'est celle dont il est fait mention dans le grand
article cité plus haut, sous le nom de

BARBAROSSA VERDONA.

Ses grains sont très-gros, ronds, d'un blanc un peu verdâtre. Cette variété peut avoir du mérite en Italie, puisque
nous voyons qu'elle est cultivée dans les vignobles de Final,
en concurrence avec le Barbaroux rose, mais elle n'en a pas
le moindre sous notre 47°, parce qu'elle ne parvient pas à
maturité.

———

Un joli raisin, qui nous est venu du Piémont, mais dont
je ne connais que le mérite apparent, dont on peut juger en
deux récoltes, est le

SIRODINO.

J'ignore si la vendange de ce cépage entre dans la composition de quelque vin de renom, mais l'aspect de son raisin
est curieux et agréable : la grappe est ailée, conique, fort
allongée, bien garnie de petits grains égaux, peu serrés, et
du plus beau noir, comme le *Pinot-Mour* des Bourguignons, dont la grappe est plus courte et plus tassée. La complète maturité arrive quelques jours plus tard que celle du
Pinot auquel je viens de le comparer pour la couleur, c'est-
à-dire en temps moyen.

Je voudrais dire quelque chose, vu l'estime dont il jouit
dans le Trévisan et dans l'Istrie, du PICCOLO ; mais je ne
le possède pas. Je crois seulement que ses raisins font partie
de ceux que l'on choisit pour composer le *Vino-Santo*, le
meilleur vin de liqueur de l'Italie, qui a la couleur de l'or,

dit l'auteur Julien, beaucoup de douceur de finesse, et un parfum très-suave.

Avant de passer aux Iles de Corse et de Sardaigne, nous allons parler du cépage le plus remarquable de la Toscane, pour le vin de liqueur qu'il produit.

L'ALEATICO NERO (Toscane et Corse). — AGLIA-NICO, au xive siècle. Il y en a un blanc plus rare et moins estimé. Le noir, le seul dont nous nous occuperons, donne le meilleur vin de liqueur de la Toscane : « A une brillante couleur purpurine, dit l'auteur Julien, il joint un délicieux parfum et une douceur tempérée par un peu de fermeté, et qui n'empâte pas la bouche », comme il arrive souvent aux vins muscats et à tous les vins cuits, du moins dans leur jeu-nesse. C'était sûrement là sa pensée. Cette comparaison me semble venir à propos, car l'*Aleatico* m'a bien l'air d'être de la nombreuse famille des Muscats. La réputation du vin de ce nom est une des plus anciennes de l'Italie, car l'historien, ou plutôt l'auteur de la notice sur les vins qui entraient à Rome vers la moitié du xive siècle, nous apprend que le pape Paul III en buvait avec plaisir comme d'un vin propre aux vieillards, quand il était peu coloré. Ce cépage a le dé-faut, pour nous, d'entrer un des premiers en végétation. Ses jeunes feuilles, à l'état de folioles, c'est-à-dire au commence-ment de leur développement, sont teintes en dessus de rouge longitudinalement ; puis, quand elles ont atteint toute l'am-pleur qui leur est dévolue, leur nudité sur les deux faces, le luisant de celle supérieure, leurs lobes allongés, bordés de dents aigues, forment des caractères très saisissables. Ses grappes, coniques, sont tantôt serrées, et alors elles pouris-

sent facilement, tantôt assez courtes; les grains sont inégaux, bien fleuris, ronds, légèrement aplatis par le bout,
et non ovales et pointus, comme l'a dit l'auteur de la Topographie de tous les Vignobles, que je me garderai bien de
contredire jamais sans y être bien fondé. J'en ai reçu des
sarments ou crossettes du Piémont, de la Toscane et de la
Corse, qui tous m'ont donné des raisins dont les grains
avaient la forme que je leur assigne ici. Il est à propos de
remarquer en quoi il diffère de notre Muscat noir, dont les
grains sont plus serrés et sans mélange de petits grains, dont
aussi les feuilles ont un aspect plus terne et les lobes moins
aigus, dont le bois est gris-brun et un peu rougeâtre, au lieu
d'être gris-fauve, comme l'Aleatico. De même que tous les
membres de sa nombreuse famille, les raisins de celui-ci passent promptement à la pourriture, et leur maturité arrive
moins promptement que celle de notre Muscat noir; mais il
m'a paru habituellement très fertile, et je ne doute pas que
ce ne fut une bonne acquisition pour nos départements méridionaux.

SCIACCARELLO (île de Corse).

Voici encore un des cépages les plus distingués pour servir
à la vinification, dans les pays du moins où il donne quelque
récolte; car ici j'aurais eu bien de la peine à confirmer, par
ma propre expérience, sa valeur dans mon sol, ou plutôt
sous notre climat, quoique je le possède depuis une dixaine
d'années, au nombre d'une vingtaine de souches; elles ont
toujours été presqu'entièrement improductives, et le petit
nombre de grappes que j'en ai eues n'ont jamais complétement
mûri. — J'en suis d'autant plus fâché, que j'avais l'inten-

tion de le multiplier beaucoup, d'après ce qu'en a dit Cavoleau, auteur de l'OEnologie française, ouvrage couronné au
concours d'une statistique viticole. « Le vin qu'on fait avec
le Sciaccarello, lui a dit le préfet de la Corse, est d'une qualité supérieure, il serait comparable aux meilleurs vins d'A-
licante, si on prenait des soins judicieux dans sa fabrication ;
car il y ressemble tellement, que beaucoup de connaisseurs
s'y sont trompés. Plus il vieillit, plus il devient agréable,
c'est un véritable nectar pour les convalescents. » Ses
grappes n'ont pas été fortes sur les souches que je cultive, et
les grains oblongs étaient d'un noir voilé par une abondante
pruine ; la maturité est tardive. Le cep n'offre pas de trait
bien caractéristique quand il n'a pas de fruit, ce qui est son
état habituel chez moi.

Puisque je viens de parler d'un des meilleurs cépages de
la Corse, il me paraît assez naturel de parler d'un autre de
la même île, qui n'est pas moins recherché par ceux qui
tiennent à faire de bon vin, c'est la

CARCAGIOLA. On m'a écrit qu'elle avait été tirée de la
Sardaigne, où elle est toujours cultivée avec prédilection ;
quoiqu'elle ne soit pas d'un grand rapport, chez moi du
moins, où cependant un autre cépage de Corse, le *Brustiano*,
donne abondamment. Si l'on me disait que ce dernier est
un cépage à raisins blancs, je pourrais citer l'*Uva paga
debito* ou *Cortineze* dont les raisins sont noirs et produisent
d'une manière satisfaisante. La Carcagiola a sans doute commencé son introduction dans l'île de Corse par les vignobles
de Bonifacio ; car elle ne m'était pas venue sous ce nom,
mais sous celui de BONIFACIENCO ; ce n'est que deux ou

trois ans après, que j'ai obtenu l'autre nom, grâce à la recommandation de M. le Ministre de l'agriculture, auprès du Préfet de la Corse. Ce cépage est très facile à reconnaître, ses bourgeons sont courts et érigés, ses feuilles très cotonneuses en dessous, les grappes ou plus exactement les raisins sont peu volumineux, les grains oblongs et de médiocre grosseur; d'un noir très fleuri et d'un goût propre à cette espèce. J'en ai plus de quatre-vingts souches, mais leur faible produit ne m'a pas encore permis d'essayer une expérience sur la vendange qu'ils ont fournie, et la difficile maturité des raisins, qui ne devance guère celle du Granache, ne m'y a pas encouragé.

UVA PAGA DEBITO (vignoble de Corte); — CORTINEZE (vignoble d'Ajaccio).

J'ai hésité à le placer ici, parce que son produit abondant me porte à croire qu'il ne concourt pas à la qualité des vins où il entre en forte proportion. Il paraît qu'il est très cultivé dans les vignobles de Corte, ainsi que l'annonce son second nom. Ses grappes sont lâches, les grains noirs, ronds, assez gros, d'une saveur un peu âpre; mais si le vin qu'on en tire a de la qualité, chaque souche *paye bien sa dette*, ainsi que l'exprime son nom.

Dans tous les cépages envoyés de la Sardaigne, je n'ai point reconnu la Carcagiola qui y porte sans doute un autre nom. Les plus estimés pour la qualité du vin sont pour les cépages donnant du vin rouge, les trois suivants qu'on mêle en grande proportion aux cépages communs et de peu de mérite :

GIRO dont je ne peux encore rien dire.

CANONAU , également trop jeune pour offrir des traits caractéristiques de quelque importance , et enfin la

MONICA à laquelle ce que je viens de dire du précédent est appliquable. Ils donnent le meilleur vin rouge de la Sardaigne , particulièrement le *Giro*, qui , employé seul , fournit un vin de liqueur de beaucoup de parfum et d'une grande douceur.

Il s'en exporte encore un supérieur d'un raisin blanc nommé NASCO dont le vin qui en provient a pris ce même nom. C'est un des cépages les plus faciles à reconnaître par ses feuilles à peine moyennes , très cotonneuses à l'envers, et si profondément divisées qu'on peut les dire laciniées ; dès lors, on conçoit que cet état ou plutôt cette forme très rare, soit pour l'espèce un trait caractéristique. Ses grappes sont moyennes et composées de grains blancs peu serrés , oblongs, un peu durs à la maturité ; mais aussi résistant bien à une humidité prolongée. Le vin qu'on tire de sa vendange est de couleur ambrée, généreux, d'un goût suave, très agréable et d'un parfum délicieux , quand il a quelques mois de bouteille. C'est du moins l'avis d'un dégustateur d'une grande autorité, l'auteur Julien. Quelquefois on mêle sa vendange à celle de quelques autres , de la Malvasia Bianca dont nous parlerons bientôt , et de la

CARNACCIA, que je possède , mais que je n'ai pas encore pu étudier dans toutes ses parties. Ce dernier cépage a pénétré dans le département de l'Isère où il est connu sous le nom de Garnache ; malgré la similitude des désinences , il est très différent du Granache de la Méditerranée.

Il fournit une qualité particulière de vin qui s'élève au

rang des vins précieux qui s'exportent de la Sardaigne pour les pays du Nord, ses raisins sont blancs et volumineux ; ils ont les grains ronds et non oblongs comme ceux du Nasco ; ils sont d'une maturité difficile sous notre climat.

La plupart des cépages précédents sont cultivés en Toscane ; mais cet État renferme un vignoble assez célèbre pour qu'il soit fait une mention particulière des cépages dont il est peuplé, de ceux du moins qui ont le mieux réussi dans ma vigne d'expérimentation. Tel, pour cette cause, mérite d'occuper le premier rang

Le VAIANO, cépage d'une végétation modérée, qui a les bourgeons minces, les feuilles divisées en cinq lobes, un peu cotonneuses en dessous et par filets ; le sinus pétiolaire peu sensible, parce que les lobes qui le forment se recouvrent tellement qu'ils donnent à la feuille la forme d'entonnoir. Les grappes sont de moyenne dimension, coniques, allongées, supportées par des pédoncules d'un brun enviné. Les grains sont petits, noirs, bien ronds et peu serrés, mûrissant bien, c'est-à-dire presqu'aussitôt que notre Côt, et se conservant bien sur la souche. L'idée que j'ai prise de ce cépage m'a porté à le multiplier.

CANAJUOLA NERA.

J'avais retardé mes observations sur ce plant dans l'espoir qu'elles seraient plus faciles en 1843, mais les gelées du printemps ont détruit tous les moyens d'en faire, et en 1844 je n'ai pas eu davantage de raisins à observer par quelqu'autre cause. J'avais cependant remarqué, en 1841, un cépage du même vignoble ; le

PULCEINCULO, dont les grappes étaient garnies de

beaux grains oblongs, d'un noir bleuâtre, et qui avaient bien mûri. Il en était de même du

MAMMOLO, qui tire sans doute son nom de la petitesse de ses grains; ils étaient d'un blanc tournant sur le jaune, un peu oblongs. Ses feuilles, d'un vert jaunâtre, sont profondément divisées et glabrés sur les deux faces.

BRUCIANICO, aussi venu directement de Monte-Pulciano. Je n'en ai pas vu le fruit ou je ne l'ai pas remarqué.

Il y a sans doute plusieurs autres cépages cultivés dans ce vignoble renommé, que les six dont je viens de parler, en y comprenant le

PRUGNOLO, dont j'avais dit quelque chose à l'article du Pignolo; car la *vigne de Monte-Pulciano*, de la collection de M. Tourrès, pépiniériste à Macheteaux, près Tonneins, ne ressemble à aucune de celles qui me sont venues directement de ce même vignoble.

Mais, avant de quitter la Toscane, je dois un article à un cépage d'un assez grand mérite, pour avoir donné son nom au vin qui en est provenu; c'est le

VERDEA D'ARCETRI, petite ville à peu de distance de Florence.

Ses feuilles, d'un vert terne en dessus, sont douces et molles à la main, blanches en dessous par le coton fin et épais dont il est garni; ses grappes sont grandes et ailées, mal garnies de gros grains oblongs, d'un vert qui se dore un peu à leur complète maturité. J'ai dit mal garnies, parce que les grains sont très clair-semés à cause de l'avortement ou coulure de la plus grande partie. Ces grappes ne sont posées qu'à une grande distance du point de départ du bourgeon. « On fait à Arcetri, près de Florence, dit l'auteur Julien, un vin blanc nommé *Verdea*, qui a beaucoup de finesse, de parfum et d'agrément. » — C'est donc un cépage qui mérite d'être essayé, d'autant plus que ses raisins mûrissent bien ; mais il a été jusqu'ici peu productif, peut-être parce qu'il n'a pas été taillé convenablement. Il faudra lui laisser de bonnes verges, quand il aura la force de les supporter. Les entre-nœuds sont très longs, ou, pour parler le langage des vignerons, le bois est *noué très long*. Sa végétation a été trop vigoureuse, et son produit trop faible pour ne pas en induire la manière de le tailler que je viens d'indiquer.

FAMILLE OU TRIBU DES MALVOISIES.

Cette tribu comprend beaucoup de sujets d'une grande distinction, et même on pourrait dire qu'ils le sont tous, si on expulsait quelques intrus qui portent indûment ce nom de *Malvoisie*, ainsi que j'aurai soin de le faire remarquer à leur article. Partout où ces cépages sont cultivés, depuis l'île de Madère jusqu'à la Morée inclusivement, c'est-à-dire entre le 30e et le 40e degré de latitude, ils produisent, ou du moins quelques-uns d'eux, produisent un vin généreux et suave, d'un parfum exquis et généralement de couleur ambrée ; mais il faut pour cela qu'il soit préparé avec soin. Plusieurs des sujets de cette tribu mûrissent très bien sous le 47e degré de latitude, et je ne manquerai pas de les désigner ; il y en a même dont je suis tellement satisfait,

qu'il me faut réfléchir à mon court avenir pour renoncer à
en planter quelques ares.

Ceux qui connaissent celle que je vais placer en tête trouveront sans doute comme moi qu'elle a bien des droits à
cette distinction. C'est la

MALVAZIA GROSSA des vignobles du Haut-Douro et
de Madère ;

VENNENTINO (vignobles du duché de Gênes) et

VERMENTINO de l'île de Corse. — MALVOISIE A
GROS GRAINS et aussi GROSSE CLAIRETTE, dans quelques vignobles du midi de la France.

Il serait difficile de ne pas reconnaître ce beau raisin quand
on l'a vu une fois et surtout quand on l'a goûté : ses gros
grains olivoïdes, l'excellence et la finesse de leur goût en
feraient le premier des raisins de table, s'ils mûrissaient
plus facilement. Il faut convenir aussi que cette vigne est
peu productive. Ses feuilles sont amples, profondément divisées : les sinus, que forme cette division des feuilles, sont
grands et ouverts. A Madère, et sans doute en France dans
un potager, les grains sont d'environ 25 millimètres de long.
Dans ma vigne, à 14 ou 15 kilomètres de Tours, ils n'ont
guères que 18 à 20 millimètres. — Dans l'île de Corse, les
raisins de *Vermentino* sont les plus estimés pour la table,
et pour *pansir* ou *passeriller* (faire passer à l'état de raisins
secs). Le raisin qu'on appelle *panse commune*, lui est très
inférieur de tout point ; il est fade et mûrit plus difficilement encore ; je fais cette comparaison parce que c'est de ce
raisin qu'on fait usage pour la même destination dans nos
départements du midi. La description et la figure qu'a do-

nées Williams-John de la Malvoisie de Madère, dans les Transactions horticulturales de Londres, ne me permettent pas de douter que ce ne soit bien la même que celle que je cultive depuis une dixaine d'années, la même aussi que celle si bien figurée par Kerner dans son bel ouvrage d'Iconographie des vignes.

On donne dans le département de la Gironde et de Lot-et-Garonne, le nom de

PETITE MALVOISIE, à la *Clarette* des Pyrénées et du littoral de la Méditerranée; elle a bien quelque rapport avec celle dont nous parlons; mais, outre la différence de grosseur, il lui manque ce goût fin et légèrement musqué, caractère remarquable des vraies Malvoisies. Il ne faudrait pas non plus par cette raison confondre la *Clarette* ou *petite Malvoisie* avec la

MALVAZIA FINA, encore plus estimée que la grosse, à Madère et dans les vignobles du Haut–Douro, en Portugal. J'en ai bien apporté de Paris, cette année, quelques crossettes qui m'ont été données par M. Hardy, administrateur du jardin du Luxembourg; mais cette variété est trop nouvellement dans mes cultures pour qu'elle me fournisse aucun caractère propre à la décrire. Je sais seulement qu'elle est la plus estimée pour faire le vin de Malvoisie de Madère, si renommé partout; son feuillage ne ressemble pas du tout à celle de la Clarette, appelée improprement Malvoisie, en Lot-et-Garonne.

Elle n'annonce non plus aucune ressemblance avec la

PETITE MALVOISIE VERTE, ou mieux MALVOISIE A PETITES GRAPPES ET A PETITS GRAINS, laquelle est très facile à reconnaître, non seulement par les caractères annoncés dans la seconde dénomination, mais aussi par son feuillage : les feuilles sont d'un vert foncé en dessus, presque toujours entières, rondes dans leur périmètre ou pourtour dessiné par des dents arrondies et peu profondes. Du reste, quand on voit les raisins, il n'y a pas possibilité de se tromper; car aucun cépage n'a des grappes aussi petites. Les grains, qui conservent une teinte verdâtre jusqu'à leur maturité, sont très ronds, assez écartés et pas plus gros que des grains de *Corinthe;* malheureusement cette maturité est un peu tardive, ce qui est d'autant plus regrettable que ce raisin me paraît très digne d'être recherché et qu'il est d'un suc très relevé. J'ignore si l'on en fait du vin quelque part; mais si je revenais à un âge où l'espoir de jouir de mes travaux me fut permis, je n'hésiterais pas à en planter quelques ares.

Il y a une autre **MALVOISIE VERTE DE CHYPRE** que je possède seulement de cette année et qui est très différente de la précédente, du moins par son feuillage découpé et ses dents aigues. Si elle est bien désignée, c'est une bonne acquisition, car nous avons vu qu'elle avait réussi en Crimée, dont le climat ne diffère que bien peu du nôtre. J'ai reçu cette année seulement la

MALVASIA BASTARDA.

L'orthographe de ce nom, que j'ai soigneusement conservée, annonce l'origine italienne de cette Malvoisie, dont le feuillage diffère beaucoup de celui d'autres Malvoisies d'Italie que je cultive, et qui vont avoir leur tour dans cette revue.

MALVASA BIANCA (du comté de Nice et du Piémont).

MALVOISIE DE LASSERAZ (nom d'un vignoble distingué en Savoie).

Le vin de Malvoisie du vignoble de Lasseraz, près de
Chambéry et des vignobles d'Asti en Piémont, est estimé
pour son bon goût, sa délicatesse et son parfum. On croit
que ce cépage a été introduit dans cette partie de l'Italie,
par un prince de la maison de Savoie, qui l'avait apporté de
l'île de Chypre. Le vin que cette Malvoisie produit est plus
délicat et plus spiritueux que celui du Muscat, du môins
selon l'avis de M. l'abbé Milano, auteur que j'ai déjà cité.
Il me paraît probable qu'elle est la même que celle cultivée
aux Iles de Lipari, dont le vin a une grande réputation et
s'exporte presque tout en Angleterre. Les grappes sont
grandes, coniques, allongées et bien garnies de grains pas
trop serrés, jaunes du côté du soleil, d'un goût sucré très
fin. Miller s'est trompé quand il a dit de la forme de ses
grains, *acino rotundo*. Mais l'abbé Milano a parfaitement
saisi l'expression qui convient à leur forme par ces mots
Acini Tondeggianti ; car ces grains sont presque ronds, légèrement oblongs cependant. Les feuilles sont amples, planes,
d'un vert un peu jaunâtre en dessus, cotonneuses en dessous.
Comme le raisin mûrit en Touraine aussi bien pour le
moins que le gros Pinot blanc, je ne vois que de bonnes
raisons pour essayer la culture de ce plant, d'autant plus
que son rapport est très satisfaisant. Il n'en est pas de même
de la suivante qui m'est venue de la Toscane.

LA MALVAGIA BIANCA,

De trente ceps que j'en possède, un seul a quelques
grappes; aussi suis-je décidé à en faire des sujets pour recevoir la greffe d'autres espèces, et avec d'autant plus de raison
que la complète maturité de ses raisins est plus difficile à
obtenir. Ses feuilles sont d'un vert terne et glauque, elles
sont plus divisées et généralement moins grandes que celles
de la précédente. Les grains sont plus serrés et plus allongés.

Il y avait aussi dans les plants de vigne qui me sont venus
de la Toscane, une **MALVAGIA BIANCA DE MONTE-
PULCIANO**, très différente de la précédente par sa grande
vigueur, ses nombreuses grappes très longues, à grains
ronds et serrés, de grosseur moyenne. Comme le raisin ne
mûrissait pas bien, je me suis décidé à supprimer les souches, du moins à n'en garder qu'une seule.

J'ai de même complètement supprimé, sans même en garder une seule, une espèce que je doute devoir être comprise
dans cette tribu: elle m'est venue de la belle collection des frères Audibert, riches pépiniéristes de Tarascon, sous le nom de
MALVAZIA BLANCA DE TARAGONE.

Elle était très productive; avait des feuilles très amples,
de très gros raisins, mais ils ne mûrissaient pas; et les quelques grains, qui parvenaient à une maturité qu'on pouvait
contester, étaient d'un goût peu agréable. Je crains bien
que celle que j'ai reçue du Luxembourg sous le nom à peu
près pareil de
**MALVOISIE PRÉCOCE DU CAMP DE TARRA-
GONE** ne soit la même, du moins à en juger par ses feuilles;
car je n'en ai pas encore vu le fruit.

J'ai aussi été forcé de renoncer, pour cause d'immaturité, à la

MALVOISIE DE L'HÉRAULT, ou MALVOISIE A GRANDES FEUILLES ; c'est sous cette dernière dénomination qu'un ampélologue de Montpellier en a fait la description. C'est un plant vigoureux, dont les raisins sont nombreux et volumineux, les feuilles amples et boursoufflées. Son extrème fertilité ne s'accorde guère avec la délicatesse des produits ; aussi suis-je très porté à croire qu'elle n'est pas à sa place dans ce chapitre, de même que la précédente. Cette erreur provient sans doute de celui qui me l'a envoyée.

J'en ai reçu une autre de la Gironde, que je désignerai sous le nom de

MALVOISIE VERTE A GRAINS OBLONGS. Elle est productive, et elle mûrit assez bien. Le feuillage est d'un vert foncé et luisant, avec des dents profondes et aigues. Les grains, assez gros, conservent longtemps leur couleur verte, qui ne s'affaiblit qu'à leur complète maturité ; ils ont une saveur agréable et sucrée, un peu noyée dans une eau trop abondante ; aussi passent-ils facilement à la pourriture dans les temps pluvieux.

MALVOISIE COMMUNE DES PYRÉNÉES.

On ne peut guères douter que cette Malvoisie soit venue d'Espagne, que l'importation n'en soit dûe aux Bérengers, comtes de Barcelonne, de Provence et de Roussillon, qui étaient des administrateurs très éclairés des pays que la Providence avait confiés à leurs soins. Du moins est-il parvenu jusqu'à nous qu'ils avaient été animés de cette bienveillance paternelle qui porte à améliorer la condition des cultivateurs par des essais des plants de vigne les plus estimés en Espagne, faits sur leurs propres domaines.

Cette Malvoisie a le double avantage d'être productive et de donner d'excellent vin; mais malheureusement elle mûrit difficilement sous le climat de la Touraine. Ses feuilles sont très minces, glabres en dessus, légèrement cotonneuses en dessous; le bois est noué court; ses grappes sont coniques, ailées, bien garnies de grains assez gros, un peu oblongs, et supportées par un pédoncule solide. Je n'ai pas parlé de la saveur, parce que je n'ai pu manger des grains assez mûrs pour en bien juger. Cette Malvoisie n'est pas celle dont a parlé D. Simon, car la sienne offre pour caractère des grains très ronds et très doux, d'une maturité très précoce, et, comme je l'ai dit, les grains de celle des Pyrénées sont incontestablement oblongs et n'ont pas encore mûri depuis que leurs souches sont en rapport. Il me paraît plus probable que cette *Malvoisie des Pyrénées* est la

MALVOISIE DE SITGES, cépage de la Catalogne.

En voici une qui nous conviendra mieux sous plusieurs rapports, la

MALVOISIE DE LA DROME.

C'est sous ce nom que je l'ai reçue de la riche collection du Luxembourg, si bien tenue par le jardinier en chef, M. Hardy. Elle a généralement les feuilles plus larges que longues, quelquefois entières, plus souvent divisées en trois lobes, dont les sinus sont peu apparents, à l'exception du sinus pétiolaire, qui est très ouvert. Sur les feuilles les plus voisines du point de départ des bourgeons, les nervures de la face inférieure sont hérissées de poils. Les grappes sont assez belles, coniques, bien fournies de grains légèrement oblongs, un peu au-dessus de la moyenne grosseur, dorés à leur maturité, qui arrive en bon temps, et d'un goût très agréable. On peut juger d'après tout cela que les raisins de cette Malvoisie seraient bien dignes de paraître sur nos tables si nous nous affranchissions de la domination du Chasselas. Toutefois, le cépage suivant l'emporterait encore en mérite, s'il n'était pas si sujet aux intempéries et s'il mûrissait aussi bien, c'est la

MALVAZIA DE CARTUIXA ou de CARTUJA (de la Chartreuse) ;

CHERÈS ou XERÈS, du Gard ;

MAJORQUIN et BOURMENC, au département des Bouches-du-Rhône ;

TINTO BLANC, du vignoble de la Nerthe (Vaucluse).

Bosc avait appris de quelques propriétaires du département du Gard que les raisins du *Cherès* étaient aussi excellents à manger que propres à faire un vin pétillant et agréable ; car je me sers de ses expressions dans les deux lignes qu'il lui a accordées. Je n'ai pu reconnaître cette espèce dans les cent-vingt descriptions de D. Simon. Les grappes sont superbes, ailées, coniques, chargées de beaux grains oblongs, clair-semés, croquants et de bon goût; mais aussi y a-t-il rarement plus d'un raisin sur chaque souche. Les feuilles sont amples, bien étoffées, cotonneuses en-dessous. Le bois du sarment est rouge, en hiver, et cette couleur est assez prononcée pour en faire un signe de reconnaissance. Sa maturité arrive un peu tard; mais si son terme est un peu éloigné, elle ne manque guère d'y arriver, surtout dans une terre chaude et à une bonne exposition. Elle mériterait l'espalier.

MALVOISIES A RAISINS ROUGES OU ROUX.

MALVASIA ROSSA (coteaux du Po, Italie).

MALVOISIE ROUGE (dans nos départements du midi).

Ses bourgeons vigoureux, dont les entre-nœuds sont longs et les feuilles amples, annoncent sa nature robuste et l'activité de sa végétation. Le bois est assez facile à reconnaître pendant l'hiver, à la multitude de points noirs dont il est couvert et à la variété de ses couleurs, rouge, grise, fauve. Les grappes sont belles dans un bon terrain, elles sont ailées, d'une jolie couleur rouge; les grains, plus ou moins serrés, selon la qualité du sol, sont pleins d'une eau sucrée et agréable. Si le sol est maigre, les grappes ont moins d'unité dans leur forme, les grains sont moins serrés, et ils se soutiennent mieux contre l'humidité. En raison de sa vigueur et de l'inconstance de sa fructification, on fera bien de laisser à la taille une bonne verge avec le courson. Je ne connais pas le mérite de son raisin pour la fabrication du vin, mais je suis bien sûr que, soit pour le vin, soit pour la table, l'espèce suivante lui est supérieure. Ne l'ayant pas reçue avec une désignation spécifique, je suis forcé de lui en donner une que j'ai dû tirer de son apparence et du lieu d'où elle m'est venue :

MALVOISIE ROUSSE DU TARN

Celle-ci a certainement tous les caractères d'un plant très recommandable, surtout pour notre région centrale où la précocité de maturité est d'une considération si importante. Elle joint à cet avantage celui d'un rapport très satisfaisant. Sa végétation est modérée, par conséquent, elle n'est pas d'un voisinage dangereux, ses feuilles sont de moyenne grandeur, presque toujours rondes et entières ou sans coupures, un peu cotonneuses en dessous. Ses grappes, assez belles sont biens fournies de grains oblongs, assez serrés, de couleur rousse, c'est-à-dire d'un rouge moins décidé que n'est la couleur de la Malvoisie précédenté ; leur suc est si doux et si fin que les premiers grains sont toujours vidés par les guêpes. Je crois que ces raisins s'allieraient très bien avec ceux de notre **MALVOISIE DE TOURAINE OU MAL-VOISIER DU DOUBS** (*Pinot gris* des Bourguignons), pour faire un vin de liqueur de la plus grande distinction.

MALVOISIES A RAISINS NOIRS.

MALVASIA NERA DE CANDIA (Italie et Istrie).
MALVOISIE NOIRE MUSQUÉE (France).

Miller, dans ses brèves descriptions latines, saisit généralement bien les traits caractéristiques d'un cépage ; ainsi c'est avec confiance que je l'appelle à mon secours. Voici ce qu'il en dit : grappes moyennes, régulières, grains ronds, d'un noir bleuâtre, pruineux ou cendré, luisants, d'une saveur douce musquée. Feuilles si profondément découpées qu'elles paraissent laciniées. Cette vigne, qui est d'une grande vigueur, dit à son tour M. l'abbé Milano, a de forts et longs sarments, de couleur rouge-de-brique ; les vrilles sont ligneuses dans presque toute leur longueur. Les feuilles sont nues sur les deux faces. En général cette vigne, dans une bonne exposition est productive, résiste bien aux intempéries, et son fruit mûrit en septembre ; elle donne un vin excellent, d'un arôme délicat et suave. J'ai été forcé de faire ces citations, parce que les trois ou quatre souches que j'en possède depuis quatre ans, n'ont pas encore donné de fruit.

CHAPITRE VII.

—

ÉTAT ROMAIN ET ROYAUME DES DEUX SICILES.

Les renseignements dont j'aurais eu besoin sur les cépages de cette contrée me manquent, quelque soin que j'aie pris d'en demander. J'ai donc été obligé d'avoir recours à un auteur agronomique du XIIIe siècle, Petrus de Crescentiis, qui a écrit en latin, et dont l'ouvrage, qui a pour titre *Opus ruralium commodorum*, a joui d'un grand succès, tellement qu'il a été traduit dans la plupart des langues de l'Europe. Dans le trop court chapitre qu'il consacre à la vigne, il place au premier rang des cépages cultivés dans la contrée de l'Italie qu'il habitait (1),

Le SLAVO, actuellement UVA SCHIAVA (raisin esclave), nom dont la signification primitive est un peu altérée, comme

_____

(1) Il était sénateur de Bolonia, qu'on peut dès lors regarder comme point central de cette contrée.

on voit, l'ancien nom indiquant son origine de la Sclavonie,
et le nouveau ne présentant aucun sens. Ce plan a le mérite
d'entrer tard en sève ; ses bourgeons sont durs et gros, ses
feuilles moyennes et découpées ; le raisin est blanc, à grains
ronds, vineux et transparents, il mûrit de bonne heure, etc.
« En est le vin très subtil, clair, puissant et gardable, »
ainsi que le dit son traducteur ; il se plait en terre maigre et
montueuse ; mais il faut le tailler court, car il ne pourrait
nourrir ses longs bourgeons et ses nombreuses grappes. Il est
ou il était alors le plus estimé des cépages qui peuplaient les
vignobles du Mantouan. Il en est un autre du nom de

ALBANA, qui bourgeonne merveilleusement tard. Il a
de même de gros et fort bourgeons ; ses grappes ont des
grains allougés qui prennent une couleur dorée au soleil, et
sont d'une maturité très hâtive ; leur saveur est très douce,
ce qui n'empêche pas que celle de la peau soit un peu austère. Son rapport est très-tardif et n'est pas abondant. Le
vin qu'il donne est puissant (je me sers des termes du traducteur), très fort, et d'une agréable saveur ; il est, en outre,
de très bonne garde ; aussi est-il en grand honneur dans la
Romaniole.

La GRANOLATA n'a qu'un pepin dans chacun de ses
grains, qui sont oblongs et peu serrés. Elle fait un vin très
clair, puissant, durable, de noble saveur et odeur.

Ces cépages sont décrits dans l'ouvrage de Micheli sur les
fruits, et dans le dictionnaire botanique de Savi ; qui sont
publiés depuis une vingtaine d'années. Mais je n'ai pu me
les procurer ni l'un ni l'autre. Quant aux bonnes espèces
noires, citées dans l'ouvrage de Crescenzi sous les noms de

Grilla, Sisaga ou Mardegena, Duraclam et Maiolus dont les petites grappes, assez nombreuses, sont garnies de petits grains, elles ne sont pas dans les deux ouvrages dont je viens de parler, et ne sont pas connues non plus de l'homme très éclairé, consulté à Rome par M. de Cambis. Le Duraclam, que cet Italien, dont je ne sais pas le nom, croit être la *Duracina* actuelle, avait les grains allongés et très noirs; elle avait besoin d'une terre fraîche pour réussir; ce sont des caractères qui pourraient aider à la faire reconnaître.

Le vignoble d'Albano, à quelques lieues de Rome, est peuplé de cépages qui méritent une mention particulière, car ses vins rouges et ses vins blancs jouissent d'une réputation qui remonte à plus de six siècles, puisqu'elle était déjà établie du temps de P. de Crescentiis, et qu'elle s'est si bien soutenue, que ces vins sont encore les meilleurs de l'Italie, concuremment avec ceux du Vésuve et de Monte-Pulciano. Voici les noms des cépages les plus estimés au temps actuel; je les dois à l'obligeance de M. H. de Cambis, secrétaire de la légation française à Rome, par l'intermédiaire de M. Reynier, directeur de la pépinière départementale de Vaucluse.

TRIBBIAN GIALLO, que je crois être identique avec le Trebbiano Vero et

TRIBBIAN VERDE, qui me semble le même que le *Trebbiano Falso*; ce ne peut être qu'une conjecture, n'ayant aucun détail sur l'un ni sur l'autre. Dans le cas où j'aurais rencontré juste, ni l'un ni l'autre ne serait l'Albano décrit par P. de Crescensiis, puisqu'il avait les grains allongés, et que les deux Trebbiano, le Vero et le Falso les ont ronds.

Les noms des cépages à raisins noirs sont :

CESARESE et CORNETTA ; ce dernier pourrait bien être le Cornet noir de la Drôme.

Quant aux cépages du Vésuve et du midi de l'Italie, je n'en connais que deux sur les trente-huit inscrits sur le catalogue du Luxembourg , et même sans pouvoir donner une appréciation positive de leur nfluence sur la qualité du vin ; ce sont le

SALVATORE , dont la couleur est rouge-clair , et le

PUGLIESE ROSA , dont les grains sont plus gros et de la même couleur. Il y en a un troisième que je connais bien, mais qui a eu son article au chapitre deuxième de cette région ou contrée italique; c'est la *Marzemina.*

Je désirerais bien donner au moins quelques noms des cépages de la Sicile, surtout de ceux qui produisent les vins jaunes de Marsalla et les vins rouges de Mascoli , dont les Anglais font une plus grande exportation encore que des vins muscats de Syracuse ; mais c'est en vain que j'ai fait ce que j'ai pu , en écrivant à ce sujet au docteur Cuppari , membre correspondant , comme je le suis moi-même , de la Société royale et centrale d'Agriculture de Paris , et professeur d'Agriculture à Palerme ; je n'en ai pas reçu de réponse.

CHAPITRE VIII.

Comprenant le littoral septentrional et oriental du golfe adriatique, les Iles Ioniennes et l'Archipel, la Grèce, l'Asie-mineure, la Perse et le Cap de Bonne-Espérance.

Il m'a semblé que c'était une transition bien naturelle, en quittant l'Italie, de se diriger vers les vignobles de l'Istrie, dont les coteaux produisent beaucoup de bons vins, selon l'auteur Julien qui a soin de nous faire connaître leurs qualités, celles d'être pétillants, d'avoir un goût très agréable et d'être en même temps très salubres. Les cépages qui sont parvenus dans nos collections sont en petit nombre, mais ils sont sûrement des meilleurs :

Le REFOSCO et le PROSECCO sont à raisins blancs ; je les possède, mais je n'en ai pas encore vu les fruits. Une vigne dite UVA ROSA donne une idée suffisante de sa couleur par son nom, j'en dirai autant de la MALVASIA NERA qui est probablement celle de Candie, cultivée aussi dans quelques vignobles de l'Italie.

Dans la Dalmatie et probablement dans les pays voisins au sud de la Save, on cultive un cépage du nom de

MARASCHINA, dont le vin est sans doute la base de la liqueur du même nom, ou peut-être ce nom lui a-t-il été donné pour la ressemblance en finesse de goût, de ce vin avec cette liqueur; car on dit que cette liqueur est faite avec une petite cerise. Au vignoble d'Almissa le plus renommé de tous ceux de la Dalmatie, le cépage auquel on a reconnu le plus de mérite, et dont la qualité du raisin est la moins contestée, est le

PROSECO ROSA. J'ignore s'il diffère du *Rosa* de l'Istrie.

Dans les Iles de la Dalmatie, ainsi du reste que dans toutes les autres du Golfe, on cultive généralement une MALVOISIE qui a donné son nom au vin dit Malvoisie de Calamota, nom de celle de ces îles qui produit le meilleur.

———

Il en existe encore qui est sans doute d'un grand mérite, puisqu'un capitaine de vaisseau, de la marine militaire, l'a choisi parmi une foule d'autres pour l'introduire en France. J'ignore son nom local; il est connu aux environs de Marseille sous celui de

PLANT DE RAGUSE

Voici la description qu'en a donnée M. Gouffé, botaniste de Marseille : « *Vitis minuta, uvâ* parvâ ; acinis albido-subfulvis, rotundis, dulcibus et raris. » Voici maintenant les renseignements que j'ai reçus sur cette sorte de vigne : Le raisin est d'un blanc-jaunâtre et d'une forme allongée ; les grains sont croquants, assez gros, mais très clair-semés ; ils mûrissent bien. A la vérité, c'est aux environs de Marseille où un propriétaire en cultive une centaine de souches que cela ce passe ainsi pour la maturité; j'ignore encore s'il en serait de même en Touraine. On obtient de la vendange de ce plant, un vin très distingué, jusqu'à présent seulement aux environs de Marseille, où il a été introduit par M. D'Herculès, mort dans un grade supérieur de la marine.

Les Iles Ioniennes qui sont supposées former un état indépendant sous la protection de l'Angleterre, produisent aussi beaucoup de bons vins qui s'exportent presque tous dans le pays protecteur. Outre les Muscats et les Malvoisies, beaucoup d'autres cépages peuplent leurs vignes. Parmi ceux dont M. le duc Decazes a enrichi la collection du Luxembourg, j'ai remarqué la VARDEA qui est sûrement la même que la vigne du même nom, cultivée dans un vignoble distingué, voisin de Florence; ce qui est facile à expliquer par la longue domination des Vénitiens dans ces Iles. Cette espèce a été décrite dans le chapitre de la Toscane.

Je ne dis rien des autres espèces envoyées, parce qu'elles sont connues de tout le monde, ce sont trois Muscats et un cépage du nom de

ACTONIHIA ASPRA (serres d'aigle) que nous retrouverons plus loin sous un autre nom, qui est bien le raisin le plus facile à reconnaître partout, c'est le *raisin Cornichon* des Livres de jardinage. On peut juger par ce que je viens de dire, que la personne chargée d'envoyer à Paris les cépages de ces îles, les plus précieux pour nous, n'a pas rempli cette commission avec discernement; car il devait bien savoir que ce dernier n'était pas propre à la vinification, et qu'il était plus curieux que vraiment bon pour la table ; il ne pouvait pas ignorer non plus que les Muscats étaient très communs en France.

Je tiens du bel établissement horticole des frères Baumann (Haut-Rhin), trois cépages très cultivés dans l'Ile de Zante, la plus industrieuse et la plus commerçante de ces îles, mais malheureusement sans nom propre local ; je serai donc obligé de les désigner par leur couleur :

BLANC de ZANTE. J'en possède quatre ou cinq fortes souches que j'ai destinées à me servir de sujets pour être greffés, parce que leurs belles grappes ne mûrissent pas.

ROUGE DE ZANTE A LONGUE QUEUE.

Les grappes sont suspendues par une très longue queue et garnies de grains gros et d'une couleur rouge salie par une pruine ou fleur abondante ; les feuilles sont très cotonneuses en dessous, même sur les nervures ; sa maturité arrive un peu tard ; mais on l'obtient chaque année.

NOIR DE ZANTE a les grains un peu oblongs.

Il m'a paru s'accommoder mieux de notre climat que les deux autres ; aussi l'ai-je multiplié. Son bois est gros et noué court : ses raisins, de forme conique, mûrissent bien dix à douze jours avant le rouge.

La Morée et les îles de l'Archipel sont indubitablement peuplées dans leurs vignobles des mêmes espèces de vigne : on peut placer en première ligne les *Raisins de Corinthe*, dont il se prépare une quantité immense à l'état de passerilles, puis les Muscats et les Malvoisies. Il y en a beaucoup d'autres qui mériteraient d'être connus et d'être observés par un nouveau Démocrite, le plus savant ampélologue grec, dont l'ouvrage, souvent consulté par Pline, n'est pas parvenu jusqu'à l'époque de la découverte de l'imprimerie. Nous n'aurons donc d'autre ressource que d'assimiler aux cépages de la Grèce et des îles, ceux envoyés de Smyrne à M. le duc Decazes; mais auparavant nous remarquerons que la

MALVOISIE VERTE DE CHYPRE existe dans nos collections, qu'elle a très bien réussi en Crimée, et qu'il n'y a pas de raison pour qu'elle ne réussisse aussi en France. Comme je ne la possède que de cette année-ci, je ne peux donner aucun détail sur elle. L'auteur de la Topographie de tous les vignobles connus, Julien, indique quelques traits d'un autre cépage auquel il attribue l'honneur d'être l'espèce particulièrement cultivée au vignoble de la Commanderie : « Chaque cep, dit-il, ne donne qu'un petit nombre de grappes qui ont de longues queues et dont les grains très écartés ont une couleur purpurine. » Il aurait eu le *raisin rouge de Zante* sous les yeux qu'il ne l'aurait pas décrit plus exactement, et j'ai tout lieu de croire que c'est lui dont il a voulu parler.

On sait que l'Asie-Mineure comprend des régions fort étendues, l'Anatolie, la Syrie, l'Arménie, le Diarbékir ou ancienne Mésopotamie, et d'autres pays situés entre l'Euphrate et le Caucase. Cette vaste contrée contenait des vignobles remarquables qui ont disparu la plupart aussitôt après la propagation de la religion mahométane et la domination de ses sectateurs. La Syrie particulièrement avait des vignobles célèbres, dont l'un produisait le vin rouge dit *Pramnium*; et encore, au temps présent, le mont Liban se recommande autant par son *vin d'or* que par ses antiques cèdres. Voici les espèces de vigne que l'on possède dans la collection du Luxembourg, d'où elles se sont répandues dans quelques autres. Les renseignements sur la part de concours de chacun à la qualité du vin nous-manquent, et leur introduction dans ma vigne d'étude est trop récente pour que j'aie pu donner la description d'aucun de ces cépages.

TURFANTO MAVRO (Précoce noir). C'est sur celui-ci que je fonde le plus d'espoir, à cause de sa facilité à mûrir. On en fait usage pour la table, en attendant la maturité des autres; mais c'est surtout à être converti en vin qu'il est destiné. Les vignes des environs de Smyrne, dit la notice, ne contiennent guères d'autres sortes.

CRETICO MAVRO.

Son nom nous apprend son origine de l'île de Crète. Le grain est un peu allongé et de grosseur moyenne. Il est bon à manger, et c'est l'usage qu'on en fait.

IRI KARA.

Ce nom, composé de deux adjectifs grecs, signifie Gros-Noir; mais il est fort différent du cépage du même nom, que nous cultivons en grand sur les rives du Cher; car, à la différence de ce dernier, qui a les grappes petites, le cépage Syrien en porte de très grosses, qui sont également bonnes à manger et à faire du vin.

Je ne sais pas pourquoi parmi tant d'autres, dont on avait le choix, on a envoyé le

SIDERITIS (dur comme du fer), puisqu'il n'est bon ni à manger, ni à faire du vin. Il est probable qu'il rachète ses défauts par une grande abondance.

EPTAHILO (qui donne sept fois l'an.)

Nous avions déjà une vigne d'Italie, du nom d'*Uva di tri Volte*, plus connue sous celui de *vigne d'Ischia;* en voici une bien plus extraordinaire : à la vérité, la notice nous avertit de ne pas prendre le sens de cette dénomination à la rigueur. Les raisins, qui sont à gros grains un peu allongés, sont généralement employés, avant la maturité, comme verjus. Il paraît qu'aucune de ces sept récoltes n'a de valeur, puisque la notice ajoute que c'est principalement pour se procurer de l'ombrage, qu'on plante cette espèce de vigne. Je me suis en conséquence abstenu de la demander, et avec d'autant plus de raison que la floraison de cette espèce est successive et par conséquent la maturation des fruits, ce qui constitue le plus grand défaut dans quelque espèce de raisin que ce soit.

Tous les cépages précédents sont à raisins noirs, ainsi qu'une des trois variétés du **HILISMAN**, ou **KILISMAN**; car dans le catalogue du Luxembourg, il y a un k dans plusieurs noms, où dans le catalogue de Carbonieux on a mis une h. Il y a bien encore, en noir, l'**AGRIO**, que j'aurais pu me dispenser de mentionner, parce que de l'aveu du rédacteur de la notice, c'est une espèce sauvage, et dont la qualité est très médiocre. Mais alors, pourquoi nous l'avoir envoyée? Il est déplorable que cette commission ait été si mal remplie. On ne donne aucun détail sur le HI-LISMAN rouge, si ce n'est qu'il est plus propre à faire du vin qu'à manger, ni sur le BEGLER COHINO (ce dernier mot veut dire *rouge*), qu'on n'emploie que pour la table. Mais pour cet usage, le BEGLER ASPRO (blanc) est bien préférable. Il y a aussi un HILISMAN BLANC et un cépage du nom de ROSAKI ASPRO, dont les grains sont gros, oblongs, de couleur dorée, dont on ne fait usage que pour la table.

J'omets à dessein le Sultanieh, ou Couforogo, parce que je l'ai réservé pour la Perse, d'où il a été tiré, mais où il porte un autre nom.

CHAPITRE IX.

—

PERSE.

On ne peut pas douter que, si la culture de la vigne n'était pas comprimée en Perse, de même qu'en Turquie, par la domination intolérante et fanatique des sectateurs de Mahomet, cette contrée ne produisît une grande quantité de bons vins, puisque dans cet état d'asservissement à des volontés arbitraires et cupides, il existe encore quelques vignobles renommés, et par-dessus tous les autres, celui de Schiras. Le vin qu'il produit a été trouvé, au rapport de l'habile œnologue Julien, qui en avait fait venir soit pour son commerce, soit pour son instruction, d'un bon goût, riche en sève et en parfum, corsé et spiritueux ; sa couleur était d'un rouge-clair. L'éloge qu'il en fait est bien plus circonstancié ; mais j'omets des détails qui convenaient très bien à la nature de son ouvrage, et qui me sembleraient déplacés ici.

Il est à regretter qu'un homme si bien en position par ses

relations, d'avoir de bons renseignements sur les espèces de vigne qui produisaient ce vin renommé, s'en soit tenu à dire quelques mots d'une seule, laquelle encore n'est cultivée que pour la consommation de ses raisins en nature, étant très bons à manger. Nous sommes donc réduits à n'offrir au lecteur que quelques renseignements communiqués à M. le duc Decazes, par un ambassadeur persan, je dirais presque à une simple nomenclature annotée de cépages, dont nous n'avons guères l'espoir d'avoir des sujets, à moins que le gouvernement ne favorise ce vœu des amateurs de la vigne.

Nomenclature des espèces de vigne les plus estimées aux environs d'Ispahan, et annotations sur leurs qualités.

Je me suis permis de changer quelque chose à l'ordre adopté par celui qui avait rédigé cette note ; il avait adopté la division par couleur, et j'ai préféré, ainsi que je l'ai fait jusqu'ici, celle par famille.

KECHMICH NOIR ; excellente espèce à petits grains sans pépins.

KECHMICH OULOUGHY ; il sert à la fabrication du vin de Shiraz.

KECHMICH ALI ; sa couleur est rouge-clair, et ce raisin est recherché pour la table.

KECHMICH BLANC ; il va avoir un article.

ANGUUR SAMARKANDY sert à la fabrication du vin de Schiraz ;

A.... CHAHANY. On fait avec ce raisin du vin de très bonne qualité.

A.... ASJI (se prononce Achy). Cette variété, dit l'auteur de la note, donne du vin moins estimé ; cependant le voyageur Kempfer, qui dénomme aussi ce plant, avait trouvé si bon le vin produit de la vendange de cette espèce de vigne, qu'il le compare au vin de l'Hermitage.

A... HALLAGGHY. Ce raisin est remarquable par la longueur et la grosseur de ses grains, généralement sans pépins.

A.... ALI DERECY. La grappe de ce raisin délicieux a dix-huit pouces de long (quatre à cinq décimètres), et ses raisins sont gros comme des prunes de Damas.

A.... TEBRIZY. Ses grappes, dont les grains sont longs et souvent sans pépins, se gardent tout l'hiver.

Le mot Anguur veut sans doute dire raisin ; c'est pourquoi je n'ai mis que la lettre initiale. Toutes les espèces ou variétés ci-dessus sont à fruit noir, excepté les raisins des deux espèces dont j'ai désigné la couleur. Les cépages suivants sont à raisins blancs :

ANGUUR ATABEKY est l'un des plus estimés pour le vin.

A.... RICH BABA. Ce nom, dit le savant voyageur Pallas, est tiré de la forme cylindrique et comme étranglée de ses grains blancs très gros. Il est cultivé en Crimée sous ce même nom. Ce gros raisin blanc n'a pas de pépins ; il est très sucré et d'un goût très agréable.

A.... ASKERY a les grains très petits et il est d'une saveur très douce.

A.... MADERPETCHEH. Ses grappes sont constamment composées de gros et de petits grains entremêlés.

GAIKAOUK, ⎫ Ces trois espèces donnent d'excellents
KALALI, ⎬ vins.
MUSKALY, ⎭ Ce dernier est probablement notre Muscat blanc.

RAISIN DE COULEUR ROUGE-CLAIR.

KOUNKASSAH, ⎫ Ces deux espèces de raisin sont assez
NAZAFAFALI, ⎭ recherchées pour la table.

Les suivants : NOKOUDI, SORGUEK et TAKIAKH, n'ont pas fourni à l'auteur de la note une appréciation exacte.

De tous ces raisins, le seul qui existe en France chez quelques amateurs, et même depuis assez longtemps pour le bien connaître, est le

KISCHMICH BLANC, ou SULTANIEH des Turcs, ou COUFOROGO des Grecs, — KISCHMISCH (Pallas), (voyage en Crimée.)

Tous les voyageurs, notamment Chardin, Olivier (1), sir Kerr Porter (2), en ont parlé comme du plus délicieux

_____

(1) Voyage en Perse, tome III, page 108.
(2) Volume I, page 706.

raisin à manger ; il est également estimé pour la fabrication du vin, dans les lieux où il est permis de lui donner cette destination ; ce qui porte à induire qu'il est plus productif en Orient qu'il ne l'est en France. Sa grappe, régulière, est garnie de grains oblongs, ambrés, d'un goût légèrement acidulé qui le rend fort agréable ; leur peau est d'une extrême finesse à leur complète maturité, qui arrive en temps moyen, même sous le 47e degré de latitude ; mais ce cépage a un grand défaut en France, dans le département de l'Hérault comme en Touraine : il est le moins productif de tous ceux que nous cultivons. Aussitôt que les feuilles sont développées, il est très facile à reconnaître : elles sont très unies sur la face supérieure, d'une teinte verte un peu jaunâtre, nues en dessous ; enfin elles ont un aspect tout particulier. Peu fatigué par la production du fruit, ce cépage fait des pousses vigoureuses ; aussi doit-on le tailler long et lui laisser deux arceaux ou pleyons. Il est connu dans la collection de feu Schams, près de Bade, et dans celle de M. Rupprecth, à Vienne, sons le nom de RAISIN SANS PÉPINS.

Quoique je n'aie parlé jusqu'ici du *Kischmisch* qu'au singulier, cependant il y en a deux variétés, l'une à grains ronds, l'autre à grains oblongs ; la première, que nous n'avons pas, un peu verdâtre, la seconde d'un jaune d'ambre à sa complète maturité. Elles portent l'une et l'autre de grosses grappes dont les grains peu serrés sont petits, doux et couverts d'une pellicule mince. Pallas (1) ajoute que leurs raisins

(1) Voyage en Crimée.

sont les plus précoces de tous ceux de la Crimée. De la douzaine de souches que je possède, n'ayant encore obtenu que deux petites grappes, mon observation ne me paraît pas suffisante pour confirmer la justesse de celle de l'auteur russe, du moins sous notre climat.

Voici une note, placée à la fin de ce tableau, qui n'est pas sans intérêt : « A ces espèces il conviendrait d'ajouter celles qui sont cultivées par les Arméniens des trois églises, et qui fournissent le vin de l'Ararat. Il existe aussi, aux environs de Tauris, Casbin et Schiraz, de bonnes espèces de vigne, qu'il serait fort utile d'envoyer en France. »

CHAPITRE X.

CAP DE BONNE-ESPÉRANCE.

Je termine le travail sur cette région par quelques mots sur un vignoble très-renommé, le seul dont l'Afrique puisse s'honorer ; c'est le vignoble de Constance, au cap de Bonne-Espérance. Il serait curieux de posséder ses cépages pour observer l'altération que l'immense distance des lieux a fait subir aux vignes de notre pays qui y ont été transportées; car la plupart de ces vignes sont venues de la France. Ainsi le vin de

PONTAC, qui est liquoreux et d'une couleur rouge foncé, est produit par un raisin dont les souches sont originaires de la Bourgogne, et c'était probablement son Pinot.

Le FRONTAIGNAN, qui donne un vin muscat, a été évidemment tiré des vignobles de ce nom, légèrement altéré dans son orthographe.

Le GROEN DRUYF et le STEEN DRUYF

Sont certainement des cépages tirés jadis des bords du

Rhin, car ils produisent une sorte de vin qui porte encore le nom de vin du Rhin.

LE LACRYMA CHRISTI annonce bien son origine du Mont-Vésuve.

Le HAENAPOP est venu, dit-on, de la Perse, et passe pour le cépage le plus précieux de tous; il mériterait donc bien d'être introduit en France, puisqu'il réunit à la bonne qualité qu'on lui a reconnue, l'avantage d'un produit abondant indiqué par son nom : *Hanap* est un vieux mot de notre langue, très familier à Rabelais, il signifiait un grand pot ou cruche : Ainsi les Provençaux ont un cépage du nom de *Bouteillan*, les Espagnols en ont un autre du nom de *Quebranta tinajas* (40 bouteilles).

CÉPAGES A RAISINS DE TABLE DE LA RÉGION MÉRIDIONALE.

J'ai déjà placé dans la Région centrale quelques-uns de ces cépages dont les raisins mûrissent très-facilement dans mes vignes, quoique l'exposition en soit fort médiocre et la nature du sol très commune. Plusieurs de ceux dont je vais parler pourraient aussi y être cultivés avec avantage, du moins en espalier; ainsi je possède une souche de *Ribeyrenc* depuis une trentaine d'années, et tous ses raisins sont promptement consommés aussitôt leur maturité.

Je commencerai par la famille des Muscats, comme étant la plus répandue de toutes, depuis la Gironde et le Tage jusqu'à l'Euphrate. On aurait tort d'en induire cependant qu'il y soit beaucoup meilleur que dans notre Région cen-

trale : j'avais souvent entendu dire que les habitants du
midi faisaient peu de cas des Muscats comme raisins de
table, et l'estimable auteur d'un Cours complet d'Agriculture pour le midi de la France, M. Laure, de Toulon, nous
dit positivement, en parlant de Paris ou plutôt de Fontainebleau. « Là les raisins n'acquièrent jamais cette douceur
outrée qui affadit le palais ou pique le gosier comme font
nos *Muscats*. » Cette explication m'a été confirmée par le
témoignage d'un habitant de l'Ariège, qui m'avait fait l'honneur de me visiter au mois d'octobre 1842, — témoignage
dont l'expression rustique reçut plus de vivacité de l'accent
de son pays, « mais... il est meilleur que dans mon pays. »
Je n'ai supprimé qu'un mot confirmatif de l'impression qu'il
avait éprouvée, regardant comme inutile de pousser plus
loin l'exactitude du propos. Quant à la vinification, je
pense également, d'après l'auteur Julien et une autre autorité non moins grave, Grimod de la Reynières, que nos vins
muscats de Frontignan et de Rives-Altes sont d'une plus
haute qualité encore que ceux de Setuval en Portugal, de
Fuencaral près de Madrid, et de Syracuse en Sicile.

CHAPITRE X.

—

FAMILLE DES MUSCATS.

MUSCAT BLANC de nos jardins, qui est le Muscat de Frontignan, ne m'a pas paru différer en aucune de ses parties du

MUSCAT-PRIMAVIS de Draguignan (Var), et il est si connu, qu'il me paraît inutile d'en faire la description. Je dirai seulement, quant à sa culture en espalier, dont il a besoin au-delà du 44e ou 45e degré, qu'il faut l'allonger à la taille pour que ses grappes soient moins serrées, et que, pour les raisins des Coursons qu'on est obligé de laisser, il faudra, aussitôt que les grains de ces raisins seront noués, c'est-à-dire aussitôt après la fleur, en supprimer une partie comme du tiers ou du quart, longitudinalement, ce qui est facile avec des ciseaux allongés ; c'est le moyen le plus simple et le plus sûr que les grains restants soient plus gros, mûrissent mieux, et soient moins sujets à la pourriture. Si, avec ces soins, vous prenez celui de l'effeuiller ou épamprer en temps convenable, vous aurez alors le Muscat dans toute sa bonté, et je ne crains pas de le répéter, meilleur même que dans le Midi, où sa douceur excessive prend à la gorge, et où sa saveur parfumée est tellement exaltée, que l'appétence qu'on avait pour lui est à son terme, après qu'on en a mangé quelques grains. Quoique la Dorée (nom de la maison que j'habite) fut tenue jadis à une redevance féodale de vingt bouteilles de vin muscat, et que je sois parvenu à faire une fois de bon vin avec mes muscats d'espalier, nous ferons bien de laisser au Midi l'avantage d'en faire du vin de liqueur ; nous avons d'autres raisins plus propres à cette destination pour notre climat.

Il y a une variété à feuilles cotonneuses qui ne m'a présenté aucune autre différence bien sensible ; peut-être ne l'ai-je pas étudiée suffisamment.

MUSCAT HATIF DE FRONTIGNAN.

TOKAI MUSQUÉ (catalogue des frères Audibert). — CHASSELAS-MUSQUÉ (Duhamel, Chaptal, nouveau Duhamel et tous les jardiniers).

Ces deux dernières dénominations sont impropres, car cette variété de Muscat n'est pas connue dans les vignobles de l'Hegy-Allia, où est situé Tokai, et il n'a rien du Chasselas que l'écartement naturel de ses gros grains, du moins dans les terres sèches. Il n'est pas possible, du reste, d'avoir les principaux caractères du Muscat plus prononcés ; aussi préférerais-je encore la dénomination que lui a donnée un pépiniériste, celle de MUSCAT A LA FLEUR D'ORANGE, malgré son air prétentieux, à celle de *Chasselas musqué*; car elle pourrait se justifier par la finesse du parfum de ce raisin. Il a, comme la plupart des Muscats et même plus qu'aucun d'eux, le défaut de pourrir très-promptement, la pellicule des grains se fend aux premières pluies. C'est un des cépages les plus faciles à reconnaître quand on l'a bien examiné une fois, et même d'après l'énoncé de ses traits les plus caractéristiques : la teinte rouge de ses feuilles naissantes et leur irrégularité lors de leur complet développement, leur forme tourmentée, leur teinte foncée et terne, l'absence apparente du sinus pétiolaire par le recouvrement mutuel des deux lobes, enfin les vrilles ou lacets les plus longues, les plus fortes et les plus nombreuses que j'aie vues sur aucun cépage; j'en ai mesuré de quatre décimètres de longueur. Le raisin, à sa complète maturité, est d'une teinte faiblement ambrée et non rousse, comme le Muscat blanc; ses grains sont très-ronds et même légèrement aplatis à leur pôle supérieur; leur chair verdâtre est pleine d'une eau sucrée, très fine et très-musquée, qui n'a jamais rien d'excessif, comme il arrive quelquefois au Muscat blanc commun.

Je suis donc complétement de l'avis d'un ampélologue du Midi, M. Cazalis, quand il dit qu'aucun raisin n'est délicieux à manger comme ce Muscat. Cependant il n'est pas surprenant qu'il ne soit pas plus cultivé dans les jardins, parce qu'il est peu productif, très sujet à la pourriture et excessivement appeté par les guêpes, et par un insecte que les entomologistes appellent Escrippe-vin ou Écrivain, lequel fend les grains déjà très disposés à s'ouvrir par la pluie. Cette année même, et au moment où j'écris, elles ne m'en ont pas laissé un grain sur une douzaine de grappes. Du reste, comme raisin de pressoir, il est sans mérite, d'après les expériences et le témoignage du même propriétaire.

Il me reste encore à parler d'un Muscat à grains ronds, ou du moins d'un raisin musqué que j'ai rangé dans cette famille. J'avais reçu, il y a quelques années, de M. le président de la Société d'Agriculture de la Dordogne, quelques crossettes étiquetées :

DUREBAIE. — BLANC-DOUX DE MARSEILLE, et je viens d'en goûter le fruit.

Malgré sa belle couleur ambrée, bien différente de celle du *Muscat blanc commun*, qui est plutôt rousse d'un côté et verte de l'autre, malgré l'espacement de ses grains et la forme conique de ses belles grappes ailées, je crois décidément que c'est un hybride du Muscat. Ses grains sont très croquants, et leur saveur m'a paru beaucoup plus agréable que celle du Muscat de nos jardins, d'autant plus que ce goût musqué a moins d'intensité ; de plus, la maturité est bien plus égale et plus facile, les grains étant bien écartés, ce qui les préserve de la pourriture. La chair est très consistante ; d'où lui vient sans doute son nom de Durebaie. Les feuilles ressemblent à celles du Muscat blanc ; mais, au lieu d'être d'un vert foncé, elles ont une teinte jaunâtre assez prononcée pour en faire un caractère propre, particulier à ce cépage.

Il est un autre Muscat qui serait le premier de tous pour la beauté et la bonté, s'il mûrissait plus facilement sous notre climat, c'est le

MUSCAT D'ALEXANDRIE de Duhamel, Leberriays et

de tous les livres de jardinage. — MUSCAT DE ROME, MUSCAT D'ESPAGNE, MUSCAT GREC, PANSE MUS-QUÉE des départements du Midi de la France, — MOS-CATEL GORDO BLANCO, MOSCATEL GORRON, MOSCATEL ROMANO (Espagne).

Il est si facile à reconnaître à ses gros grains ovoïdes, qu'il me paraît tout-à-fait inutile de le décrire. Dans le Midi de la France, ainsi qu'en Espagne, on en fait des raisins secs ou *Passas*; dans notre région, après en avoir mangé quelques grains qui ont atteint leur maturité, on fait du reste d'excellente confiture. Il y a une variété de couleur noire qui mûrit encore plus difficilement.

MUSCAT BIFÈRE (Gard, Hérault).

Il doit son nom spécifique à l'avantage de donner, dans les vignobles du Midi, une seconde récolte quelquefois plus abondante que la première, mais jamais d'une aussi bonne qualité : ce qui ne surprendra personne, quand on saura que cette récolte se compose de grappillons venus sur les bourgeons secondaires ou sur-bourgeons. Quelquefois cette double récolte se partage d'une manière singulière : J'ai une jeune souche de ce muscat de laquelle j'ai tiré une sautelle qui n'en est point séparée; celle-ci a des grappes superbes, qui vont être mûres à la fin de septembre, et la souche n'a que des grappillons venus ainsi que je l'ai dit, et qu'en con-séquence j'ai supprimés comme ne pouvant arriver à matu-rité. Cette seconde récolte est donc illusoire pour nous; mais la première est assez importante pour nous décider à accor-der une place honorable à cette variété, dont la vraie desti-nation est pour la table. — Ses feuilles sont profondément

divisées, bordées de dents aigues et nues sur les deux faces.
Ses grappes sont belles et coniques, différence notable avec
le Muscat blanc commun, qui a les siennes cylindriques et
allongées ; les grains sont gros et oblongs, mais non ovoïdes
comme ceux du Muscat d'Alexandrie ; le goût musqué en
est moins prononcé que dans le Muscat commun ; aussi
pourrait-on l'appeler en Italie...

MUSCATELLO BASTAREO, de même que j'ai de ce
pays une *Malvasia Bastarda ;* car je regarde ce Muscat
comme un hybride du Muscat blanc commun avec quelqu'autre cépage.

MUSKATALY (Hegy-Allia en Hongrie.)—PETIT MUS-
CAT DU PIÉMONT.

J'ai tout lieu de croire que ces deux noms désignent le
même cépage ; mais je ne connais bien que celui que j'ai
apporté de Hongrie, sous le premier nom. Comme j'ai fait
un long article sur lui au chapitre des vignes de la Hongrie,
je crois suffisant de le rappeler.

MUSCAT ROUGE, quelquefois on le nomme aussi
MUSCAT GRIS.

Cette bonne variété, qui mûrit mieux que le Muscat blanc,
est d'une saveur moins musquée, et par cela même plus délicate. Elle a une variété à grains rouges rayés d'une nuance
différente ; mais je n'en ai pas vu le fruit. Cette couleur,
accompagnée de la saveur musquée, dispense de toute
description.

Il y a peu de jardins de quelqu'étendue qui n'aient aussi un
peu de MUSCAT NOIR ; car il est très fertile et ses raisins
mûrissent plutôt que le Muscat blanc. Il serait à propos de

leur faire, peu de temps après la fleur, l'opération que j'ai
conseillée pour ce dernier ; car les grains sont ordinairement
trop pressés.

Il y a une variété assez rare et plus tardive, désignée sous
le nom de

MUSCAT VIOLET, dans les livres de jardinage. Ses
grappes sont composées de grains très gros et de très petits ;
elle est moins intéressante que les autres, parce que son
fruit mûrit plus tard que celui du Muscat noir ordinaire.
C'est cette considération de l'époque de maturité, qui rend
très précieuse une variété introduite depuis une trentaine
d'années dans notre région centrale ;

Le CAILLABA des Hautes et Basses-Pyrénées.

C'est à Bosc, de vénérable mémoire, que nous devons la
connaissance de cette bonne variété, par la recommandation
qu'il en a faite dans plusieurs publications. A la différence
des autres membres de sa famille, celui-ci est d'une végétation très modérée qu'il faut soutenir de temps en temps, et
la maturité de ses raisins est très précoce, presqu'autant que
le Joannenc des Bouches-du-Rhône, et pour le moins autant que le sont nos Pinots de Bourgogne. Ses feuilles sont
à peine moyennes, minces, planes, glabres sur les deux
faces. Vers la haute saison, ses feuilles les plus anciennes
sont frappées de rouge avant celles de la plupart de ceux qui
sont sujets à ce même accident de végétation. Les grappes ne
sont pas fortes ; mais les grains sont assez gros, d'un rouge
tirant sur le noir, et un peu obscur à cause de la fleur qui les
couvre; d'une saveur agréable, pas trop musquée, leur peau
est un peu épaisse au commencement de la maturité, elle

s'amincit plus tard. Son bois est droit, sans coudure , et d'un rouge-brun après la chute des feuilles.

C'est aussi à Bosc que nous devons la connaissance d'un Muscat supérieur au Muscat noir ordinaire, du moins par sa précocité ; c'est le

MUSCAT NOIR DU JURA , dont il se distingue par ses grains un peu oblongs et par son époque de maturité. Peut-être, cette maturité n'est-elle pas tout-à-fait si précoce que celle du Caillaba, et une différence plus facile à saisir est que le Caillaba a des grains très ronds et des grappes tassées, une peau un peu épaisse ; la grappe du Muscat-Jurassien est un peu allongée.

Je dois, pour compléter cette notice, mentionner du moins un cépage italien qui est incontestablement de la famille , mais que je laisse au rang des cépages vinifères, parce qu'il donne un vin de liqueur exquis , connu sous le nom du cépage

ALEATICO , lequel est plus cultivé en Toscane que partout ailleurs. C'est le noir qui fournit le vin renommé auquel il a donné son nom. Je ne possède pas le blanc , et il faut qu'il soit beaucoup moins estimé , car il ne s'en est pas trouvé un seul dans une soixantaine de sarments qui m'ont été envoyés de la Toscane et de la Corse.

Il y a encore quelques variétés de Muscat noir , que je crois inutile de mentionner ; cependant j'en ai découvert cette année une à laquelle j'ai trouvé un goût si fin, que je me suis sur-le-champ proposé de la multiplier, et dont par conséquent j'aurais tort de ne pas dire quelques mots.

MADÉRE-VENDEL. Le premier nom était celui sous

lequel cette vigne m'avait été envoyée par M. de Vendel, propriétaire aux environs de Chinon. Comme j'ai plusieurs sortes de vigne qui me sont venues de l'île même de Madère, j'ai cru devoir ajouter à celui-ci le nom du donateur. Les feuilles de ce Muscat sont d'un vert foncé très luisant, et les dents très aigues, caractères par lesquels il diffère beaucoup du Muscat noir ordinaire, dont les feuilles sont d'un vert pâle et terne. Comme la souche n'a encore que trois ans, je n'en ai obtenu qu'une petite grappe, portant huit à dix grains, je ne puis donc encore rien préciser sur la forme de cette grappe, mais seulement dire que les grains sont ronds, et répéter qu'il m'a semblé que je n'avais jamais mangé de Muscat d'un goût si agréable; et, de plus, que c'était à la mi-septembre.

AUTRES RAISINS DE TABLE DU MIDI DE LA FRANCE.

Après avoir parlé des Muscats, je devrais peut-être passer à une autre famille aussi nombreuse, celle des MALVOI-SIES, dont plusieurs sujets figureraient avec honneur dans nos jardins; mais, comme ils donnent en même temps des vins dont la réputation est faite depuis longtemps, je les ai laissés au nombre des cépages vinifères, et j'ai traité ceux que je connaissais le mieux avec toute la distinction qu'ils méritaient. J'en ai aussi fait mention comme raisins bons à manger, au chapitre des raisins de table dans la section de la région centrale, parce que les variétés qui sont les meilleures à manger mûrissent assez facilement et complètement sous le 47e degré de latitude. Je passe donc à quelques autres. Je ne crois pas qu'il y en ait un plus généralement cultivé dans nos départements du Midi, que

L'OUILLADE NOIRE (Drôme, Bouches-du-Rhône, Gard, Hérault), SINSAOU (Gard et Hérault). — BOUDALÈS (Hautes-Pyrénées). — RIBEYRENC (Aude). — MORTERILLE NOIRE (Haute-Garonne). — MILHAU, PRUNELAS (Tarn, Tarn-et-Garonne). — MALAGA (Lot.) Quelques propriétaires lettrés écrivent et prononcent OEILLADE, mais j'ai préféré la prononciation des vignerons du pays.

Ce cépage est très productif : de belles grappes ailées, bien garnies de gros grains oblongs, peu serrés, bien fleuris, pendants, noirs, avec une pellicule mince lors de la maturité que ces raisins atteignent assez communément dans la vigne où je les cultive, et à plus forte raison en espalier où j'en ai une belle souche. Quoiqu'on m'ait écrit que sa vendange donnait du vin d'une belle couleur, d'une bonne qualité et même liquoreux, ce cépage est si abondant que je doute de sa propriété de faire de très bon vin; mais en revanche, j'ai une longue expérience que ses raisins sont aussi bons qu'ils sont beaux et nombreux. D'après tout ce que je viens de dire, on se doute bien que la taille de ce cépage doit être à court-bois, dans notre contrée du moins. M. le docteur Touchy, de Montpellier, dit qu'il ne donne presque rien en treilles. Je ne sais pas pourquoi il n'a pas été fait mention de cet excellent raisin dans le *Nouveau-Duhamel*, qui, spécialement consacré à l'horticulture, ne pouvait appeler l'attention sur une espèce plus méritante ; à la vérité Duhamel, et plus tard Dussieux et Chaptal, n'en avaient pas parlé non plus.

Il a une variété que m'a fait connaître M. Isarn de Montauban, le MILHAU MUSQUÉ. Il m'annonçait en même temps qu'elle avait les grains plus gros, mais en moins grand nombre, et une saveur musquée, comme l'indique son nom. Il l'avait tirée du *Pradel*, sans doute l'ancien manoir d'Olivier de Serres. — Il y a aussi une variété blanche, le MILHAU BLANC de Tarn-et-Garonne, le GALET du Gard, au sujet duquel un de mes correspondants m'écrivait : « Le beau, le bon, le fertile plant ! »

Je reviens une troisième fois au MAROCAIN, dont les raisins ressemblent beaucoup à ceux du Ribeyrenc par la grosseur et la forme des grains ; parce que ses belles grappes figurent très bien parmi celles qui sont destinées à la table, en outre de leur beauté, de leur bon goût et de leur longue conservation, qualité dont ne jouissent pas les raisins dont je viens de parler. Sa maturité est un peu plus tardive.

Si je n'avais pas compris déjà au nombre des cépages vinifères le SPIRAN noir et ses deux variétés le gris et le blanc, je les aurais placés ici. Il me suffira donc de les rappeler, surtout le blanc qui me paraît plus délicat à manger.

BARBAROUX (Ancienne-Provence). — ALICANTE (Lot, Tarn-et-Garonne). Ce nom d'Alicante que porte aussi le *Granache* dans quelques localités du Midi, désigne ici un cépage qui en est très différent.

L'ALICANTE dont nous voulons parler, et qui est évidemment de la famille des Grecs ou Barbaroux, a les feuilles de médiocre grandeur, très découpées, minces, élégantes, lisses sur les deux faces. L'écorce est d'un vert clair, tant que les sarments sont couverts de leurs feuilles; pendant l'hiver elle est d'un gris très clair, presque blanc. Ce cépage a des grappes superbes, d'un beau rouge peu foncé, bien garnies de beaux grains ronds d'un très bon goût, mais ils sont un peu tendres à la pourriture. Il peut être curieux d'apprendre qu'une espèce de vigne, que j'ai rapportée de la belle collection de Schams, près de Bude, sous le nom de *vigne de Servie*, s'est trouvée parfaitement identique avec ce Barbaroux du Var. Il mûrit bien, en bon temps, comme tous les autres membres de sa tribu.

Il m'en est venu d'Italie une autre dont les feuilles sont un peu cotonneuses, et qui mûrit quelques jours plus tôt. Quoique ses grappes soient un peu moins grosses, il me paraît préférable, les grains étant moins serrés mûrissent plus également.

PANSE COMMUNE (Ancienne-Provence).

Ce cépage vigoureux donne un raisin de quelque mérite pour les départements du Midi, à cause de sa longue conservation; car, en raison de cette qualité, quelques propriétaires envoient ces raisins à Paris, et même en Angleterre. J'en ai vu à Paris qui avaient l'air de n'avoir été détachés de la souche que la veille, tant ils étaient frais. Comme cet avantage est dû en partie à une maturité tardive, il ne faut pas penser à introduire cette espèce dans nos départements du centre, quoique l'auteur de la *Pomone française* la comprenne au nombre des raisins qui mûrissent sous le climat de Paris. C'est, au reste, une faible privation pour les consommateurs ; car si ces raisins sont agréables à la vue et ont une chair douce et légèrement sucrée, cette chair a peu de suc, elle est aussi peu relevée pour ne pas dire fade. Les grains sont beaux, peu serrés, oblongs, d'un jaune d'Ambre ; au total c'est un raisin plus propre à la montre qu'à la consommation. On lui a donné le nom de Panse commune parce qu'il y a une **PANSE MUSQUÉE**, qui n'a de commun avec l'autre que la forme des grains ; c'est notre Muscat d'Alexandrie, qui a reçu ce nom de la propriété qu'il a de faire des panses ou passes *uva de pasa* des Espagnols, *passas* des Italiens, les meilleures qu'on puisse faire, et qui se vendent le plus cher à Malaga particulièrement. M. Lelieur, l'auteur dont je viens de parler, en fait aussi, mais je crois que c'est à tort, un raisin dont la maturité s'obtient habituellement à Paris.

GROS DAMAS (littoral de la Méditerranée).

Ce cépage nous est probablement venu de la Syrie où il est sans doute plus productif qu'il ne l'est dans ma vigne. Si ses grappes ne sont pas volumineuses, il n'y en a guère qui soient ornées de plus beaux grains ; leur couleur est d'un rouge clair qui s'obscurcit un peu à leur complète maturité ; leur forme est oblongue approchant quelquefois de l'ovale. Les feuilles ne sont pas grandes, n'ont pas d'ampleur ni d'étoffe ; elles sont maigres, découpées, glabres sur les deux faces, et supportées par un long pétiole. La saveur du raisin est douce et agréable. Plusieurs auteurs l'ont fait à tort synonyme du Marocain, qui est noir, et de quelques autres qui en sont très différents.

MAJORCAIN, BOURMENC, PLANT DE MAR-

SEILLE, CHERÈS du Gard, TINTO BLANC de La-
nerthe (Vaucluse.)

Son premier nom indique son origine, le troisième,
qu'il est très cultivé aux environs de Marseille. Ses
belles feuilles sont lisses en dessus, cotonneuses en dessous;
ses raisins d'un beau volume à gros grains blancs, oblongs,
les grappes sont très écartées, sur mon terrain du moins;
aussi M. Laure, auteur d'un cours complet d'agriculture
pour le midi de la France, fait-il un mérite à ces raisins
d'être moins serrés que ceux de la Panse; mais ils en diffèrent plus à leur avantage par leur peau mince et leur goût
relevé, parce qu'ils mûrissent bien mieux, quoique encore
un peu tard; cependant la plénitude de maturité dont ils
ont besoin arrive à point dans les bonnes années.

C'est ici que devrait être placé l'article du LOUBAL.

LOUBAL. (Voyez page 178.) Il faudra changer ces mots :
que la maturité arrive en saison moyenne, en ceux-ci :
la maturité est assez tardive pour rendre l'espalier nécessaire à une culture profitable, et ses raisins sont assez beaux
et assez bons pour mériter cette distinction à ce cépage.

OLIVETTE BLANCHE.

Ses grappes longues et lâches sont garnies de jolis grains,
d'un beau jaune d'ambre, en forme d'olives, mais plus
petits; le goût en est sucré et agréable; mais de même que
dans la Panse commune, la grume est toute en chair et ne
se fond pas en suc. Il est dommage que ce joli raisin soit
tardif, car il pare bien un dessert.

L'OLIVETTE NOIRE a des grains plus gros et d'un
goût plus agréable; mais sa souche est plus délicate, plus

sujette aux intempéries. Ses grains, comme ceux de la blanche, tiennent à la grappe par des pédicelles minces qui se laissent aller au poids des grains. On m'a écrit qu'elle chargeait bien et donnait de bon vin. Son bois, en hiver, est rouge-brun. Je crains qu'elle ne convienne pas à notre climat, car Garidel, et plus récemment Gouffé, botaniste de Marseille, ont dit en parlant d'elle : *Uva serotina*. Les quatre ou cinq souches que j'en ai, n'ont pas encore donné de raisins. Mais il y en a une autre bien plus précoce, que j'ai reçue du Gard, et que j'ai décrite après lui avoir donné inconsidérément le nom de *Hubshi* ; pour la distinguer de la précédente, il me paraît convenable de l'appeler

OLIVETTE NOIRE PRÉCOCE. La partie de cet ouvrage où il en a été question étant imprimée, je répare ici l'erreur que j'ai commise.

Il y en a bien d'autres dont je pourrais parler, par exemple le GROS GUILHEM, dont les grappes ont de gros grains noirs, le BOULLENC MUSQUÉ, le SAN-ANTONI, des Pyrénées-Orientales et de l'Espagne, deux jolis raisins, le GUINDOULENC et le RAISIN DE LA HAUTE-ÉGYPTE rouge et non le noir ; enfin la CLARETTE, qui porte ce nom depuis les Pyrénées jusqu'en Italie, et dont on fait beaucoup de cas, tant pour sa bonté propre que pour la propriété de se conserver longtemps. Je n'en dis rien autre chose, parce que j'ai déjà fait un long article sur elle et sa variété rose, et enfin la BLANQUETTE du Gard et de l'Hérault, très bon raisin hâtif, à grains oblongs, et dont la souche est très féconde. — Mais avant d'aborder les cépages de l'Espagne et de l'Italie, je ne peux passer sous silence la MALVOISIE DE LA DROME, l'un des meilleurs raisins à manger que je connaisse, et plusieurs autres dont il a été question à l'article de cette tribu. J'ai reçu aussi cette année un cépage dont on estime les raisins pour la table dans le département des Basses-Alpes, où il porte le nom de TENERON.

Si je ne parle pas du raisin de NOTRE-DAME, c'est que ses énormes grappes n'ont de mérite que leur volume; ses très gros grains ont une peau très épaisse, qui renferme un suc insipide et aigrelet, du moins en Touraine. C'est par la même raison que j'ai omis le RAISIN DE DECANDOLLE, qu'il faut laisser aux amateurs de curiosités.

J'ai reçu de deux départements que baigne la Garonne un joli raisin, sous le nom de

RAISIN DE VIRGINIE, pour le paquet qui m'est venu d'Agen, et sous celui de

MALAGA, quand il m'a été envoyé de Montauban ou de ses environs. Ses grains sont allongés en forme d'olive, et ils sont d'un beau rouge. Ces deux caractères réunis me paraissent suffisants pour le bien désigner. Malheureusement ce cépage est très peu productif et la maturité du raisin est tardive.

J'avais fait, à l'imitation de l'auteur du chapitre *Vigne*, dans le nouveau Duhamel, un article sur le

ROUSSOLI (départements formés de l'ancienne Provence); mais ne lui ayant trouvé que l'avantage d'être fertile, j'ai supprimé cet article; son fruit est mou et d'un goût plat.

Observation rétrospective.

Le temps qu'on a mis à imprimer cet ouvrage, m'a permis de faire quelques observations nouvelles : ainsi, au chapitre des Raisins de table de la région centrale, j'ai fait une omission en ne donnant pas pour synonyme à la Blanquette du Gard et de la Dordogne

L'ONDENC BLANC de Tarn-et-Garonne, et j'ai commis une erreur en donnant le nom de Joannenc à cette Blanquette. Le vrai

JOUANNENC est le prétendu *Saint-Pierre* de Bosc, qui n'est pas celui de l'Allier ni celui de la Charente, tous deux très fertiles, tandis que le *faux Saint-Pierre* ou *vrai Joannenc* l'est très peu.

RAISINS DE TABLE DES PAYS ÉTRANGERS.
ESPAGNE, ITALIE, ETC.

Quoique quelques-uns des raisins de table des deux péninsules et même des trois en y comprenant la Morée, nous soient connus, il y en a bien d'autres dont je ne pourrai parler aussi pertinemment que je l'ai fait de tous ceux dont il a été question précédemment. Si j'en juge d'après les au-

teurs espagnols D. Simon et D. Salvador, on est moins
difficile dans leur pays que nous dans le nôtre pour cette
espèce de raisins. Je citerai le *Listan*, dont la maturité facile
peut laisser apprécier la valeur. A la Dorée, où cependant
les Chasselas et les Muscats peuvent être mis au rang des
meilleurs que produit la France, le fruit du Listan est très
médiocre : aussi les neuf dixièmes des souches que j'en possédais et qui m'étaient venues de l'Andalousie en état de
crossettes, sont-elles greffées en d'autres espèces, tandis
qu'une variété de Malvoisie infiniment supérieure au Listan
évidemment cultivée en Espagne, puisqu'elle m'est venue
d'une part sous le nom de *Xérès*, et de l'autre sous celui de
Tinto blanc ou *Malvoisie d'Espagne*, n'est désignée, d'une
manière reconnaissable du moins, ni par l'un ni par l'autre
des auteurs cités plus haut. En Italie, les amateurs sont plus
délicats, car il est difficile de trouver de meilleurs raisins
que le *Vennentino* de Gênes, qui est la *Malvazia Grossa* de
l'Espagne, et le *Brustiano*. — Je ne reparlerai pas ici du
CHERÈS ou MALVAZIA DE LA CARTUJA , elle
m'est aussi venue sous ce dernier nom; parce que cette variété de Malvoisie a son article dans le chapitre consacré à
cette famille. Le Listan ne reparaîtra pas non plus, parce
que j'en ai parlé avec plus de raison comme cépage vinifère ;
mais en ne tenant compte en ce moment que de la beauté de
l'aspect, je débuterai par la

LEONADA de D. Simon, qui lui donne aussi pour
synonymes :

QUEBRANTA TINAJAS, CORAZON DE GALLO
et aussi

CORAZON DE CABRITO, nom sous lequel D. Salvador Lopès en a dit quelques mots. C'est aussi, mais fort improprement, le

RAISIN DE BOURGOGNE de la collection de M. Isarn de Cap-de-Ville près Montauban, qui a eu la complaisance de m'en envoyer une belle grappe. Si ce cépage existe en Bourgogne, ce ne peut être que chez un amateur obscur, car il n'est même pas dans la belle collection de M. Demermety, ni dans celle de la ville de Dijon. La forme du grain ne m'a pas paru très exacte dans le simple trait que nous en a donné le chanoine S. Lopès, et on ne peut se faire une idée de sa singulière couleur qu'en voyant le raisin. Cette couleur est violette sur les trois quarts du grain, elle s'éclaircit à mesure qu'elle approche de la base du grain ou bourrelet, et se termine par une teinte verte qui occupe près du quart de la longueur du grain. D. Salvador en trouve le goût délicat; il ne m'a pas paru tel non plus qu'à D. Simon, qui dit qu'elle est très âpre. Ses beaux grains, de vingt-deux à vingt-quatre millimètres de long sur douze à quatorze de large, sont durs et charnus. Quoique D. Simon annonce que sa maturité a lieu en temps ordinaire en Andalousie, la grappe qui m'est venue de Montauban vers la fin d'octobre, n'était pas complètement mûre. Ce cépage est peu commun dans les vignobles d'Espagne, parce qu'il est peu productif, et très sensible à toutes les intempéries.

Il serait aussi curieux de cultiver, comme remarquable par sa beauté, le

HUEVO DE GATO ou Œuf-de-Chatte, du moins dans les jardins du midi de la France, puisque D. Salvador nous a appris qu'il était la plus belle espèce de raisin qu'on admirât dans la contrée; il écrivait ces mots à Malaga. Les grains sont très volumineux, et sans doute les plus gros qui soient au monde, puisqu'il leur assigne les mêmes dimensions qu'à un œuf de pigeon. Ce qui est encore plus difficile à croire, c'est qu'ils soient d'un goût *exquis*, qui leur vaut, ajoute-t-il, la préférence sur tous les autres raisins de table. Je crois le posséder, mais je n'en ai pas encore vu le fruit.

Un autre cépage, duquel le même ampélologue nous a donné quelques notions, est le

MARBELLI BLANC.

Il est bien placé dans ce chapitre, puisqu'il dit qu'on ne le cultive que pour en manger les raisins. Quoique j'en possède quelques souches, je n'ai aucune observation qui me soit propre à publier; on m'excusera donc de copier ce qu'en a écrit le chanoine D. Salvador Lopès : « Cette espèce mûrit au milieu de l'été ; elle est d'un goût délicat, surtout lorsque la souche se trouve dans un endroit frais et exposé au vent, On en fait beaucoup de cas, parce que la peau est très fine et que la chair a une consistance qui rend le grain croquant. »

J'aurai encore recours au même auteur pour la mention que je veux faire du

CASIN NOIR, dont la plupart des maisons de campagne, dit-il, ont leur porte d'entrée garantie des rayons du soleil par des treilles de ce cépage. Sur mon sol, ce cépage est très sensible aux gelées du printemps et de l'automne, ainsi qu'à la brouissure, en sorte que depuis six ans je n'en ai pas encore vu de fruit. — Il ajoute que ses raisins sont très précoces et

contiennent un acide agréable au goût ; aussi sont-ils au
premier rang des raisins de table.

Quoique le même ampélologue ait mentionné le
MOLLAR NOIR , comme il en a dit très peu de chose ,
ce n'est pas lui qui me fournira cet article, mais **D**. Simon.
Ce cépage, dont les raisins sont également propres à la table
et au pressoir, est très cultivé dans plusieurs vignobles des
plus estimés de l'Andalousie, puisque , selon **D**. Simon , il
occupe les deux tiers des vignobles d'Arcos, Espera et Paxarète , et qu'il se trouve aussi en grande proportion dans
ceux de Conil, d'Algésiras et de Xérès. Il dit aussi que c'est
presque la seule espèce qu'on cultive à Palacios et à Loxa ,
pour en manger et en vendre le fruit. Ses feuilles sont un
peu ridées, rougeâtres lors de leur développement , puis
après d'un vert jaunâtre un peu clair, très cotonneuses à
leur envers ; les dents sont très courtes. Les grappes sont
assez belles, irrégulières, la queue longue, déliée et tendre ;
les grains ont seize à dix-huit millimètres de long sur quinze
à dix-sept d'épaisseur ; ils ont la peau fine à leur complète
maturité, maturité qu'il dit précoce en Espagne ; je n'ai pas
encore pu juger ce qu'elle est en Touraine. **D**. Salvador l'a
compris dans son envoi et dans sa notice ; mais il dit seulement que son fruit est d'un goût agréable, et qu'on cultive
cette espèce en treilles dans les lieux frais et sombres. Il y a
aussi une variété assez curieuse qu'on appelle
MOLLAR CANO, qui ne diffère de l'autre que par la
couleur des grains, laquelle est sur le même cep, noire, rouge
et blanche. **D**. Simon parle aussi d'une espèce que j'avais
demandée en Andalousie ; la CALONA NEGRA, à laquelle

il donne pour synonyme EXQUISITA. Mais il faut qu'il y
ait eu erreur de la part du vigneron qui l'a choisie, car les
crossettes que j'ai plantées n'ont pas donné de raisins con-
formes à la description de l'auteur.

Le plus singulier de tous les raisins est certainement la
SANTA PAULA de l'Andalousie; — TETA DE VACA,
à Madrid; — KADIN BARMAC, sur toutes les côtes afri-
caines, depuis Maroc jusqu'en Syrie; — CHADYM BAR-
MAK, à Astracan; — RAISIN CORNICHON, à Paris et
dans tous les jardins de la région centrale; — enfin BUT-
TUNA DI GADDU, en Sicile; du moins autrefois, il y a un
siècle et demi, c'était son nom vulgaire, selon l'auteur sicilien Cupani. Je crois qu'à Marseille il porte le nom de
CROCHU, à moins que les Provençaux n'appliquent ce
nom au *Pizzutello* dont il sera question tout à l'heure.

Cette espèce est si facile à distinguer de toutes les autres
par la forme allongée et légèrement recourbée de ses grains,
qu'aucune description n'est nécessaire. Elle est peu productive et ses raisins ont peu de saveur, en sorte qu'ils sont plus
curieux qu'ils ne sont de ressource. Voilà plus de six siècles
qu'un auteur arabe, Ebn-el-Beithar, en a parlé dans un
grand ouvrage, sous le nom de *Cadin barmak,* ce qui
veut dire *Doigt de Donzelle ;* la description qu'il en a donnée
convient si bien au raisin qui porte encore le même nom à
Maroc, où il composait son ouvrage, et au raisin Cornichon, que cet exemple suffit pour prouver l'absurdité de l'o-
pinion de ceux qui croyent à la transformation ou à la dégénération des espèces fruitières et particulièrement de la
vigne. — Il y a une variété à grains d'un violet tirant sur

le noir, laquelle est encore plus difficile à mûrir, et qui ne se distingue de l'autre par aucune qualité; aussi est-elle rare.

Le raisin à manger le plus estimé dans les États du pape est le

PIZZUTELLO DI ROMA ou TREBBIANO DI SPAGNA ou TREBBIANO PERUGINO

Ces derniers noms sont fort impropres, car il n'a rien de commun avec les Trebbiano dont nous avons déjà parlé, et qui ont les grains très-ronds, tandis que le Pizzutello est remarquable par la forme allongée des siens. Comme ils sont légèrement recourbés, mais beaucoup moins gros que ceux de la *Teta di Vacca* ou *raisin Cornichon*, on pourrait le croire une variété de ce dernier. Il paraît, d'après les renseignements fournis à l'auteur Julien, que le Pizzutello est très cultivé aux environs d'Amelia, bourg peu éloigné de Spolette; c'est uniquement pour la table, car il ne me paraît guère propre à la vinification, et il est fort peu productif dans les terres sèches comme celle où je le cultive. Sa pulpe est toute en chair, d'une saveur douce, mais peu relevé; il est probable que ce raisin est meilleur et le cépage plus productif en Italie qu'en Touraine. J'ignore quel nom le Pizzutello porte en Espagne; son second nom annonce qu'il y est cultivé.

BRUSTIANO (île de Corse, et sans aucun doute en Italie aussi sous ce nom ou sous un autre).

Ce cépage annonce la plus grande vigueur par la force et la longueur de ses bourgeons, l'ampleur de ses feuilles, le volume de ses grappes et des grains qui les garnissent; ils

sont oblongs, presque aussi gros, plus serrés et plus nombreux que ceux du Vennentino ou Vermentino; ils roussis-
sent du côté du soleil. Leur maturité est tardive, et n'est
complète sur toute la grappe que dans les années chaudes et
aux bonnes expositions. Je l'ai reconnu à tous ces traits dans
la belle collection de Carbonieux, lors de mon voyage à Bordeaux, en septembre 1843. Il est très-cultivé aux environs
d'Ajaccio pour fournir des raisins de table, et c'est avec
raison, car non-seulement les grappes sont très belles, mais
la saveur du grain est sucrée et relevée d'une légère âpreté
qui est agréable et bien préférable au doux fade de quelques autres raisins, notamment de l'*Occhivi*. Nous devons
ranger aussi au nombre des bons raisins de table la BARBA-
ROSSA; dont il a déjà été parlé longuement, et les suivants : CATTANALESCA du royaume de Naples, UVA
DELLA REGINA, et SAN COLUMBANO de la Toscane,
UVA PARADISA du Bolonais, enfin la VERDEPOLLA
des Génois.

Quoique je me sois fait un devoir de donner toujours la
place capitale au nom qu'un cépage porte dans la localité
d'où lui est venu sa réputation; cependant, ne sachant pas
quel nom porte dans la Morée le cépage généralement connu
sous le nom de

CORINTHE, c'est celui que j'ai préféré. Il porte en Italie différents noms dont je citerai les deux seuls que je
sache : AIGA PASSERA dans le comté de Nice et Piémont,
PASSOLINA au midi de l'Italie.

Des trois variétés les propriétaires, froids dans leurs
goûts, ne possèdent guère que la blanche, dont une souche

existe dans presque tous les jardins. Les deux autres, la rose et la noire ne sont cependant pas sans mérite : le Corinthe rose est le plus joli des raisins et ornerait bien un dessert; le noir inspire cet intérêt particulier qu'il est la source d'un commerce immense pour la Morée et l'Archipel. Malheureusement ces deux variétés sont loin de partager le degré de fertilité du Corinthe blanc, et c'est probablement ce défaut, d'être d'un très faible rapport, qui les a empêchés de se multiplier davantage. Tout le monde sait que le blanc est remarquable par l'abondance et la petitesse de ses grains serrés, succulents et sans pépins, en sorte qu'il me semble bien inutile d'y ajouter d'autres détails. Le rose a des grappes moins fortes et moins serrées; le noir a les grains un peu plus gros. — L'usage le plus habituel que l'on fasse du *Corinthe noir* est de le convertir en passerilles ou raisins desséchés, et c'est sous cette forme qu'il est livré au commerce; mais il est un grand nombre d'autres espèces destinées au même usage, notamment le

ZIBIBBO qui porte en France le nom de RAISIN DE CALABRE. Il ressemble à notre Muscat d'Alexandrie; les grappes sont volumineuses, les grains très gros et oblongs, le goût très sucré, mais la peau est dure; aussi ce beau raisin ne mûrit-il pas dans notre région centrale. Il y en a deux variétés : l'une à fruit blanc et l'autre à fruit rouge; la première est la plus cultivée, et la seconde est rare.

Peut-être aurais-je dû garder pour ce chapitre le *Kechmich* des Persans; car dans tous les pays soumis à la religion de Mahomet, son usage le plus habituel est d'être consommé en nature : on en fait aussi cependant des passerilles ou raisins secs; mais comme il était le seul qui pût me fournir un article pour la Perse, j'ai préféré en parler lorsqu'il a été question de cette contrée.

On doit réunir à tous les cépages dont je viens de parler, et j'aurais dû mettre en tête dans l'ordre de leur mérite la plupart des Malvoisies; mais, outre le chapitre que je leur ai consacré, j'en ai déjà désigné quelques-unes au chapitre des raisins de table de la région centrale ; cependant, comme c'est ici leur vraie place, je désignerai de nouveau comme les plus remarquables par leur bonté : la MALVASIA GROSSA du Portugal ou VENNENTINO des Génois, la MALVASIA DE LA CARTUJA, MALVASIA NERA DI CANDIA, et enfin la MALVOISIE BLANCHE de la Drôme.

Je ne mets pas en doute que ce chapitre ne puisse être très augmenté; les années qui ont précédé la publication de cet ouvrage ont été si contraires au succès de la culture de la vigne, que beaucoup d'observations sont restées à faire.

Par exemple la Perse nous offrirait sans doute bien d'autres raisins bons à manger que son infertile Kechmich, et l'Arménie, d'où selon quelques auteurs la vigne est originaire, combien d'excellents raisins ne sortent pas de ses limites , et pourraient enrichir notre horticulture et fournir des ressources aux fortunes médiocres, dont les possesseurs ne peuvent pas savourer les Ananas.

J'ai toujours eu quelque peine à m'expliquer comment la Société royale et centrale d'Agriculture de Paris, qui est si bien placée pour donner ses instructions aux voyageurs commissionnés par le gouvernement, n'a pas

jusqu'ici profité de sa belle position pour faire à quelques-
uns de ces voyageurs un devoir d'y satisfaire; or, au nombre de ces instructions, celle d'apporter quelques sarments
des meilleures espèces de vigne ne serait pas bien difficile
à remplir. J'en ai rapporté de la Haute-Hongrie, c'est-à-
dire d'environ 500 lieues de chez moi, et pas un brin n'a
manqué; je pourrais même dire que jamais plants de vigne
n'ont mieux réussi.

CHAPITRE INDÉPENDANT DES PRÉCÉDENTS

ET COMPRENANT LES RAISINS DES QUATRE RÉGIONS.

—

ÉPOQUE ET CONCORDANCE DE MATURITÉ

ou

CLASSEMENT PAR ÉPOQUE DE MATURITÉ.

Je vais présenter ici un tableau dont je n'ai trouvé
d'exemple nulle part, et qui cependant me semble d'une
grande utilité, soit pour la formation d'une collection, soit
pour la plantation d'une vigne. Rien, en effet, ne me paraîtrait plus rationnel que d'adopter cette succession d'époques
de maturité pour ordre à suivre dans l'établissement d'une
collection, et tous les propriétaires, qui se donnent la peine
de réfléchir, reconnaissent combien il est important de ne
composer une plantation de vignes que de cépages dont les
raisins mûrissent en même temps. Je dois prévenir que toutes
mes observations antérieures ont été renouvelées cette année avec plus de soin, mais que la jeunesse, dans ma col-

lection , de quelques cépages de mérite , m'empêche de présenter ce tableau aussi complet qu'il devrait l'être. Cette jeunesse , d'une petite partie de ma collection, est aussi un obstacle au complet développement des habitudes de végétation d'un assez grand nombre de sujets étudiés , lesquels auraient eu besoin de s'être façonnés au sol et au climat pour se trouver dans des conditions normales d'observation.

Je vais partager ce tableau en cinq époques dont chacune sera composée des cépages dont les raisins mûrissent à peu près simultanément ; chacune ne sera séparée de la précédente ou de la suivante que d'une dizaine de jours ; cet intervalle étant très court on doit bien penser qu'il y aura quelque enjambement de l'une sur l'autre, quelque variation dans la concordance et la simultanéité de maturité. Cela dépendra souvent de la nature du sol et de son exposition , en sorte que je ne donne ce tableau que comme une indication approximative, mais cependant suffisante pour se former une idée juste de la gradation qui existe entre ces époques de maturité. Je dois aussi faire remarquer que l'époque de maturité indiquée n'est pas pour les raisins blancs tout-à-fait la même que celle de la vendange de ces raisins , parce qu'on attend généralement une maturité outre-passée pour obtenir de meilleur vin.

ÉPOQUES ET CONCORDANCE DE MATURITÉ.

PREMIÈRE ÉPOQUE.

Raisins noirs : — MORILLON HATIF ou RAISIN DE LA MADELEINE ; — JACOVICS; — Les Nos 205 et 187 de la collection du Luxembourg; les deux nos représentant la même espèce.

Raisins blancs : JOUANNENC; — BLANC DE KIENT-SHEIM.

DEUXIÈME ÉPOQUE.

Raisins noirs : toute la tribu des PINOTS DE BOUR-GOGNE hormis le plant de Pernant; — PLANT DE LA DOLE; — PULSART. — PETIT NEYROU; — LIVER-DUN ; — CAILLABA ; — RAISIN DE SAINT-JAC-QUES ; — FRUH PORTUGIESER.

Raisins gris ou rouges , plus ou moins foncés : MALVOISIE ROUSSE du Tarn ; — MALVOISIE ROUGE du Pô ; — SAR-FEJÉR ou PINOT CENDRÉ ; — PINOT GRIS ou MALVOISIE de Touraine ; — RAI-SIN ROUGE dont les crossettes venues de Bordeaux se sont arrêtées quelques années au château de Cangey, avant de venir à la Dorée.

Raisins blancs : PINOT BLANC ou CHARDENET ; — MORILLON DE BOURGOGNE ou ARNOISON des vignobles de Tours ; — ONDENC du Tarn ou BLANQUETTE du Gard et de la Dordogne ; — PURION ou ALIGOTÉ ; — MUSCADET de la Gironde ou SAVOURET du Tarn ; — SAUVIGNON de la Nièvre ; — GRUN SZIRIFAND ; FÉJER-GOHER.

TROISIÈME ÉPOQUE.

Raisins noirs : Tribu des COTS ou COTE-ROUGE ou AUXERROIS du Lot, à l'exception du Bouissoulès ; — PLANT ou NOIRIEN DE PERNANT ; — TEINTURIER ou GROS-NOIR de Touraine; — Toute la tribu des GAMETS ou LYONNAISES à l'exception du Gros-Gamet ; — TROUSSEAU. — SIMORO ou GROS-BEC; — PETIT BACLAN ; — MERLOT; — SIRRAH. — GROS NEYROU; — ONDENC; — MUSCAT NOIR du Jura ; — GOUAIS NOIR ; — ALCANTINO ; — NOIR DE TOSCANE ; — NOIR DE GÊNES ; — MELASCONE ; — BARBERA D'ASTI; — DONZELINHO; — SIRODINO; — NOIR DE ZANTE ; — ESPERIONE.

Raisins gris ou d'un rouge plus ou moins foncé :
CHAUSSÉ GRIS. — KLEIN TRAMINER. — HEIME ROUGE ou RAISIN ROSE DE KONTS. — TRAMONTANER. — GREC ou BARBAROUX à feuilles un peu cotonneuses. — RAISIN DE ZANTE A LONGUE QUEUE.

Raisins blancs : Les trois SAUVIGNONS de la Gironde ou SURINS de Touraine. — CLAVERIE A GRAINS OBLONGS. — QUILLARD de Juranson. — SEMILLON. — GAMET. — BOUILLENC MUSQUÉ. — PICARDAN. — PASCAOU. — Tribu des CHASSELAS y compris les FENDANTS. — COULOMBAOU.

QUATRIÈME ÉPOQUE.

Raisins noirs : CARMENET. — SERINE. — PERSAIGNE; — BOUISSOULÉS. — GROLOT du Cher. — GROSSE MÉRILLE. — TANAT. — TEINTURIER du Jura ou TACHAT. — OLIVETTE, non celle décrite par Garidel. — MANOSQUEN. — OUILLADE. — MILGRANET. — SAVOYANT. — CHINEAU. — MUSCAT NOIR COMMUN. — FROULAY. — TINTA DA MINHA. — TOURIGA. — AGUDET. — SAN-ANTONI.

Raisins gris ou de couleur rouge-clair ou violets : GREC ou BARBAROUX A FEUILLE NUES. — SPIRANS. — VELTELINER. — MARDJENY.

Raisins blancs : VIOGNIER. — DANESY. — TRESSAILLIER. — GROS BLANC DE VARENNER. — DE SAINT-PIERRE. — MALVOISIE de la Drôme. — MALVOISIE du comté de Nice. — MESLIER VERT. — OLWER. — PINOT DE NIKITA. — MALVOISIE A PETITS GRAINS. — FOLLE BLANCHE. — KICHMISH. — PEDRO XIMÈNES. — DURE-BAIE ou BLANC DOUX de Marseille.

CINQUIÈME ÉPOQUE.

Raisins noirs : MOURVEDÉ , ses trois variétés. — BRUN-FOURCA. — MORASTEL. — BOUTEILLAN , ses trois variétés. — ARAMON. — MAROCAIN. — TIBOUREN. — OLIVETTE. — ROUSSILLON. — PINOT-DOUIS. — BALSAMINA. — MARZEMINA. — PINOT DE MONTPELLIER. — BRACHET. — ISERNENC. — KADARKAS. — TOROK-GOHER. — PURCSIN. — ALEATICO. — SCIACCARELLO. — PAMPEGA.

Raisins gris ou d'un rouge clair : PICPOUILLE. — MAUZAC. — GROS DAMAS. — CLARETTE VIOLETTE. — MALAGA. — MUSCAT GRIS. — BARBIRONO. — PUGLIESE GRANDE. — KATAWBA.

Raisins blancs : CHENIN de la Vienne ou GROS PINOT de la Loire et sa tribu. — SAVAGNIN VERT. — MAUZAC. — MUSCAT. — PICPOUILLE. — RIESLING, le gros et le petit. — KETSKE-TSETSU. — ROUSSANNE. — KOKUR ou KAKURA, les trois variétés. — FURMINT. — HARS LEVELU. — FEJER-SZOLLO. — MAJORCAIN. — MALVAGIA de Toscane. — MALVAZIA GROSSA. — MALVAZIA DE LA CARTUJA. — CARNACCIA. — BRUSTIANO. — NASCO. — MACCABEO. — TREBBIANO. — VERDEA — GRANOLATA. — CORINTHE , ses trois variétés.

J'ai regardé comme inutile d'établir une sixième époque

pour les raisins qui ne mûrissent pas en Touraine ; j'en nommerai seulement quelques-uns :

GRANACHE. — CAMARÉS. — CRIGNANE. — CARCAGIOLA. — PICPOUILLE. — GRAND-GUILHEM. — APPESARGIA NERA. — RAISIN DE NOTRE-DAME. — ZANTE A LONGUES GRAPPES. — PANSE COMMUNE, et même la PANSE MUSQUÉE qui est notre Muscat d'Alexandrie. — REFOSCO de l'Istrie. — ROSEN TRAUBE. — ROSZAS-SZOLLO.

Il serait intéressant de voir un tableau pareil dressé par tous les possesseurs de collections, de même que de faire des commentaires à l'ouvrage que je viens de présenter au public; ce serait un moyen facile de répandre la lumière sur cette branche si importante de notre agriculture.

FIN.

TABLE DES MATIÈRES.

—

(1) L'auteur a commis une erreur à cet article en regardant comme identiques le MAL-BECK, le BOUISSOLES et le COT DE BORDEAUX, qui sont trois cépages différents.

---

(1) Je me suis trompé en le faisant synonyme de l'OEil de Tourt et de l'Ambroisie.

(1) Cet article ayant été oublié par l'imprimeur , je suis forcé de le placer ici :

TRESSAILLÉ. Ce cépage est fort répandu dans les vignobles de l'Allier et avec raison, car il est vigoureux et productif ; en outre sa vendange concourt à la composition des meilleurs vins de ce pays. Son bois est mince, fort allongé, très rouge pendant le cours de la végétation ; les feuilles sont arrondies, peu découpées, un peu cotonneuses en dessous, par points et par filets. Les grappes sont longues, bien fournies de grains qui se dorent d'un jaune assez intense à la maturité, et dont la maturité a lieu en même temps que pour le Dannesy et le Grand-Blanc. Je le crois supérieur en qualité à ce dernier.

CHAPITRE VII.

Valachie, Moldavie, Crimée.

CHAPITRE VIII.

Raisins de table.

Avant de passer au raisin en quelque sorte national pour l'Allemagne, je dois commencer, sous le rapport de la précocité et de la proximité de a région centrale, par le BLANC PRÉCOCE DE KIENTSHEIM.

Je l'avais négligé, à cause du grand défaut de ce cépage qui est d'être l'un des plus affectables des gelées printanières, au point que j'avais réduit à une seule souche les huit ou dix que je possédais parce qu'elles ne m'avaient pas encore donné de fruit. Enfin j'ai obtenu une grappe cette année 1844, et cette grappe composée de grains allongés et assez gros m'a paru d'une si bonne qualité que je suis décidé à extraire la souche qui me reste, de la vigne où elle est sans abri, pour la placer en espalier.

Un habile horticulteur d'Avignon, M. Reynier, m'a écrit qu'il regardait cette espèce comme la plus précoce de toutes. Je ne peux rien dire du feuillage, car j'écris ces lignes à la mi-novembre.

CHAPITRE III.

Espagne et Iles Baléares.

CHAPITRE IV.

Portugal et ses dépendances.

Cépages à raisins blancs.

Ile de Madère.

CHAPITRE V.

Italie et ses Iles.

(1) Et non Slavo, comme il a été imprimé par erreur à son article.

Cap de Bonne-Espérance.

CHAPITRE X.

Cépages à raisins de tables de la Région Méridionale.

Famille ou tribu des Muscats.

Autres raisins de table.

CHAPITRE VII.

État Romain et les Deux Siciles.

CHAPITRE VIII.

CHAPITRE IX.

Perse.

(1) Et non Slavo, comme il a été imprimé par erreur à son article.

CHAPITRE X.

Cépages à raisins de tables de la Région Méridionale.

Famille ou tribu des Muscats.

Autres raisins de table.

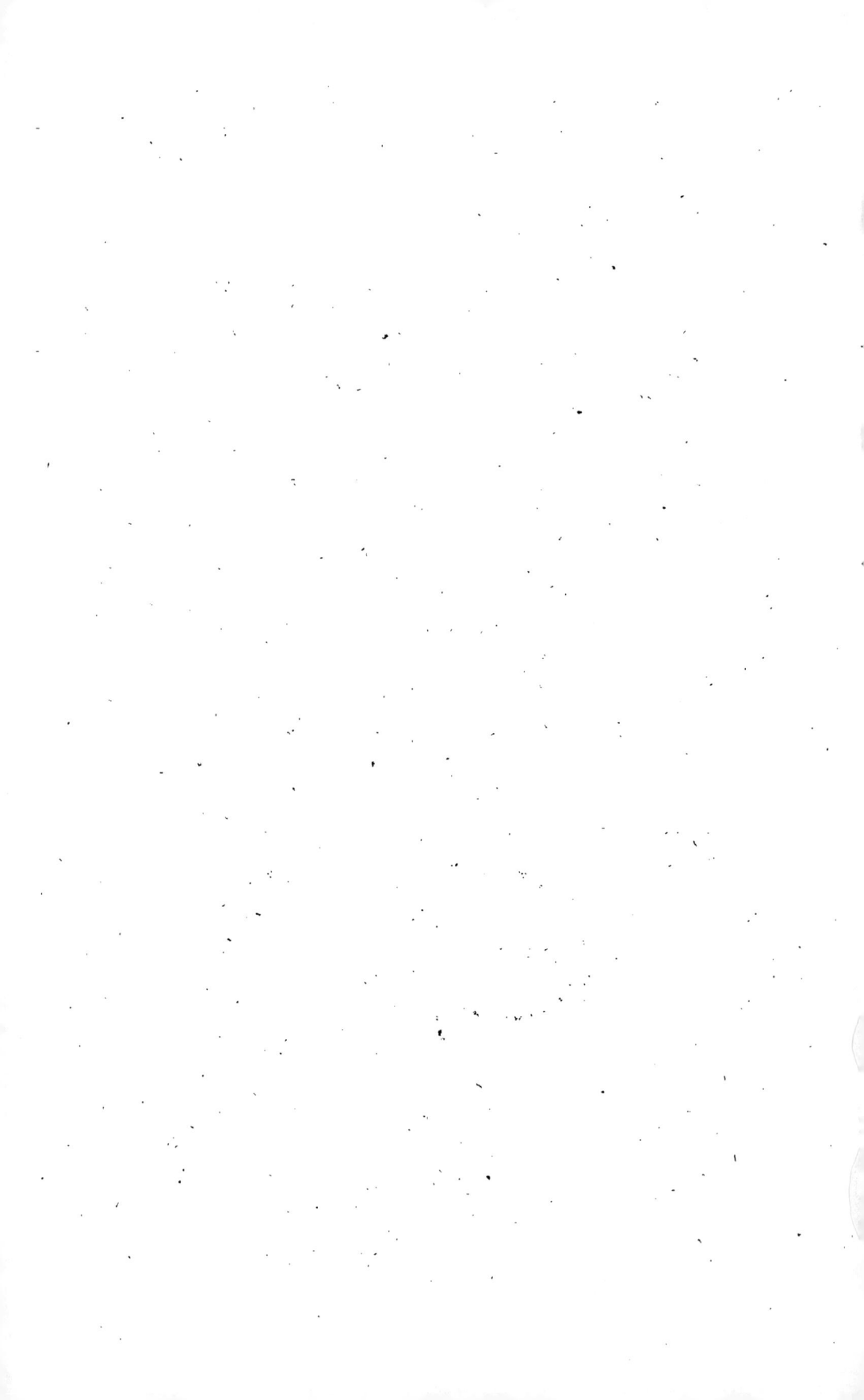

ERRATA.

Page 92, ligne 22, après *Julien*, suprimez le point d'exclamation.
Page 93, ligne 13 et 14, supprimez ces mots: *Glabres, c'est-à-dire sans poils ni coton*, et les remplacer par ceux-ci, *un peu cotonneuses.*
Page 130, ligne 12, au lieu de *plan*, lisez, *plant.*
Page 137, ligne 21, substituez ces mots, *Roth Klevener*, à ceux-ci, *Raisin rose de Konts.*
Page 140, placer en titre, *tribu des Pinots de la Loire.*
Page 148, ligne 9, après de *toutes*, substituez à *une*, *au.*
Page 150, ligne 1, au lieu de *ause*, lisez, *anse.*
Page 152, ligne 3, au lieu de *gros*, lisez, *moyens.*
Page *id.* ligne 25, placer le mot *cotonneuses* avant ceux-ci, *et très rondes.*
Page 157, ligne 10, au lieu de *donne*, lisez, *donner.*
Page 173, lisez, *Caillaba*, au lieu de *Caillabar.*
Page *id.* ligne 11, lisez, *Fontainebleau.*
Page *id.* après le mot *chapitre*, mettre XII et non I, et pour titre, *Raisins de table.*
Page 178, ligne 15, transporter l'article *Loubal* au chapitre des raisins de table de la région méridionale, et aux 23 et 24e lignes, supprimez, *mais elle est sûre, arrivant en saison moyenne.*
Page *id.* ligne 28, au lieu de *bien plus*, mettre, *encore plus.*
Page 200, ligne 32, supprimez ces mots, *d'autant mieux que les grains sont peu serrés à la grappe*, et remplacez-les par ceux-ci : *quoique les grains soient très serrés à la grappe.*
Page 125, ligne dernière, au lieu de *est* enfin, mettre *et.*
Page 225, supprimez *Chapitre VI.*
Page 227, ligne 2, au lieu de *Reister*, lisez, *Reifler.*
Page 223, ligne 19, au lieu de *est-ils*, lisez, *est-il.*
Page 261, ligne 23, supprimez *les*
Page 275, ligne 14, au lieu de *dessus*, lisez, *dessous.*
Page 277, ligne 24, au lieu du mot *dans*, mettez *à.*
Page 283, ligne 18, au lieu de *rondeur*, lisez, *outre la nuance de leur couleur et leur faible dimension.....*

Page 324, ligne 1, mettre une *s* à la fin du mot cépage.

Page 329, ligne 4, avant le mot *car*, mettez pour ponctuation ;

Page 330, ligne 6, supprimez un *r* dans Perrugino.

Page 334, ligne 21, supprimez *la*, après l'*abbé Milano*.

Page 339, ligne 15, au lieu de *Toscanes*, lisez, *Toscans*.

Page 346, ligne 1, au lieu de *courtes*, lisez, *clair-semées*.

Page 366, ligne 26 et 27, ponctuation vicieuse, transportez le ; qui est après *Savi*, à la 27ᵉ ligne ; après *d'années*.

Page 370, au milieu de la page, commencez l'article du plant de Raguse, de cette manière : *Il existe encore dans les parages orientaux de ce golfe, un plant qui......*

Page 386, au lieu de chapitre X mettez chapitre XI.

Page 393, ligne 6, remplacez *dont* par *qui se distingue du nôtre.....*

Page 425, dernière ligne au lieu de *Macon*, lisez *Maclon*.

Page 427, l'article qui est au bas de la page doit commencer le chapitre des raisins de table de la Région Orientale après les *Observations*.

Page 428, au milieu, un trait aurait dû séparer les Picpouilles du Marocain.

FIN.

Tours, Imprimerie de R. Pornix et C.ie

www.ingramcontent.com/pod-product-compliance
Lightning Source LLC
Chambersburg PA
CBHW060536220326
41599CB00022B/3514